住房和城乡建设部"十四五"规划教材

高等学校土建类专业课程教材与教学资源专家委员会规划教材

高等学校智能建造专业系列教材

丛书主编 丁烈云

智慧城市基础设施运维

Urban Infrastructure Operation and Maintenance

方东平　主编

骆汉宾　吴　璟　主审

中国建筑工业出版社

图书在版编目（CIP）数据

智慧城市基础设施运维 ＝ Urban Infrastructure
Operation and Maintenance / 方东平主编. -- 北京：
中国建筑工业出版社，2024. 12. --（住房和城乡建设部
"十四五"规划教材）（高等学校土建类专业课程教材与
教学资源专家委员会规划教材）（高等学校智能建造专业
系列教材 / 丁烈云主编). -- ISBN 978-7-112-30676-3

Ⅰ. TU984

中国国家版本馆 CIP 数据核字第 2024DE8402 号

本教材主要针对本科与研究生阶段智能建造、土木工程及工程管理专业的特点及要求，结合我国城市基础设施现阶段的发展特点，综合电子信息科学与工程、控制科学与工程等专业的知识，论述了智慧城市基础设施运维的理论、技术、方法与应用。本教材共有 7 章，包括绪论、关键共性技术、运维管理与作业机器人、数字化能源与环境管理、资产管理与价值工程、城市基础设施韧性及案例分析。

本书可以作为"基础设施运维"课程的教材，也可供从事基础设施运维的科研工作者和工程技术人员作参考书使用。

为更好地支持相应课程的教学，我们向采用本书作为教材的教师提供教学课件，有需要者可与出版社联系，邮箱：jckj@cabp.com.cn，电话：(010)58337285，建工书院 https://edu.cabplink.com(PC 端)。

总 策 划：沈元勤
责任编辑：牟琳琳 张 晶
责任校对：赵 力

住房和城乡建设部"十四五"规划教材
高等学校土建类专业课程教材与教学资源专家委员会规划教材
高等学校智能建造专业系列教材
丛书主编 丁烈云
智慧城市基础设施运维
Urban Infrastructure Operation and Maintenance
方东平 主编
骆汉宾 吴 璟 主审

＊

中国建筑工业出版社出版、发行（北京海淀三里河路 9 号）
各地新华书店、建筑书店经销
北京红光制版公司制版
天津安泰印刷有限公司印刷

＊

开本：787 毫米×1092 毫米 1/16 印张：15½ 字数：385 千字
2024 年 12 月第一版 2024 年 12 月第一次印刷
定价：**55.00 元**（赠教师课件）
ISBN 978-7-112-30676-3
(44478)

高等学校智能建造专业系列教材编审委员会

本书编审委员会名单

主　编：方东平

主　审：骆汉宾　吴　璟

副主编：胡振中　方伟立　施钟淇　李　楠

　　　　陈煊琦　刘文黎

编　委：（按姓氏笔画顺序）

　　　　王　娟　王春辉　朱时艺　刘子晗

　　　　刘玉珂　刘宇舟　刘佳静　刘峰华

　　　　李翰林　何晔昕　张宇峰　陈丽娟

　　　　金　楠　胡彦卿　耿光辉　徐意然

　　　　曹思涵　彭家意　鲁亦凡

出 版 说 明

智能建造是我国"制造强国战略"的核心单元，是"中国制造 2025 的主攻方向"。建筑行业市场化加速，智能建造市场潜力巨大、行业优势明显，对智能建造人才提出了迫切需求。此外，随着国际产业格局的调整，建筑行业面临着在国际市场中竞争的机遇和挑战，智能建造作为建筑工业化的发展趋势，相关技术必将成为未来建筑业转型升级的核心竞争力，因此急需大批适应国际市场的智能建造专业型人才、复合型人才、领军型人才。

根据《教育部关于公布 2017 年度普通高等学校本科专业备案和审批结果的通知》（教高函〔2018〕4 号）公告，我国高校首次开设智能建造专业。2020 年 12 月，住房和城乡建设部办公厅印发《关于申报高等教育职业教育住房和城乡建设领域学科专业"十四五"规划教材的通知》（建办人函〔2020〕656 号），开展了住房和城乡建设部"十四五"规划教材选题的申报工作，由丁烈云院士带领的智能建造团队共申报了 11 种选题形成"高等学校智能建造专业系列教材"，经过专家评审和部人事司审核所有选题均已通过。2023 年 11 月 6 日，《教育部办公厅关于公布战略性新兴领域"十四五"高等教育教材体系建设团队的通知》（教高厅函〔2023〕20 号）公布了 69 支入选团队，丁烈云院士作为团队负责人的智能建造团队位列其中，本次教材申报在原有的基础上增加了 2 种。2023 年 11 月 28 日，在战略性新兴领域"十四五"高等教育教材体系建设推进会上，教育部高教司领导指出，要把握关键任务，以"1 带 3 模式"建强核心要素：要聚焦核心教材建设；要加强核心课程建设；要加强重点实践项目建设；要加强高水平核心师资团队建设。

本套教材共 13 册，主要包括：《智能建造概论》《工程项目管理信息分析》《工程数字化设计与软件》《工程管理智能优化决策算法》《智能建造与计算机视觉技术》《工程物联网与智能工地》《智慧城市基础设施运维》《智能工程机械与建造机器人概论（机械篇）》《智能工程机械与建造机器人概论（机器人篇）》《建筑结构体系与数字化设计》《建筑环境智能》《建筑产业互联网》《结构健康监测与智能传感》。

本套教材的特点：（1）本套教材的编写工作由国内一流高校、企业和科研院所的专家学者完成，他们在智能建造领域研究、教学和实践方面都取得了领先成果，是本套教材得以顺利编写完成的重要保证。（2）根据教育部相关要求，本套教材均配备有知识图谱、核心课程示范课、实践项目、教学课件、教学大纲等配套教学资源，资源种类丰富、形式多样。（3）本套教材内容经编写组反复讨论确定，知识结构和内容安排合理，知识领域覆盖全面。

本套教材可作为普通高等院校智能建造及相关本科或研究生专业方向的课程教材，也可供土木工程、水利工程、交通工程和工程管理等相关专业的科研与工程技术人员参考。

本套教材的出版汇聚高校、企业、科研院所、出版机构等各方力量。其中，参与编写的高校包括：华中科技大学、清华大学、同济大学、香港理工大学、香港科技大学、东南大学、哈尔滨工业大学、浙江大学、东北大学、大连理工大学、浙江工业大学、北京工业大学等共十余所；科研机构包括：交通运输部公路科学研究院和深圳市城市公共安全技术研究院；企业包括：中国建筑第八工程局有限公司、中国建筑第八工程局有限公司南方公司、北京城建设计发展集团股份有限公司、上海建工集团股份有限公司、上海隧道工程有限公司、上海一造科技有限公司、山推工程机械股份有限公司、广东博智林机器人有限公司等。

本套教材的出版凝聚了作者、主审及编辑的心血，得到了有关院校、出版单位的大力支持，教材建设管理过程严格有序。希望广大院校及各专业师生在选用、使用过程中，对规划教材的编写、出版质量进行反馈，以促进规划教材建设质量不断提高。

中国建筑出版传媒有限公司

2024 年 7 月

前　言

城市是不断演化的生命体，是一个国家先进文化和先进生产力的集中体现。智慧城市作为城市发展的高级形态，通过万物互联和数字革命，提高城市运营效率和居民生活品质，为城市经济社会注入活力，促进城市的可持续发展。建筑与基础设施是城市的根基，是城市安全与发展的基本保障。经历数十年的工业化与城镇化，我国基础设施建设成绩斐然，亟需高质量、高水平的运营、维护与管理。随着物联网、大数据、云计算、人工智能等先进技术的迅猛发展，城市基础设施运维的传统模式正在深刻转型，给城市基础设施运维带来了新的机遇与挑战。

本教材是高等学校智能建造专业系列教材中的一册，该系列教材聚焦智能建造领域，紧密结合领域实际需求，围绕领域核心知识点，涵盖了从设计、建造到运维的全寿命期智能建造整体研究与实践，为我国智能建造领域培养具备创新精神、实践能力和国际视野的高素质人才提供有力支撑。本教材重点关注城市基础设施全寿命期中的运维阶段，主要介绍智慧化背景下城市基础设施运维相关的理论、技术与实践，阐述如何使用新兴的数字化技术，提升基础设施运维的效率与质量，保障城市基础设施运维安全，更好地为城市居民服务，旨在为读者提供一套系统性的学习资料。

本教材主要有以下几个特点：

1. 学科融合：本教材打破传统学科界限，融合了智能建造、土木工程、工程管理、电子信息、控制工程等多个领域的知识，展现了智慧城市基础设施运维的多学科交叉特征。

2. 技术引领：介绍物联网、传感器、人工智能等关键技术在基础设施运维中的应用，展现了前沿技术如何赋能城市基础设施的智慧运维。

3. 实战导向：通过城市安全风险管理平台、智能污水处理系统、智能运维机器人应用等真实案例的分析，结合具体应用场景，论述关键基础设施的智能化运维策略与实施路径。

本教材的编写得到了来自清华大学、华中科技大学等高校的知名学者以及深圳市城市公共安全技术研究院、苏交科集团股份有限公司等企业专家的支持。由方东平负责教材总体策划和统筹，方东平和胡振中负责大纲编写和统稿，骆汉宾、吴璟负责教材审核，胡振中、方伟立、施钟淇、李楠、陈煊琦、刘文黎等负责具体内容的编写、图表的绘制等工作，陈煊琦负责统一格式和文稿汇总协调。第1章绪论由方东平、方伟立、朱时艺负责；第2章关键共性技术由胡振中、陈煊琦、方伟立、刘佳静负责；第3章运维管理与作业机器人由刘文黎、刘佳静、刘子晗、何晔昕负责；第4章数字化能源与环境管理由刘文黎、耿光辉、李翰林、鲁亦凡负责；第5章资产管理与价值工程由王娟、陈丽娟、刘峰华负责；第6章城市基础设施韧性由方东平、施钟淇、陈煊琦、刘宇舟负责；第7章的案例分析得到了相关单位与专家的支持，其中，昆明长水国际机场航站楼案例由胡振中提供，长大桥梁智慧运维数字孪生平台案例由苏交科集团张宇峰团队提供，城市污水处理系统数字孪生平台案例、武汉市国际博览中心设施管理系统与低碳节能技术案例由国家数字建造技术创新中心提供，深圳市房屋安全风险管控平台案例由施钟淇、刘玉珂提供。

在本教材编撰过程中，作者虽力求内容的准确性和实用性，但鉴于智慧城市基础设施运维领域的快速发展，加之作者知识与经验的局限，书中难免存在疏漏与不足之处。恳切希望专家、同行及广大读者，不吝赐教，批评指正。

目　　录

绪论

知识图谱

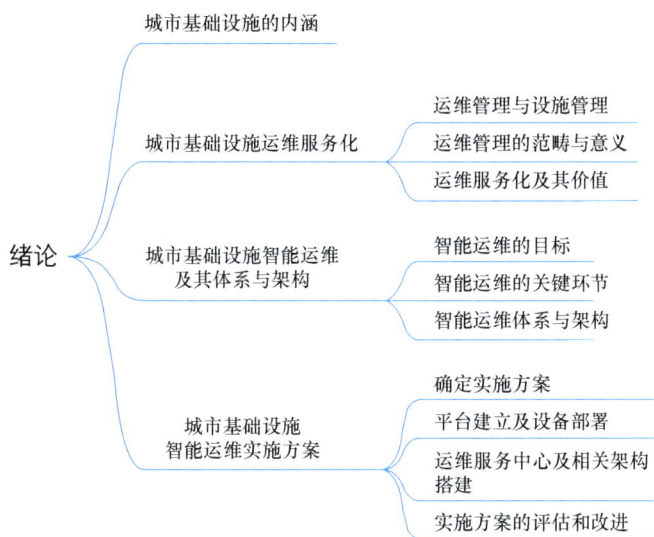

绪论
- 城市基础设施的内涵
- 城市基础设施运维服务化
  - 运维管理与设施管理
  - 运维管理的范畴与意义
  - 运维服务化及其价值
- 城市基础设施智能运维及其体系与架构
  - 智能运维的目标
  - 智能运维的关键环节
  - 智能运维体系与架构
- 城市基础设施智能运维实施方案
  - 确定实施方案
  - 平台建立及设备部署
  - 运维服务中心及相关架构搭建
  - 实施方案的评估和改进

本章要点

知识点1. 城市基础设施的内涵。

知识点2. 城市基础设施运维管理的概念、范畴和意义。

知识点3. 城市基础设施运维服务化理念及其价值。

知识点4. 城市基础设施智能运维的设计目标、体系架构以及实施方案。

学习目标

（1）理解城市基础设施的基本内涵及其对城市发展的重要性。

（2）掌握城市基础设施运维管理的核心概念及其实际意义。

（3）了解基础设施运维服务化理念及其在智慧城市中的应用价值。

（4）掌握城市基础设施智能运维目标、设计原则。

（5）了解城市基础设施智能运维的体系架构实施方案。

城市基础设施是保障城市正常运行和健康发展的物质基础，也是保障民生、防范安全风险的重要工程设施。城市基础设施涵盖了交通、公共建筑、能源等传统基础设施，以及以信息网络为核心的新型基础设施，在国家发展全局中具有战略性、基础性和先导性作用。本章通过梳理不同国家和地区对城市基础设施概念与发展的研究，结合当下兴起的智能化运维管理模式与应用场景，阐述城市基础设施的内涵、概念与范畴以及未来发展趋势。

1.1　城市基础设施的内涵

城市基础设施是一个多维度的复杂体系，它不仅包括传统的建筑工程设施和系统，还涵盖了交通系统、能源供应、水务管理、垃圾处理、通信网络等多个关键领域。这些基础设施的有效运营与维护，对于提升城市居民的生活品质、推动城市的可持续发展以及应对城市化进程中出现的各种挑战具有至关重要的作用，针对城市基础设施的内涵，学术界与工业界均开展了相关探讨与研究。

"基础设施"一词源自拉丁语，由"infra"（意为"下面"）和"structure"（意为"结构"）组合而成，最初用于描述"构成任何操作系统的装置"。在法语中，它特指"位于建筑路面或铁路下的天然材料"。随着时间的推移，这一概念在现代社会中得到了更广泛的应用和更深入的理解。1943 年，发展经济学的先驱之一 Rodan 在其作品《东欧和东南欧国家的工业化问题》中首次明确提出了"基础设施"这一术语。他强调，在进行产业投资之前，社会应当优先建立起充足的基础设施，并将其视为社会发展的基石和先行资本。1982 年，McGraw-Hill 图书公司在《经济百科全书》中进一步定义了基础设施，指出基础设施是能够直接或间接提升产出水平或生产效率的经济项目，包括但不限于交通运输系统、发电设施、通信设施、金融设施，以及教育和卫生设施等，此外，还包括一个有序的政府和政治体制。这一定义不仅凸显了基础设施在服务社会发展中的重要性，而且将其广义地界定为"社会基础设施"，反映了当时发展经济学家的主流观点。1994 年，世界银行在《世界发展报告》中聚焦于具有网络特性的基础设施，并深入探讨了其与经济和社会发展的紧密联系。报告将基础设施定义为永久性的工程构筑、设备和设施，及其提供的经济生产条件和服务设施，主要涵盖了三大部分：第一部分是公共能源设施，如电力、电信、供水、卫生设施和排污处理、固体废弃物的收集与处理设施，以及管道油气设施等；第二部分公共建筑工程，包括生态环境保护设施、通信设施、教育和医疗设施等；第三部分则是交通基础设施，包括城市间铁路、市内交通、港口、机场和航道等。这一分类进一步明确了基础设施的多样性和其在社会中的重要作用。

基础设施的概念和范畴正经历着持续的发展与深化。普林斯顿大学的 Matthew K. Rupert 教授将基础设施视为一个经济体系中为其他产业提供服务的生产资本，并将其与制造业和服务业并列为经济社会三大支柱。发展经济学家 Albert Hirschman 和 Rostow 等则将基础设施归类为社会间接资本，是进行第一、二及三次产业活动不可缺少的基本服务。哈佛商学院教授 Michael Porter 认为基础设施是"为企业和社会提供支持的组织"，涵盖物流网络、通信系统、能源和水资源、交通和交通基础设施等。德国塔姆施塔特工业大学的 Gerd Balzer 教授在《基础设施系统资产管理》中指出，基础设施指的是能够为经济和社会发展提供支持的基本设施和服务，包括能源供应系统（如电力和天然气）、水资源供应系统、交通运输系统（如道路和铁路）、电信网络等。美国经济学家 Paul Romer 在《新经济增长理论》一书中将基础设施定义为"支持社会生产、提高劳动生产率的公共资本"，并强调基础设施在创新和经济增长方面的重要性。

国际货币基金组织（International Monetary Fund，IMF）在 2000 年发表的《基础设施开支：关键问题》中将基础设施定义为"为社会和经济发展提供支持的实物设施和服务，包括道路、桥梁、水利、公用事业、通信、运输、建筑和住房等"，并认为基础设施是国家经济发展和全球经济增长的重要驱动力。IMF 强调了有效的基础设施投资和管理，以及在政府和私营部门之间建立合作框架的重要性。以此吸引更多的资本和技术资源，促进基础设施建设、改善和发展。

亚洲开发银行（Asian Development Bank，ADB）将基础设施定义为提供公共服务的基本设施和服务，并认为基础设施是实现可持续发展、促进经济增长和减少贫困的关键要素。ADB 指出，发展基础设施是亚洲地区的优先任务之一，亚洲地区需要大量的基础设施投资以满足其快速增长的需求，改善交通、能源和水资源等基础设施，有助于促进亚洲地区的经济发展和贸易，提升居民生活质量，并实现可持续发展目标。MBA 智库对城市基础设施的最新的定义是：城市生存和发展所必须具备的工程性基础设施和社会性基础设施的总称，是城市中为顺利进行各种经济活动和其他社会活动而建设的各类设施的总称。其对生产单位尤为重要，是其达到经济效益、环境效益和社会效益的必要条件之一。

基础设施的概念仍在不断演化。随着全球化和技术进步的推进，基础设施的范畴已经扩展到数字基础设施、绿色基础设施等新领域。数字基础设施强调了信息技术在现代社会中的重要性，包括宽带网络、数据中心和云计算等。绿色基础设施则是响应气候变化和环境保护需求的产物，包括可再生能源设施、绿色交通系统和可持续城市规划等。这些新型基础设施不仅改善了人们的生活质量，还推动了经济的可持续发展，展现了基础设施概念的动态性和多元性。

与国外对于基础设施的研究相比，国内对于基础设施的研究起步较晚，但也已取得许多符合我国国情的成果。自 20 世纪 80 年代初期以来，随着产业经济学研究的不断深入，基础设施在我国社会生产中的关键作用逐渐被认识，我国对基础设施的研究也随之加强。

钱家俊、毛立本两位学者最早引入了基础设施的概念，他们认为狭义的基础设施即经济型（生产型）基础设施，一般包括能源、给水排水、交通运输、邮政通信、电力生产和供应等公共设施和公共工程以及农业中的水利设施和其他管网设施。广义的基础设施还包括教育、科研和卫生等"产出无形"的部门。1998 年国家质量技术监督局、建设部颁布了《城市规划基本术语标准》，将城市基础设施正式定义为："城市生存和发展所必须具备的工程性基础设施和社会性基础设施的总称。"其中，"工程性基础设施通常指能源供应、交通运输、给水排水、邮电通信、环境保护、防灾安全等工程设施"。从更为广义的层面定义基础设施，可划分为物质性和制度性两类。其中，物质性基础设施包括常规意义上的生产性和非生产性设施，制度性基础设施则包括法律、政治制度、政策法规等。

近年来，随着国民经济的发展以及城市化进程的推进，国家对城市基础设施建设的重视程度不断提升，相继出台了一系列政策。例如，2013 年《国务院关于加强城市基础设施建设的意见》中指出，城市基础设施是城市正常运行和健康发展的物质基础，对于改善人居环境、增强城市综合承载能力、提高城市运行效率具有重要作用。当前，我国城市基础设施仍存在总量不足、标准不高、运行管理粗放等问题，需要通过加强城市道路、管网、污水和垃圾处理等方面，加快城市基础设施的建设。

《国家发展改革委关于切实做好传统基础设施领域政府和社会资本合作有关工作的通知》（发改投资〔2016〕1744 号）提出，传统基础设施包括能源、交通运输、水利、环境保护、农业、林业以及重大市政工程七大领域，属于经济基础设施领域，没有包括社会基础设施领域。财政部《关于在公共服务领域深入推进政府和社会资本合作工作的通知》（财金〔2016〕90 号）提出公共服务包括能源、交通运输、市政工程、农业、林业、水利、环境保护、保障性安居工程、医疗卫生、养老、教育、科技、文化、体育、旅游 15 个领域，涵盖全部基础设施领域，与产业发展领域相对应。

随着 5G 技术的发展，"新基建"已成为相关行业、社会各界和资本关注的热点。中国工程院院士丁烈云指出，推进"新基建"并不是取代传统"老基建"。以铁路、公路、机场、港口、水利设施等为代表的传统基础设施在我国经济社会发展中依然发挥着重要的基础作用，是保障国民经济增长的压舱石。可以看到"新基建"并不是独立于"老基建"而存在的，例如城际高速铁路需要在现有城际轨道交通的基础上发展建设。尽管中国已成为基础设施大国，但人均基础设施的存量和质量仍与发达国家存在差距，不同地区的基础设施建设水平也存在着不均衡的问题，"老基建"仍有较大的需求。

笔者认为，基础设施是为社会的生产活动和居民的生活提供公共服务的设施，它构成了国家或地区维持正常社会生产、经济活动所必需的公共服务系统，为社会的存续和发展提供了物质基础条件。目前，国际层面对基础设施的分类尚未形成统一的认识，见表 1-1。综合国内国外主流的观点，城市基础设施（图 1-1）可以主要分为以下八类：

城市基础设施概念总述 表 1-1

	作者/机构	年份	概念	范畴/内涵
国外研究	Rodin	1943	一个社会在进行一般产业投资之前，应该具备基础设施方面的积累	基础设施是社会发展的先行资本
	McGraw-Hill 图书公司	1982	对产出水平或生产效率有直接或间接提高作用的经济项目	交通运输系统、发电设施、通信设施、金融设施、教育和卫生设施等，以及一个组织有序的政府和政治体制
	1994 年世界发展报告	1994	永久性工程构筑、设备和设施，以及它们所提供的经济生产条件和服务设施	包含三部分：公共能源设施、公共建筑工程、交通基础设施
	IMF	2000	为社会和经济发展提供支持的实物设施和服务	道路、桥梁、水利、公用事业、通信、运输、建筑和住房等
	ADB	2008	实现可持续发展、促进经济增长和减少贫困的关键要素	基础设施的建设有助于提高生活质量和实现可持续发展目标

作者/机构		年份	概念	范畴/内涵
国内研究	钱家俊、毛立本	1981	广义与狭义的基础设施	狭义：公共设施和公共工程以及农业中的水利设施和其他管网设施。广义：教育、科研和卫生等"产出无形"的部门
	高新才	2002	物质性和制度性两类基础设施	物质性基础设施包括常规意义上的生产性和非生产性设施，制度性基础设施则包括法律、政治制度、政策法规等
	金凤君	2012	支撑社会经济活动的基础服务系统	阐述了基础设施在经济社会空间系统构建中所扮演的角色以及其在发展中所遵循的规则

大型公共建筑

大型工业建筑

大型电力建筑

大跨桥梁

长大隧道

通信设施

图 1-1 常见的基础设施

1. 交通基础设施

交通基础设施包括所有为城市提供内部和外部连接的设施，如道路、桥梁、隧道、铁路、地铁、公交系统、机场和港口。交通基础设施是确保人员和货物流动的关键，对经济活动至关重要。

2. 水务和排水基础设施

水务和排水基础设施包括供水系统、排水系统、污水处理设施和洪水控制工程。这些设施确保居民获得安全的饮用水，同时有效管理城市雨水和废水，防止水污染和洪水灾害。

3. 能源基础设施

能源基础设施涵盖供电（如发电厂、输电线、变电站）和供热（如供暖系统、地热设施）的基础设施。随着可持续发展的需求增加，包括可再生能源设施如风力发电和太阳能板在内的能源基础设施也日益重要。

4. 通信基础设施

通信基础设施包括电话网络、互联网服务（如光纤、Wi-Fi 热点）、卫星通信和其他数字传输设施。通信基础设施是现代城市信息流通和通信的基础。

5. 公共服务基础设施

公共服务基础设施包括学校、医院、图书馆、体育设施、文化设施等，这些都是提供教育、医疗、文化和休闲服务的基本设施。这些设施对提高居民生活质量和社会福祉起着至关重要的作用。

6. 废弃物管理基础设施

废弃物管理基础设施涉及垃圾收集、处理和回收设施，包括垃圾填埋场、回收站和废物处理厂。有效的废弃物管理基础设施对环境保护和资源回收极为重要。

7. 环境基础设施

环境基础设施包括公园、绿地、自然保护区等，这些基础设施提供生态服务，如提高空气质量、提供休闲场所，同时也是生物多样性的重要保障。

8. 防灾基础设施

防灾基础设施是城市的抗灾和防灾设施体系，包括抗震设施、防洪设施、消防设施和人防设施等。

随着人工智能等技术的发展，城市基础设施的内涵变得更加丰富。2022年政府工作报告中指出，要促进数字经济的发展，加强数字中国建设整体布局，建设数字信息基础设施，推动智慧城市的建设。作为智慧城市建设的重要组成部分，"新型基础设施"逐渐走入了大众的视野。2018年，在中央经济工作会议上，把5G、人工智能、工业互联网、物联网定义为"新型基础设施建设"。随后"加强新一代信息基础设施建设"被列入2019年政府工作报告。新基建是对传统基础设施概念的扩展和补充，不仅关注基础设施本身的建设，还强调基础设施与新兴技术的融合，以及对经济社会发展方式的革新。通过这些高科技基础设施的建设和应用，新基建有望成为推动未来城市和国家竞争力的关键因素。新基建主要包括3大方面内容，如图1-2所示。

图 1-2　新型基础设施主要内容
(图片来源：国家发展和改革委员会)

一是信息基础设施：主要是指基于新一代信息技术演化生成的基础设施，比如，以5G、物联网、工业互联网、卫星互联网为代表的通信网络基础设施，以人工智能、云计算、区块链等为代表的新技术基础设施，以数据中心、智能计算中心为代表的算力基础设施等。

二是融合基础设施：主要是指深度应用互联网、大数据、人工智能等技术，支撑传统基础设施转型升级，进而形成的融合基础设施，比如，智能交通基础设施、智慧能源基础设施等。

三是创新基础设施：主要是指支撑科学研究、技术开发、产品研制的具有公益属性的基础设施，比如，重大科技基础设施、科教基础设施、产业技术创新基础设施等。

1.2 城市基础设施运维服务化

目前，科技赋能正加速推动建筑业从"大规模"向"高质量"的智能建造转型升级，推动行业高质量发展。从数字设计、智能生产到智能施工，企业在探索可复制、可推广的智能建造发展模式上步伐不断加快。智能建造推动城市基础设施建设从产品建造向服务建造转型，通过提供"产品＋服务"，实现企业向价值链高端跃升，完成从"大规模"向"高质量"的转型升级。基础设施的建造与运维是城市基础设施全寿命期中的关键环节，随着基础设施建造智能化与服务化水平的提高，运维服务化已成为必然趋势。

1.2.1 运维管理与设施管理

运维管理（Operations & Maintenance Management）是一门新兴的交叉学科，最早起源于电信领域。1977年，Weiss在 *Chemical Engineering* 发表的 "Management by Exception in Operations and Maintenance" 一文中首次提出了运维管理的概念：运维管理是电信运营商为保障电信网络与业务的正常、安全、有效运行而采取的生产组织管理活动。随后，运维管理的研究逐渐拓展到邮政、电力、工程及电子信息技术等领域。20世纪90年代，运维管理概念传入中国，最初应用于输配电领域。2007年，运维管理被引入工程领域，并指出工程项目运维管理是对项目进行规划、整合和维护以满足社会经济发展基本需求的一种管理过程。此后，运维管理逐渐被引入建筑行业，并与设施管理（Facility Management，FM）相结合。

不同国家（地区）对设施管理的定义各有侧重，相关梳理可见表1-2。例如，国际设施管理协会（IFMA）和美国国会图书馆（Library of Congress）认为设施管理是通过多学科专业的综合应用，集成人、场地、流程和技术，以确保建筑物良好运行的活动。英国设施管理协会（BIFM）认为，设施管理可以综合多个建筑部分用以管理其对任何地方的影响。澳大利亚设施管理协会（FMA）指出，设施管理是一种通过管理使人、过程、资产、环境达到最优化的具有商业性质的管理活动。中国香港设施管理协会（HKIFM）则认为设施管理是综合人、过程以及物业等特征以达到长期策略性目标的一个过程。德国设施管理协会（GEFMA）认为设施管理是针对工作场所和工作环境，通过楼宇、装置和设备运作计划、管理与控制，改进使用灵活性、劳动生产率以及资金盈利能力的创新过程。

值得注意的是，上述设施管理概念中的"设施"不仅限于单体建筑空间，更延伸至支撑城市运行的基础设施系统。运维管理和设施管理的融合，为解决基础设施系统性、复杂性和公共属性等特征提供了方法论基础。在智慧城市建设的背景下，如何利用先进的信息技术提升基础设施的运维效率，更好地应对基础设施运维中的各种挑战，已成为城市发展中的重要课题。随着各国（地区）对基础设施建设与运营的重视，尽管目前尚未形成针对基础设施运维管理的权威定义，基础设施的运维管理已受到广泛关注。

设施管理定义的发展历程　　　　　　　　　　　　　　　　　表 1-2

机构	定义
国际设施管理协会、美国国会图书馆	通过多学科专业的综合应用，集成人、场地、流程和技术，以确保建筑物良好运行的活动
英国设施管理协会	可以综合多个建筑部分用以管理其对任何地方的影响
澳大利亚设施管理协会	是一种通过管理使人、过程、资产、环境达到最优化的具有商业性质的管理活动
中国香港设施管理协会	综合人、过程以及物业等特征以达到长期策略性目标的一个过程
德国设施管理协会	针对工作场所和工作环境，通过楼宇、装置和设备运作计划、管理与控制，改进使用灵活性、劳动生产率以及资金盈利能力的创新过程

尽管不同地区对设施管理的定义有所不同，但其本质有共同点：①设施管理是一个跨学科领域，涉及管理学、建筑学、行为学和工程技术等；②设施管理旨在保障生活和工作环境，提高投资效益；③设施管理的对象不仅包括人、机械设备、资产，还涵盖场地、环境、施工技术等方面。设施管理可细分为运营管理和维护管理两个层面：运营管理确保项目的正常运转，并发挥其预定功能；而维护管理则关注通过保养活动维持固定资产的初始状态和使用寿命，从而保障项目的长期运行效率。

基础设施运维管理是通过科学规划与系统整合，统筹配置全要素资源，保障城市基础设施系统在寿命期内实现安全、高效、可持续的管理体系。基础设施运维管理寓于设施管理与运维管理的概念之中，但也有自身的特点，它可以被视为运维管理的一个分支，专注于物理基础设施，而运维管理则是一个更广泛的概念，涵盖了包括基础设施在内的多种系统和服务的管理。与设施管理相比，城市基础设施运维管理专注于对城市或组织的基本物理和组织结构的维护和管理。这些基础设施包括水电系统、交通网络、通信基础设施等，是支持现代社会正常运作的关键要素。而设施管理更多关注建筑物及其相关设施，如办公空间、安全系统、环境控制等。

1.2.2　运维管理的范畴与意义

城市基础设施运维管理涵盖了交通和道路、水务、能源、通信网络、公共设施、建筑设施以及信息技术等多个方面，旨在确保这些基础设施能够高效、安全、可持续地运行。具体包括道路、桥梁、隧道、交通信号、公共交通系统（如公交、地铁）的维护和管理，供水系统（如水厂、水管网）和废水处理设施的管理与维护，电网、天然气管道等能源基础设施的运维，以及电话线、光纤网络、无线通信设施等通信基础设施的维护。此外，还涉及学校、医院、图书馆、公园、体育设施等公共建筑和设施的维护管理，以及所有类型建筑物和土木工程结构的维护，如市政建筑、地下设施等。信息技术设施运维管理则聚焦于数据中心、城市监控系统等智能城市技术基础设施的运行维护。

城市基础设施运维管理不仅是保障城市顺畅运行的核心，更是提高居民生活质量、推动经济发展和维护社会稳定与安全的关键。预防性维护、紧急维修、资产管理和性能监测等工作，直接影响城市基础设施运维的质量。优质的运维能够提供便捷、安全、健康的生活环境，提升居民生活质量。同时，可靠的基础设施有助于吸引投资、支持产业发展、降低企业运营成本，从而促进经济增长。此外，及时维护和更新基础设施能有效预防和减轻自然灾害、突发事故的风险，保障社会安全。

然而，基础设施运维面临诸多挑战，如信息采集困难、管理复杂、专业人才匮乏等。传统运维方法缺乏综合工具，导致信息提取缓慢和决策延迟。因此，基础设施运维不仅是技术性任务，更是战略性的城市和社会发展工作。智能化运维的引入，通过实时监控、预警、自动化检测和修复，显著提高了运维效率，降低了成本，增强了安全性，并促进了基础设施的可持续发展。

1.2.3 运维服务化及其价值

当前，我国多个产业正处于现代化和信息化转型升级的关键期，土木工程应融合传统基建与前沿信息技术，聚焦智能交通、智能能源等领域的交叉学科问题，推动智能基础设施的建设与运维。城市基础设施智能运维通过信息技术提升服务效能，涵盖通信、数据平台和安全管理等方面，以促进城市的高效运营和社会经济效益的实现。与此同时，建筑业"十四五"规划提出到2035年实现"中国建造"全球领先，预示着我国将向智能建造的全球领先地位迈进，而基础设施运维服务化正是这一进程的关键一环。它不仅代表着服务理念的转变，更是资源优化和品质提升的实践。

1. 运维服务化提出的背景

近年来我国经济飞速发展，建筑业作为我国重要的物质生产部门，也经历了一个高速发展的过程。主要表现为产业规模、企业效益、技术装备以及建造能力的不断提升，但是其成熟度仍低于机械、电子、化工等行业，滞留在劳动密集型产业阶段。存在着工业化程度低、经营管理方式粗放、建筑企业利润微薄等问题。随着人口红利的消失，过去30年我国建筑业发展所依赖的劳动力优势也将不再持续。劳动力供给减少、劳动力成本快速上升进一步压缩传统建筑行业的利润空间，加之环境资源的不可持续等问题，亟需探索新的行业发展模式。

在不断变化的市场环境中，企业始终面临着保持盈利与可持续发展的挑战。这要求企业不仅要适应经济、科技及社会环境的不断变化，还需不断探索新的利润增长机遇，以确保自身在市场竞争中的存续与壮大。全球经济发展的一个显著特点是服务业的持续增长，自21世纪初至今，全球服务业对GDP的贡献率从60.17%攀升至69.97%，揭示了经济服务化的趋势。在此背景下，众多企业为了降低风险，纷纷采取多元化经营策略。这些策略体现为两种主要形式：一是沿产业链的垂直整合或水平扩展，即通过相关多元化发展；二是跨越行业界限，探索非相关多元化路径。在众多策略中，制造服务化（Servitization）逐渐成为一种重要的转型路径。通过将产品和服务相结合，开拓新的盈利方式，提升市场竞争力。

制造服务化概念于1988年由Vandermerwe和Rada提出，以开放式服务创新为核心，强调制造企业向客户提供产品、服务、支持等综合解决方案。尽管表述情境各异，其本质均为制造商从产品导向转为关注产品应用及客户需求，借助服务实现增值。当前，我国制造业正处于服务化转型的快速发展阶段，服务环节的价值不断提升。服务型制造展现出的旺盛活力，已成为制造业高质量发展的关键驱动力，并促进新模式新业态的创新。

类似于制造业的服务化转型，基础设施与建筑行业正逐步将服务化理念融入运营维护领域。运维服务化特指建筑企业或设施运营商突破传统的"交钥匙"工程模式，在项目竣工后持续提供涵盖监测、维护、优化等环节的全周期管理服务。这种转变源于对全寿命期价值的重新认识——相较于平均3~5年的建设周期，长达数十年的运营维护阶段直接决定着资产残值率与投资回报水平。因此，众多企业意识到，深入参与运维环节并提供高质量服务，不仅能够为业主创造长期价值，还能为自身开辟新的利润增长点。在劳动力成本上升和市场环境约束增强的背景下，运维服务化为建筑业提供了一条应对挑战、提升竞争力的新路径。

行业的智能化趋势极大地推动了基础设施运维服务化的发展。新一代信息技术在智慧城市建设中得到广泛应用，联网传感器遍布道路、桥梁、楼宇等基础设施，实时采集运行数据，数据和人工智能则帮助分析这些数据，预测维护需求并优化决策。建筑信息模型（BIM）和数字孪生技术的引入，使管理者可以在虚拟空间全面掌握设施健康状况，提前发现问题并优化维护方案。这些智能技术的融合为运维服务化奠定了基础，使维护工作能够以标准化、精细化的服务形式输出。

政策与市场的双重驱动也进一步加速了基础设施运维服务化的进程，国家倡导的新型基础设施建设以及各类智慧城市试点，强调传统基建与信息技术的融合，为运维服务化提供了政策支持和试验田。随着城市化进入存量发展阶段，大量建成的建筑和公共设施需要通过专业运维来保持功能和价值。市场需求正在发生结构性转变，业主对安全、高效、可持续的运维服务需求不断增长。在雄安新区市民服务中心的运维招标文件中，首次将碳排放监测精度、设备健康度预测等数字化服务指标纳入评分体系。市场需求与环境的转变也促使企业转型，以提供更完善的运维服务方案。可以预见，运维服务化将成为基础设施和建筑业未来发展的重要方向，它不仅顺应经济服务化和行业智能化的大势，也将提升基础设施的运营效率和可靠性，创造更大的社会经济价值。

2. 基础设施运维服务化

城市基础设施运维服务化属于产品使用服务化，针对产品的使用过程，为用户在使用阶段提供服务，是面向工程产品消费者的服务。在这种模式下，城市基础设施的管理和运维不仅关注技术层面的维护，还包括一系列增值服务，以便更好地满足城市居民和企业的需求。通过将城市基础设施运维与服务紧密结合，充分考虑最终用户的需求，深入用户的业务领域，通过延伸产业链条，满足用户因使用基础设施运维而派生的服务需求，最终为用户提供优质的城市基础设施＋优质服务体验。在城市基础设施运维服务化的技术层面，高度集成的信息技术、物联网和智能系统以及大数据等物联网技术，实现了城市基础设施的运行中的数据收集与数据分析。利用人工智能和机器学习技术，优化运维流程、提高效率和响应速度。例如，在地铁隧道的运维中，为满足运维系统智能化、精细化和轻量化的要求，实现高效、高精度、高质量监测，利用以AI算法和基于三维场景的视频融合为核心的数字孪生技术，结合卫星遥感、无人机、大数据、物联网、云计算等，实现地形、影像、图片和运维管理等多源数据的采集、分析处理与场景构建，搭建了智能隧道数字孪生监测管理平台。基于以上技术，加强了地铁隧道安全风险感知，构建了隧道智能监测系统，保障隧道监管运营，降低运营成本，保持基础设施健康状态，进一步提升服务质量。除此之外，还可以通过设立用户中心，聚焦用户体验和需求，提供更为人性化、定制化的服务。

传统的建筑企业主要是提供功能较少的基础设施，所创造的价值位于整个产业链的底端，这些仅具备基础功能的裸产品难以满足用户多样化的产品和服务需求。企业可以通过提供个性化服务、专业化运维服务、智能产品系统解决方案等服务包，深度贴合用户需求，提供令用户满意的城市基础设施产品和服务，同时也帮助企业在建造价值链的多个环节中实现价值增值。

随着社会经济的发展和科技的进步，用户的需求和消费行为发生了深刻的变化。现代消费者不再满足于基础的产品功能，而是追求更加个性化、智能化的服务体验。在城市基础设施领域，用户对于基础设施的需求已从单纯的可用性转向了高效性、便捷性和安全性。例如，在居住环境中，用户期望获得更智能的温控系统、更安全的监控体系以及更环保的建筑材料。此外，随着健康意识的提升，人们对空气质量、水质检测等健康相关服务的需求也在增加。这些变化促使传统的基础设施运维模式向服务化转型。企业通过提供定制化的运维解决方案，能够更好地满足用户的多样化需求，同时为企业创造更多的商业价值。因此，基础设施运维服务化的转型不仅是行业对市场需求的响应，更是保持竞争力，实现可持续发展的必然选择。

在城市基础设施运维服务化的模式下，个性化服务的核心在于深入理解并满足用户的独特需求，通过技术、设计和服务创新来提升用户的生活体验和满意度。这不仅涉及基础设施的维护，还包括为特定群体提供定制化的解决方案。例如，针对老年人的养老需求，除了设计建造符合老年群体使用要求的建筑产品外，还可以增加后期的管理与服务环节，为老年群体提供"养老不离家"的新模式，包括针对用户的健康情况提供紧急响应服务、健康检测服务以及在线医疗咨询服务，确保老年群体的安全和健康。此外，考虑到现代用户对智能化与健康服务的需求，运维服务可以为用户提供兼具科技与健康的"智能产品系统解决方案"。例如，通过引入空气净化系统和自动化健康监控设备，提升住宅的居住环境。此外，智能家居系统和自动化技术的集成也能提升居住的便利性，例如智能温控系统、安全监控和节能解决方案等，精准满足用户的个性化需求。个性化的运维服务模式强调以用户为中心，结合智能化技术，满足不同用户群体的需求，从而提升城市居民的生活品质。

随着城市基础设施体量与规模愈加庞大，其运维的智能化趋势越来越显著，对建筑产品运营维护工作的专业性要求也越来越高，用户对专业化运维服务的需求愈发强烈，仅提供保洁和保安等服务的物业管理远不足以满足业主和用户的需求。通过智能化运维系统，可以更好地为用户打造更为舒适、安全、节能高效的基础设施使用环境。例如，圣玛丽医院（位于加拿大不列颠哥伦比亚省）打造的综合能源管理信息系统，成功实现了该医院的低碳高效运营。通过传感网络的布设，能够监控圣玛丽医院的详细能耗数据，发现该医院主要的能源消耗来自泵机、风扇、插头负载和照明系统的耗能。通过对报告期内 7 个工作日的平均每小时电力需求热图的分析，可以确定星期二为一周中的能耗优化关键日（每星期二平均电力需求在上午 8:00 至晚上 9:00 之间始终高于 200kW）。针对这些待优化的能耗问题及相应设施，专业化运维公司提出了对应的节能优化措施，并通过持续的数据收集与分析，不断改进节能优化措施，以持续保持该建筑的最佳性能。数据显示，通过专业化的节能运维服务，圣玛丽医院的耗能（1278kWh/m²）远低于加拿大全国医院平均水平（1439kWh/m²）。

作为城市基础设施运维服务化的重要组成部分，运维服务提供商扮演着至关重要的角色。它们不仅是简单的服务提供者，更是整个运维生态系统中的核心参与者。运维服务提供商通过整合最新的信息技术、物联网技术和大数据分析，为基础设施运营方提供了全面的管理工具和服务平台。这不仅提高了设施的运行效率，降低了运营成本，还极大地增强了用户体验。与此同时，运维服务提供商与用户之间建立起了直接的服务联系，通过设立用户中心等方式，及时收集反馈信息，了解用户需求，提供个性化的服务方案。这种紧密的合作关系有助于构建一个良性循环的服务生态，即运维服务提供商依据用户反馈不断优化服务质量，而用户则享受到更为优质的服务体验。此外，运维服务提供商还需要与基础设施运营方密切协作，共同探讨如何将新技术应用于实际操作中，确保各项服务能够真正落地实施，并持续改进以适应不断变化的市场需求。通过这种方式，三方形成了一种互利共赢的关系，共同推动城市基础设施运维服务化向前发展。

3. 基础设施运维服务化价值

基础设施运维服务化重视服务的价值，通过先进的管理思想、理论、技术和方法，为企业、用户、市场乃至整个资源环境带来了价值增值。以建筑为例，数字建筑通过综合运用相关技术，实现了建筑基础设施运维服务化价值增值。"数字建筑"是指利用 BIM 和云计算、大数据、物联网、移动互联网、人工智能等信息技术引领产业转型升级的行业战略，结合了先进的精益建造理论方法，集成人员、流程、数据、技术和业务系统，实现建筑寿命期的全过程、全要素、全参与方的数字化、在线化、智能化，从而构建项目、企业和产业的平台生态新体系，更好地为用户和利益相关方提供服务。

传统服务业提供服务的主要载体通常是人，但当城市基础设施被嵌入传感器和各种智能感知设备，就如同拥有了人的感知能力，成为人工智能的有机体，同时也成为了提供运维服务的"服务者"。基础设施数字化运维将使基础设施成为自我管理的"生命体"。基础设施数字化运维通过以虚控实的虚体城市基础设施和实体城市基础设施，实时感知城市基础设施运行状态，并借助大数据驱动下的人工智能，把城市基础设施升级为可感知、可分析、自动控制乃至自适应的智能化系统和生命体，实现运维过程的自我优化、自我管理、自我维修，并以为基础设施的使用者提供满足个性化需求的服务为终极目的，为人们创造美好的工作和生活环境。下面针对基础设施数字化运维所带来的价值增值，分为用户体验改善、成本效益优化、灵活和适应性增强、更具环保及可持续性四个方面进行讨论。

（1）用户体验改善

城市基础设施运维基于对基础设施静态数据和动态数据的云端存储，通过大数据分析技术将所有系统变成一个整体，通过不断地数据挖掘，对环境、用户体验、运行成本等各方面出现的各类问题进行快速建模，向敏锐感知、深度洞察与实时决策的智能体发展，作出各种智能响应和决策，从而改善用户体验，实现用户体验的价值增值。首先，通过提供个性化和定制化的服务，服务化模式能够深入理解并满足不同用户的特定需求，从而提供更加针对性的解决方案。其次，利用先进技术和专业知识，提高服务质量和响应速度，快速解决用户的问题，减少停机时间，从而提高了整体的服务效率。此外，数字化的接口和工具使得服务更加便捷和易于访问，提供了更加方便的用户体验。最后，服务化模式通过提供详细的服务报告和定期更新增强了信息透明度，同时确保高可靠性和安全性，进一步增强了用户对服务提供商的信任。综合这些方面，基础设施运维服务化不仅提供了高效和个性化的服务，还通过提升便利性、透明度和安全性，大幅度改善了用户的整体体验。

（2）成本效益优化

基础设施运维服务化在成本效益优化方面体现出显著的价值增值，例如，通过外包运维服务，城市和企业能够显著降低直接运营成本，包括减少对内部人力资源的依赖以及相关的招聘、培训和薪酬开支，同时享受专业服务提供商规模化运营的成本效率。通过应用先进的技术和管理策略，如物联网和大数据分析，不仅优化了资源的使用和维护，降低了长期运维成本，还提高了整体资源利用效率和减少了浪费。通过有效的风险管理和预防性维护策略降低紧急修复的需求和相关成本，并可以缓解由于设施故障或不当维护可能带来的潜在财务损失。通过运维服务化，使得基础设施的价值得到了保障，防止了过早的资产贬值，同时通过节能措施和优化能源使用，降低了能源和材料消耗成本。

（3）灵活和适应性增强

城市基础设施运维服务化模式赋予了基础设施更高的灵活性与适应性，使其能在快速变化的技术环境和市场需求中迅速部署新技术、适应新兴趋势并应对潜在突发事件。在基础设施运维服务中，运维服务商扮演了重要的角色，凭借专业知识和先进技术，服务商能够为客户量身定制解决方案，保证基础设施能够满足用户不断演进的需求。通过深度耦合市场需求与资源供给，构建起动态演进的敏捷服务体系，以客户需求为轴心驱动服务创新，塑造出高度灵活的适应能力。随着市场需求越来越丰富，当前运维服务商通过大数据挖掘与用户行为建模的方式，精准识别不同场景的差异化需求，将传统标准化服务解构为可自由组合的模块化产品。除此之外，服务化模式还支持资源的弹性配置，这意味着可以根据实际需求动态调整人力和设备等资源的投入。在业务高峰期增加资源，在低谷期则减少。这样不仅优化了资源配置，也提升了整体的成本效率。这种弹性策略确保了即使在需求波动较大的情况下城市基础设施也能高效运作。综上所述，城市基础设施运维的服务化模式通过技术创新应用、个性化的服务定制、资源的弹性配置等方式，提升了基础设施的灵活性和适应性。

（4）更具环保及可持续性

传统城市基础设施运维存在着服务效率低、能耗高、运维数据利用价值低等问题，难以满足新形势下人们对工作和生活环境的要求。基础设施运维服务化通过提高能效、减少环境影响和提高系统适应性等方式，为实现更环保和可持续的城市发展贡献了重要的价值。这种服务模式不仅符合环境保护的当代趋势，还帮助城市和企业实现长期可持续的经济和社会发展目标，更满足了人民群众对美好生态环境的向往。在基础设施运维服务化的背景下，基础设施运维系统提高了能效和资源利用效率，服务化模式通过使用先进技术和管理策略，如智能监控和自动化控制系统，帮助基础设施运营更节能高效，在减少能源消耗的同时优化资源利用。通过灵活的技术应用和资源配置，提高了基础设施对环境变化和潜在风险的适应能力，如应对气候变化带来的挑战。基础设施运维的服务化还支持了可持续的发展目标，减少了对环境的影响。服务化模式倡导采用更环保的操作和维护方法，比如使用清洁能源、减少排放和采用绿色建筑材料。这些做法有助于减少整体环境足迹和碳排放。通过服务化模式，基础设施管理更加注重长期可持续性，不仅考虑即时成本和效益，也关注长期环境和社会影响。

以建筑的智能运维为例，数字建筑通过实时获取建筑内人员分布及工作状态，以及各类设备的运行状态、外部环境的实时数据等，基于海量的能耗数据和环境数据的智能分析，生成各种控制系统和设备的运行策略，基于实时感知实现自我控制，优化和调节建筑内各类设备设施运行状态。同时，智能化地利用自然采光、自然通风等自然条件改善使用空间的舒适度，如自动调节新风系统入风口和排风口开度，根据太阳位置自动调节遮阳板、光伏板角度等，使建筑设备各系统与外部环境进行有机的协同联动，降低能源消耗，减少碳排放和对环境的不利影响，实现建筑的经济和绿色运行。

1.3　城市基础设施智能运维及其体系与架构

2023 年，麦肯锡全球基建倡议（GII）系统对中国建设走向全球市场应取得的关键进展进行了系统的分析，提出应采纳数字化和人工智能（AI）技术，拥抱模块化的产业化等策略，同时，5G、物联网、工业互联网等新一代信息技术的广泛应用，正引领智能城市相关综合解决方案朝着走深向实、协同布局、社会与生态共赢的方向发展，在此趋势下，我国基础设施建造与运维正处于产业现代化、信息化转型升级的关键时期。

1.3.1　智能运维的目标

智能运维（Artificial Intelligence for IT Operations，AIOps），由 Gartner 于 2016 年提出，起初旨在通过整合大数据和机器学习能力，以松耦合、可扩展的方式处理不断增长的 IT 数据，为数据中心等信息技术设施运维管理提供支撑。阿里云等企业已将人工智能技术应用于运维领域，实现了云服务的自动化和智能化管理，显著提升了运维效率和用户体验。国际上，物联网、数字孪生等技术已在基础设施运维中得到应用。国内则起步较晚，在设施管理正面临智能化、智慧化的新挑战。因此新兴技术如 AI、云计算、大数据、5G、区块链等也被积极应用于在新型基础设施建设中，推动了基础设施智能升级，实现辅助决策、自动运行和预测预警等智能化工作，助力城市可持续发展。

城市基础设施智能运维的主要目标是构建一个高效、可靠、安全且可持续的运维系统，以提升城市基础设施的整体性能和服务质量。具体表现为提高基础设施运行效率和可靠性、提升基础设施韧性与安全与风险管理能力、促进环境可持续性、提升成本效益与优化资源配置、提升用户体验与适应性五个方面。

1. 提高基础设施运行效率和可靠性

城市基础设施智能运维在提高基础设施运行效率和可靠性方面至关重要。随着城市化的快速发展，城市基础设施的重要性日益增加，因此确保这些系统的高效和可靠运行对于维持城市功能和提高居民生活质量至关重要。智能运维能够快速响应基础设施故障和问题，减少停机时间，保证城市服务不中断。通过持续监控和维护，预防故障发生，确保基础设施系统长期稳定运行。实现这一目标涉及使用相关技术（例如智能感知设备、人工智能、物联网）来监控和管理城市基础设施，以提高运维的效率和响应速度。减少故障发生频率和持续时间，确保基础设施能够可靠地服务于城市和其居民。

2. 提升基础设施韧性与安全和风险管理能力

提升基础设施的韧性与安全和风险管理能力是城市基础设施智能运维的关键目标之一，其重要性在于保障城市功能的连续性和居民的安全。面对城市化加速和技术发展带来的新风险，如技术故障、网络攻击等，强化基础设施韧性显得尤为重要。这要求设施在遭遇挑战时，不仅能有效抵御风险，还能迅速恢复并保持关键功能运行。智能运维系统利用先进传感器和监控技术，实时监测并识别潜在问题或风险，实现及时预警和干预。通过分析历史与实时数据，系统还能预测设备故障，推动预测性维护，让维护团队能在问题发生前采取行动，预防重大故障。例如，哈利法塔采用全面的结构健康监测系统，对基础荷载传递、沉降、柱体变形等多方面进行监测，有效保障了运维安全。总体而言，智能运维系统能持续评估和管理潜在风险，识别风险源，评估影响，并制定缓解策略及应急响应和恢复计划。

3. 促进环境可持续性

促进环境可持续性目标强调在运维过程中利用智能技术减少对环境的负面影响，比如采用高效的能源管理系统。目的是减少基础设施运营对环境的负面影响，支持城市的绿色发展。面对全球气候变化，需采取行动减少基础设施运维的环境影响，确保其长期可持续运行。智能运维在此方面发挥关键作用，助力降低能耗、减少废物排放，并促进资源高效利用，支撑绿色城市发展。以 Sidewalk 项目为例，该计划通过采用气候友好能源系统和无人驾驶交通技术，促进多伦多东部滨水区码头区的环境可持续性。智能运维系统通过监测和分析能源消耗，识别节能潜力，实现高效利用和减排，如在公共照明和交通系统中实施动态控制，减少能源浪费。数据驱动的智能运维利用收集的数据和分析结果，支持环保决策和策略，如优化交通流量、调整能源系统利用可再生能源。除此之外，智能运维系统可以实时监测环境污染，如空气和水质污染，并采取相应措施以减少污染的发生。

4. 提升成本效益与优化资源配置

城市基础设施智能运维实现成本效益与资源优化的目标对于城市发展十分重要。这不仅关系到经济的可持续性，还直接影响到城市服务的质量和效率。在资源日益紧张和财政预算有限的背景下，智能运维可以在保持服务水平的前提下，帮助城市更有效地使用资源，减少浪费，降低运营成本。在城市基础设施运维的框架内，实现这一目标可采取的措施包括在运维中实施成本控制和资源优化策略，以提高经济效益，采用预测性维护来减少不必要的维修成本，以及通过精细化管理来提高资源使用效率等。

5. 提升用户体验与适应性

城市基础设施智能运维的目标在于提升用户体验和系统适应性，确保基础设施服务既高效又符合用户需求，并能适应技术和需求的变化。用户期待便捷、可靠和快速响应的服务，而基础设施必须在快速变化的技术环境中保持灵活性。这一目标的实现涉及不断改进运维服务以满足用户的期望和需求。重点是确保基础设施服务对用户友好的同时保持系统的灵活性，以便适应未来的技术变化和城市发展。例如，智能运维系统通过在线平台、社交媒体和调查收集用户反馈，及时调整服务，以提升用户体验。基于用户行为数据的分析，智能运维能够提供个性化服务，如优化公共交通时间或调整城市照明。通过实时监控和数据分析，智能运维系统还可快速响应需求变化，如调整交通流量，从而提升服务效率与质量。

1.3.2 智能运维的关键环节

城市基础设施智能运维主要包括诊治与运维两方面的工作，从技术流程方面可以分为智能感知、智能识别、智能评价、智能预测四个关键环节，如图 1-3 所示，面临的场景既包括建筑、桥梁、公路、铁路等各类基础设施的主体结构与配套功能性附属构件，也包括复杂的环境、人流、物流等各种要素。

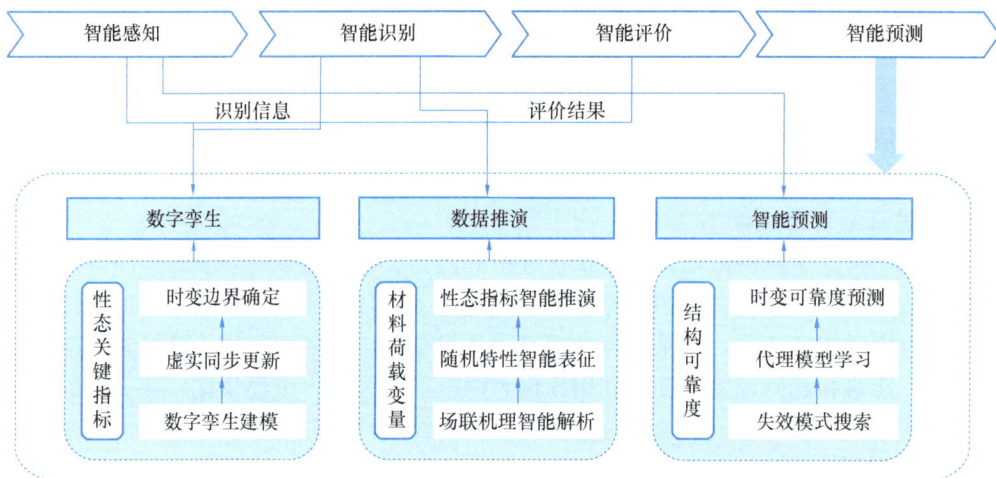

图 1-3　城市基础设施智能运维的关键环节

1. 智能感知

感知即意识对内外界信息的觉察、感觉、注意、知觉的一系列过程。而智能感知对于信息进行智能化的识别及测量，将有助于人工智能对信息进行识别、判断、预测和决策，对不确定信息进行整理挖掘，实现高效的信息感知。信息化技术广泛应用于智能感知领域，并且已实现在基础设施简单场景下的智能化诊治和运维，如基于三维扫描的隧道结构变形识别预警、基于视觉模型的地下结构渗漏识别预警、基于无人机的桥梁裂缝等健康状态识别、基于深度学习和视觉模型的滑坡隐患识别预警等。然而，如何让机器代替专家对建筑和基础设施的性能进行认知、评价、预测和控制，实现自动化运维，仍然面临着诸多挑战。

近年来，新型光电感知设备、新型感知材料、新型数据传输装置、新型感知系统等，在大型工程中实现了应用，推动了智能诊治和运维技术的发展。例如加拿大国家工程院院士杨天若教授、华南理工大学万加富教授提出了云计算辅助情境感知车联网物理系统架构，将云计算资源与车载网络集成，为各种应用程序创建了更高效的感知系统。然而，现有的感知理论与方法只解决了部分场景的性态感知问题，要实现建筑与基础设施各类性态和环境要素的全息感知，仍面临着数据海量多源、异构且不完备等技术挑战。未来，还需要进一步完善相应要素的感知理论、方法及设备，以更好应对相应挑战。

2. 智能识别

智能性态识别方面,即通过感知信息对基础设施的功能性指标来实现智能分析和识别。例如,香港大学 George G. Q. Huang 教授等人提出了一种由四个主要部件组成的隧道火灾信息采集、管理、处理和可视化的智能数字孪生系统。使用人工智能模型训练了一个大型的数值数据库,成功地识别了火灾的大小和位置。

基于视觉模型等的智能识别技术快速发展,但识别效率和精度方面还有待进一步提升,需进一步完善高效识别算法。另外,针对结构的物理、力学等各类复杂性态的专业化识别理论和方法仍存在较多空白,智能识别技术的实现任重而道远。当前面临的挑战包括:

(1)基于大数据、数据分析与挖掘、深度学习、数理融合等理论的智能认知模型和识别方法;

(2)基于多源数据协同感知和数据推理的不完备缺失信息的结构性态推演和动态感知方法。

3. 智能评价

智能评价方面,即通过基础设施状态感知和识别数据,对其服役性能和安全风险作出评价,实现部分性能指标的智能化评价。例如,基于大数据分析和专家经验等方法,实现桥梁结构、空间结构的内力、变形、振动特性等性能的智能化评价;基于人工智能算法评估和预测大坝的潜在危险,并基于评估结果开发可供管理人员使用的决策支持工具。

然而,建筑和基础设施的性能评价指标种类繁多,智能评价方法仍需进一步探索。目前,针对各类性能指标相互作用的综合评价理论体系尚未成熟。此外,现有的智能评价方法主要依赖于大数据分析和专家经验,这种方法虽然简单易用,但存在明显的局限性。如何进一步深化基于大数据分析与经验知识耦合驱动的智能评价方法,建立信息不完备条件下考虑局部特征和物理约束的基于机器学习技术的智能评价方法,都是未来的研究发展方向。

4. 智能预测

在智能预测,即智能化性态演变和未来性能预测方面,基于信息感知、识别和评价结果,考虑全寿命期服役性能时变演化历程,对基础设施的服役性能进行预测与控制。

罗马大学 Riccardo Rosati 等人介绍和测试了一个解决预测性维护(PdM)任务的决策支持系统(DSS),提出的决策支持系统包括以下步骤:数据收集、特征提取、预测模型、云存储和数据分析。该研究基于一个特征提取策略和机器学习预测模型,并在生产系统上下层收集的特定主题支持该模型。与其他先进的机器学习模型相比,在预测性能、计算效率和预测处理质量的可解释性之间达到了最佳平衡,可直接支持维护人员/操作人员决策来优化加工质量过程,并提高正常运行时间和生产力来降低服务成本,从而获得关于操作风险的实时警告。

在全面探讨了城市基础设施智能运维的智能感知、智能识别、智能评价以及智能预测这四个关键环节之后,不难发现,每一个环节都离不开先进技术的支持与数据的有效利用。然而,这些关键环节的成功实施不仅依靠于单一的技术突破或局部优化,而是需要一个系统化的框架来支撑其全面发展和持续改进。为了实现这一目标,构建一个高效、协调的城市基础设施智能运维体系显得尤为重要。这样的体系不仅要确保各个环节之间的无缝对接，还需要考虑如何最大化地整合社会资源，促进技术创新，并保障系统的安全性和可持续性。城市基础设施智能运维的设计应强调系统性和全社会参与，遵循国际和国内标准，包括：①顶层设计与长远规划，确保系统工程的应用；②滚动发展与综合集成，推进智能项目；③政府引导与市场运作，探索高效信息化模式；④民生导向与全民参与，提升民生幸福指数；⑤基础共建与资源共享，加快信息化和网络建设；⑥面向应用与带动产业，促进产业发展；⑦开放合作与安全高效，保障信息安全。

1.3.3　智能运维体系与架构

基础设施智能运维体系由关键环节、共性技术与应用场景构成，如图 1-4 所示，智能运维体系的构建，使得基础设施运维更高效、智能和可持续。基础设施智能运维从技术流程方面可以分为智能感知、智能识别、智能评价、智能预测四个主要环节。关键环节与技术为各种应用场景提供了智能运维的技术支持，应用场景则反过来推动了智能运维技术的不断发展和创新，这三者之间相互交织，共同推动了基础设施智能运维的发展和应用。在基础设施智能运维领域，通过多源、异构、多维感知技术，以及要素齐全的感知理论、方法及设备，实现对建筑与基础设施的全面感知和智能分析。同时，智能性态识别技术的进步，使我们可以对基础设施的功能性指标进行智能识别和分析。

图 1-4　基础设施智能运维体系

当前，城市基础设施运维仍处于探索阶段，各国、各地区针对不同的方向也积极尝试并提出了自己的城市基础设施智能运维项目。例如前文提到的多伦多 Sidewalk 项目；荷兰阿姆斯特丹提出的城市能源项目，旨在城市能源方面积极采用太阳能，风力涡轮机以及生物质能发电来构建城市能源系统；新加坡政府技术局开发的智慧国家传感器平台（SNSP）通过数据共享以及数据分析，旨在 2030 年之前将高峰时段出行的公共交通分担率从 67% 提高到 75%。分析以上案例可以发现不同的城市基础设施智能运维系统均包含运维管理系统、数据采集系统、维修服务系统、安全监控系统和运维服务中心等模块，一个典型的城市基础设施智能运维整体架构如图 1-5 所示。

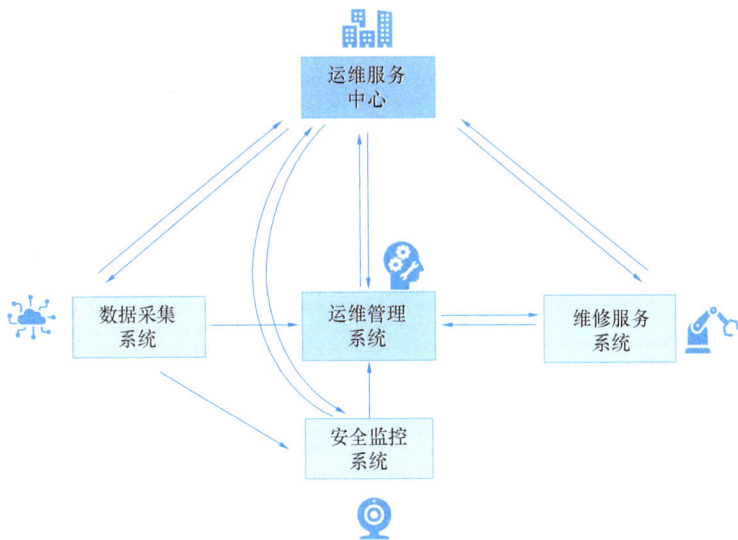

图 1-5 城市基础设施智能运维整体架构

在这个城市基础设施运维整体架构中，每个系统都发挥其特定的功能，同时与其他系统相互作用，相互沟通，形成一个高效、协调一致的智能运维体系。架构中的核心是运维管理系统，主要负责协调和管理所有的运维活动包括任务调度、资源分配、性能监控以及故障响应机制。运维管理系统接收来自数据采集系统的实时数据和报告，用于监控基础设施的状态和性能。此外，运维管理系统基于收集的数据和分析结果，会指派和调度维修任务给维修服务系统，同时，维修服务系统也会将完成的维修任务和维护活动的结果反馈给运维管理系统。运维管理系统还接收安全警报和状态更新，采取必要的安全措施或调整运维策略。

作为整体构架中的"大脑"，运维管理系统通过分析数据采集系统提供的数据，为运维服务中心提供必要的运维信息，以支持决策制定和战略规划。数据采集系统则负责从城市基础设施的各个部分收集数据。这些数据可能包括能源使用情况、运行效率、维护记录和任何异常情况报告。数据采集系统向运维管理系统发送收集到性能指标、故障日志等数据。同时，数据采集系统收集的数据也可以用于安全监控系统策略的优化以及安全风险的分析与预警。维修服务系统则负责城市基础设施的维护和修理工作，包括维修工人的调度、备件管理、维修历史记录和维护计划的制定。维修服务系统从运维管理系统接收指令，并将完成的维修任务和维护活动的结果反馈给运维管理系统。安全监控系统专注于基础设施的安全问题，包括监测潜在的安全风险、实施安全措施以及对紧急情况下进行响应。安全监控系统负责向运维管理系统报告基础设施安全状况，在检测到安全问题时，及时向运维管理系统发送警报。同时，安全监控系统从数据采集系统接收数据进行安全分析和风险评估。运维服务中心是一个物理或虚拟的中心，用于协调和支持所有运维活动，包括运维团队、客户服务、数据分析师以及 IT 支持人员。运维服务中心与其余四个系统均发生交互，作为控制和协调中心，运维服务中心确保所有系统的顺利运作和协同工作，并基于从运维管理系统收集的综合信息制定运维策略和决策。

1.4 城市基础设施智能运维实施方案

城市基础设施智能运维系统的整体设计对于其成功实施至关重要。在整体设计阶段，必须制定完善的方案，以确保智能运维系统的各个组件能够高效、协调地运作。一个完整的设计方案不仅要考虑到技术层面的实现，还需要综合考虑城市管理的实际需求、数据的安全性和隐私保护、系统的可扩展性和可维护性等方面。通过详尽的规划和设计，才能确保城市基础设施智能运维系统在投入使用后能够真正提升城市管理效率，改善市民的生活质量，实现智慧城市的目标。

城市基础设施智能运维系统的实施方案关键在于通过合理的规划，实现数字化基础设施的整体架构设计并体现相关服务化价值与理念。实现城市基础设施智能运维整体设计需要综合运用多种技术手段，从而形成一个完整的方案。一种典型的整体设计方案的实施由确定实施方案、平台建立及设备部署、运维服务中心及相关架构搭建、实施方案的评估和改进组成。

1. 确定实施方案

确保实施方案的可行性和可操作性至关重要。这包括评估技术可行性、财务预算、时间框架、人力资源需求以及潜在的风险和挑战。在规划阶段，需要强调以客户为中心的服务设计理念，确保方案符合最终用户的需求和期望。此外，与所有相关利益相关者（如居民、政府部门和私营部门等）进行有效沟通和协作也是确保实施方案成功实施的重要部分。通过利益相关者的广泛参与，可以制定获得多方视角和需求，从而提高实施方案的可靠性。

首先，应进行的是需求分析和目标设定。详细评估当前基础设施状况，进行识别现有系统的优势和局限性。明确实施智能运维系统的具体目标，例如提高效率、降低成本、增强系统的可靠性和安全性，或提升服务质量。分析用户和其他利益相关者的需求，确保方案能够满足这些需求。其次，应进行技术规划和资源分配。选择适合的技术解决方案，包括硬件（如传感器、监控设备）和软件（如数据管理平台、分析工具）。规划所需的资源，包括财务预算、人力资源和时间安排，并考虑项目的可持续性和长期维护。制定项目的实施路线图，明确各阶段的关键里程碑和预期成果。最后，判定风险评估和管理策略。识别并评估潜在风险，包括技术风险、财务风险、运营风险和安全风险。制定风险缓解策略和应急计划，以应对项目实施过程中可能遇到的问题，确保实施方案的合规性，特别是在数据保护、安全标准和行业规定等方面。

2. 平台建立及设备部署

建立综合数据平台是实现城市基础设施智能运维系统的重要前提。在选择数据存储和管理系统时，需要重点考虑系统的扩展性、灵活性和兼容性，以便未来能够集成新技术和数据源。此外，数据平台还应具备高级的数据安全和隐私保护措施，以确保敏感信息的安全。数据平台不仅是技术的集成，还应该支持跨部门的数据共享，强化政府职能部门、设施所有者、服务供应商、用户之间的信息交流。在搭建综合数据平台的过程中，应强调数据驱动的决策制定，确保服务和运维策略以实际数据为依据，提高服务质量和效率。

物联网设备和传感器的部署是实现实时监控和预防性维护的关键，需考虑设备类型、数量、位置及维护，确保技术兼容性、数据准确性与可靠性，以及设备的耐用性与安全性。部署过程中，应规划设备的未来升级和扩展能力，以适应技术发展和服务需求的变化，同时严格遵守相关法律法规。

3. 运维服务中心及相关架构搭建

下一步工作是建立运维服务中心以及相关架构的搭建。运维服务中心需要明确服务内容、服务标准和服务流程，选用合适的服务管理系统，确定运维服务中心运作机制，提供专业的运维服务。运维服务中心不仅作为技术支持中心，也是客户服务中心，提供一对一的咨询和定制服务。运维服务中心应注重服务人员的培训和发展，确保他们能够提供专业和高效的服务。此外，运维服务中心需要具备足够的服务水平和服务能力。运维服务中心需要提供端到端的服务，并提供客户支持和紧急响应服务。并且服务完成后，应进行持续的服务质量监控和相关服务的反思与改进。

4. 实施方案的评估和改进

实施方案的评估和改进是确保项目成功的重要环节。第一，建立性能监控和评估体系。定期评估和反馈是确保项目持续改进和持续运营的关键，评估应该包括量化指标和定性指标，如服务响应时间、用户满意度、成本效益分析等。在评估和改进过程中，应定期收集用户反馈，将其作为改进服务的重要来源。第二，反馈收集和处理。分析收集到的用户反馈，并分析实施过程中出现的问题和不足，识别系统运行中的问题、用户需求未得到满足的领域以及潜在的改进机会。第三，持续改进和适应性调整。基于性能评估和反馈分析报告，制定和实施具体改进措施，包括技术升级、流程调整或服务优化等。确保方案具有良好的可扩展性，以便能够灵活调整以适应不断变化的技术环境。通过对实施方案进行改进和优化，可以提高城市基础设施运维整体设计的效率和效益，并且在必要时也可以进行迭代式的设计和实施调整，以确保方案始终符合高性能标准和用户期望。此外，还需要建立长效实施的持续改进机制，确保服务能够持续符合市场需求和技术发展。

在技术选择方面，可以采用以下关键技术手段：①利用大数据技术进行数据分析和挖掘，构建系统化的数据处理流程与方法论，选择适合的分析工具和算法，提取有价值的信息。还需要确保团队拥有足够的技术知识和专业技能来执行复杂的数据分析任务。在数据分析的过程中，应注重用户体验导向。将数据分析不仅用于技术优化，也用于增强用户体验。例如，通过分析用户使用模式，以提供更加个性化的服务；又如可以通过预测性维护模型进行数据分析，减少服务中断，提高用户满意度。②采用云计算技术进行资源共享和协同，通过建立云计算平台，选择合适的云计算方案，建立云计算资源的管理和共享机制，实现资源共享和协同。云平台支持多方协作，包括公共部门、私营企业和最终用户，实现信息的透明化和服务流程的简化。同时，建立云计算平台时，应考虑到不同用户的需求和数据处理能力。此外，确保数据在云平台上的安全存储和传输是实施过程中的关键考量因素。

一种城市基础设施智能运维实施方案如图1-6所示，城市基础设施智能运维整体设计是实现城市智能建设的关键环节，需要充分考虑城市基础设施的特点和运维管理的需求，建立完整的运维管理技术支持体系，实现城市基础设施的智能化、高效化和安全化管理。在实施智慧城市基础设施运维整体设计过程中，需要充分发挥各种技术手段的优势，建立科学、可行的实施方案，确保实施效果的有效性和可持续性。

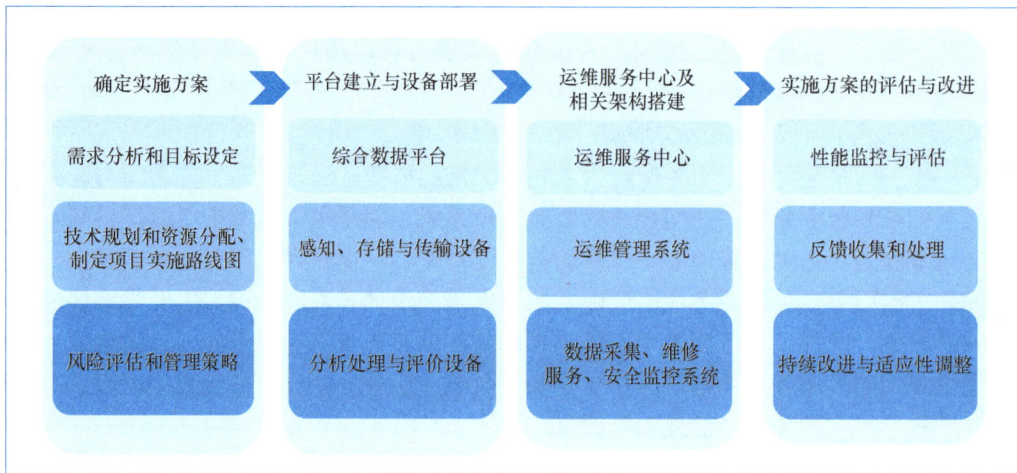

图 1-6　城市基础设施智能运维实施方案

在深入探讨城市基础设施智能运维实施方案的基础上，我们认识到，城市基础设施智能运维方案的设计需灵活整合多种技术手段，以确保管理的智能化、高效化和可持续性。接下来，本教材第 2 章将详细阐述这些智能运维关键共性技术。通过对具体技术的介绍，帮助读者进一步了解这些技术的原理、实施方式以及在实际操作中的应用，进而全面了解基础设施智能运维的核心技术和发展趋势。这也将有助于读者理解如何将相应的技术应用于现实情境中以提升基础设施的运行效率和可靠性，并为在实践中应用这些技术提供有益的参考和指导。

复习思考题

1. 解释城市基础设施的概念，并说明其在城市发展中的作用。

2. 解释运维管理与设施管理的定义，并简要说明基础设施运维管理与运维管理、设施管理之间的联系。

3. 讨论基础设施运维服务化的理念，说明其对城市基础设施运维的价值和意义。

4. 解释城市基础设施智能运维的目标，并列举其设计原则和整体架构要点。

5. 提出您认为可以进一步改进城市基础设施智能运维整体设计的建议，并说明其可能的效果和影响。

知识图谱

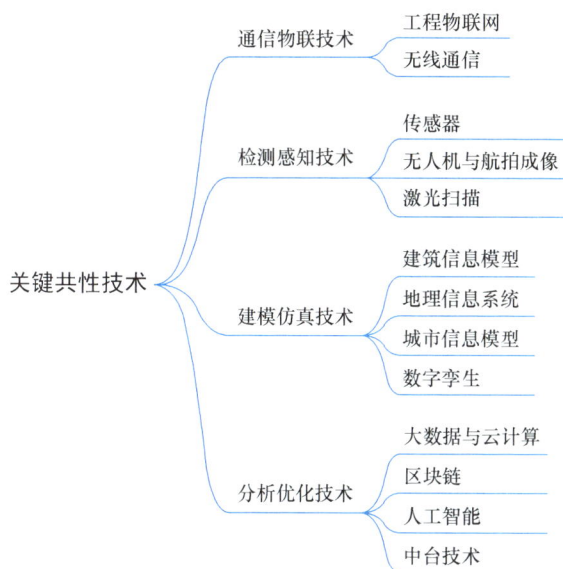

本章要点

知识点1. 基础设施智能运维的关键共性技术类型及其代表性技术。

知识点2. 相关技术在基础设施运维实际场景中的典型应用方式。

知识点3. 通信物联、检测感知、建模仿真、分析优化技术在提升基础设施运维效率与安全性中的作用。

知识点4. 新兴技术在城市基础设施智能运维中的潜在影响与应用路径。

学习目标

（1）了解掌握基础设施智能运维关键共性技术的主要类型以及典型应用场景。

（2）了解智能感知、存储传输、数据分析等技术对基础设施运维效率和安全性的提升作用。

（3）了解新兴技术对城市基础设施智能运维的潜在影响和实施路径。

本章将深入探讨城市基础设施智能运维领域的最新进展和关键技术，涵盖通信物联、检测感知、建模仿真、分析优化四个方面。首先，通信物联技术保障了各类传感器和设备间的高效通信及互联互通，为数据实时传输与远程控制奠定了坚实基础。其次，检测感知技术通过多样化的传感器和监测装置，实时精准获取基础设施的状态信息。接着，建模仿真技术运用数字模型与仿真手段，构建基础设施的数字孪生体，支持虚拟环境下的模拟与优化工作。最后，分析优化技术借助先进算法与计算模型，解析海量数据，提供全面的设施状态洞察，并为维护与优化决策提供依据。

这些关键技术不仅显著提升了城市基础设施运行的效率与稳定性，还能预见并防止潜在问题，促进城市的可持续发展。本章将详述这些技术的功能、原理及其在城市基础设施智能运维中的具体应用。鉴于篇幅限制，对于实时交互技术和机器人技术等其他重要领域未能详尽展开，建议读者进一步自学，以加深对这些技术如何助力城市基础设施运维的理解。

2.1　通信物联技术

2.1.1　工程物联网

物联网技术的起源与发展：1999 年，麻省理工学院（MIT）的 Auto-ID 中心首次提出了物联网（IoT）的概念，利用无线射频识别（RFID）等技术将物品与互联网连接，实现智能化识别和管理。中国工信部将物联网定义为通信网与互联网的延伸，通过感知技术认知现实世界，借助网络处理信息，促进人-物、物-物的互动，目标在于实现物理世界的实时控制和精准管理。21 世纪初，物联网技术开始起步，2005 年信息社会世界峰会上国际电信联盟发布的《物联网报告》预示了万物互联时代的到来。期间，RFID 等技术迅速发展，奠定了物联网应用的基础。技术进步与成本降低促使标准化与商业化加速，IEEE 等组织也制定了相关标准。

物联网技术的普及与应用：2010 年后，随着智能手机和云计算的兴起，物联网在智能家居、智慧城市等多个领域得到了大规模应用，并与大数据和人工智能（AI）融合，进一步提升了其效能。如今，物联网已成为各种传感器设备通过网络与互联网集成的智能系统，包括传感器网络、RFID、M2M 通信等。

物联网技术的核心是互联网从人与人之间的连接延伸到人与物、物与物之间的通信。它通过在真实物理世界中部署具有感知和信息处理能力的嵌入式芯片和软件系统，通过网络设施实现信息传输和实时处理。从产业及应用角度来看，物联网将现有的计算机网络扩展到物品网络，实现智能化识别、定位、跟踪、监控和管理。从技术角度来看，物联网利用 RFID、无线数据通信等技术，将射频识别设备、红外传感器、全球定位系统、激光扫描器等信息传感设施按协议连接到互联网，实现智能化的识别、定位、跟踪、监测和管理。

工程物联网的定义与架构随着物联网技术在基础设施领域的推广应用，其概念和内涵也得到了进一步丰富。工程物联网是物联网技术在工程建造领域的新形态，指通过工程要素的网络互连、数据互通和系统互操作，实现建造资源的灵活配置、建造过程的按需执行、建造工艺的合理优化和建造环境的快速响应，从而建立服务驱动型的新工程生态体系。其基本架构可分为五个层次：对象层、泛在感知层、网络通信层、信息处理层和决策控制层。互联网实现了人与人之间的交流，而物联网则实现了人与物体之间的沟通与对话，以及物体与物体之间的连接与交互。

在基础设施的智能运维中，智能感知设备和物联网技术之间存在着紧密且互补的关系，两者共同构成了智能运维系统感知端的基础。在数据采集与感知方面，智能感知设备是物联网的重要组成部分，其中传感器是物联网中最为常见的一种技术，负责实时监测和收集基础设施的各种数据。这些设备包括各类传感器、摄像头、RFID 标签等，可以监测温度、压力、振动、声音、图像等多种类型的数据。

物联网提供了将这些智能感知设备连接起来的网络基础设施。通过无线或有线网络，这些设备可以实时将收集到的数据发送到云平台或数据中心进行进一步处理和分析。智能感知设备作为数据采集的工具，在物联网的框架下实现更高效的数据传输和处理，使基础设施的智能化运维成为可能。智能感知设备是物联网的"感官"，而物联网则是连接这些"感官"的"神经系统"，共同构建起一个智能且高效的基础设施运维体系。

可以预见的是，随着 5G 网络的推广和边缘计算技术的发展，物联网的响应速度和数据处理能力将显著提升。此外，随着人工智能和机器学习技术的进步，物联网设备的智能化程度也将不断提高。智能感知设备与物联网作为基础设施领域的重要感知技术手段，将在相关领域发挥越来越重要的作用。

2.1.2　无线通信

无线通信是现代通信基础设施的核心，其灵活性、广泛覆盖及高速大容量特性在城市基础设施运维中发挥关键作用。无线技术历经了从无线电到移动网络、Wi-Fi 的变革，日益展现出灵活性与易部署优势，尤其在移动与远程应用中至关重要。

1G 技术开启了无线通信的初步应用，提供模拟语音服务，但受限于低速与频繁掉线的问题，限制了大规模商用和用户体验的提升；2G 引入数字通信技术，并提升了语音质量并增加了短信与初步数据服务，2G 技术的出现标志着移动通信从模拟时代向数字时代的重要转变；3G 实现了高速数据传输功能，催生了移动互联网与视频通话；4G 将WLAN 技术和 3G 通信技术结合，显著提高了数据传输速度，支持高清视频和快速互联网，为智能手机时代奠定了基础；当前 5G 为 4G 系统后的演进，其性能目标是高数据速率、减少延迟、节省能源、降低成本、提高系统容量和大规模设备连接，为物联网和先进数字应用（如远程手术和自动驾驶）提供技术支持；未来 6G 有望提供更高的数据速率（可达 1Tbps）、更低延迟及更广覆盖，支撑更复杂高级应用，推动物联网更大规模集成与应用，连接更多设备，实现更智能化的数据收集与处理，将服务于智慧城市和智能家居等各类场景。

5G 无线通信技术已成为基础设施连接、监控与管理的核心工具。该技术使电网、水处理设施和交通系统等领域的远程监控与控制变为现实，体现为运维人员能实时获取数据、监控系统状态并远程操控设备，进而提升运维效率与响应速度。此外，无线射频识别（RFID）和近场通信（NFC）等无线技术广泛应用于基础设施资产追踪与管理，有效监控设施位置、使用状态及维护记录。

在城市基础设施智能运维架构中，无线通信是连接各类传感器、摄像头及其他智能装置的关键途径，收集的数据服务于交通管控、公共安全监督、环保监测等多个领域。在桥梁、建筑和隧道等基础设施的安全监测方面无线通信技术能够实时传输结构健康监测传感器数据，有助于及时识别潜在风险并采取预防行动。

2.2 检测感知技术

2.2.1 传感器

传感器是现代科技发展的重要基石，将物理世界的各种信号转换为电信号，是人类感知和认识世界的重要工具。随着科技的进步，传感器在不断发展，从最早的热电偶和电阻应变片等简单器件，发展到压电、磁电、光电等新型传感器；从单一参数测量，发展到多参数融合；从普通应用环境，拓展到各种极端环境。如今，传感器已广泛应用于工业生产、日常生活、航空航天、生物医学等多个领域，推动了信息化、自动化和智能化的发展进程。传感器正向微型化、智能化、网络化和多功能化的方向发展，成为人工智能、物联网、智慧城市建设等领域不可或缺的关键技术，为人类认知世界和改造世界提供更强大的工具。

在基础设施运维中，智能传感器设备能够自动收集数据、监控环境和系统状况，并根据这些信息进行智能决策或提供洞察。这些设备通常集成了先进的传感器技术、数据处理能力和通信功能，能够实时监测和响应环境变化（如温度、湿度、压力、流量、光照强度、二氧化碳浓度等），并通过数据通信技术将数据传输至云端或其他设备进行处理和分析。

智能传感器与传统传感器的主要区别在于其集成度和智能化程度。传统传感器通常只能测量单一参数，并且需要人工读取和解释数据。相较之下，智能传感器能够感知、捕捉并响应环境的物理或化学变化，如温度、光照、声音、压力和运动等（图 2-1），并且可以实现远程监测和控制，对采集的数据进行智能分析和预测，帮助用户及时发现问题并采取措施。这些设备通常集成了多个传感器，具有更高的数据精确性、系统稳定性和可靠性。例如，智能监测设备可以实时监测建筑能源消耗情况，并将数据传输到云端。用户可

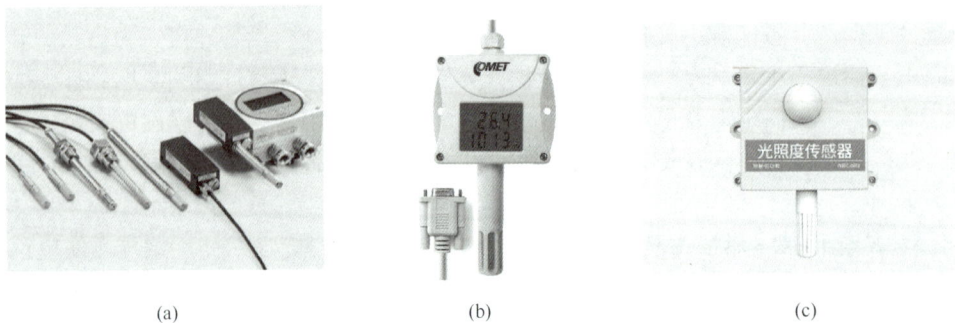

(a)   (b)   (c)

图 2-1 几种常见的传感器
（a）温度传感器；（b）湿度传感器；（c）光照传感器

以通过不同的设备随时随地访问相关信息，并通过智能系统实现远程控制和调整。

无线传感器网络（WSN）由大量静止或移动的传感器以自组织和多跳的方式构成，通过协作感知、采集、处理和传输网络覆盖区域内的信息，并将这些信息发送给网络的所有者。

除了常见的传感器，城市基础设施智能运维中还涉及图像和视频分析设备。这些设备运用高级算法和机器学习技术，自动处理和分析从摄像头或其他图像捕获设备中获取的视觉数据，可以识别、追踪和分析图像中的对象和场景，为基础设施的智能化运维提供支持。

在公共安全和设施保护方面，图像和视频分析可以识别可疑行为、非法闯入或其他安全威胁。在道路交通管理中，它们可用于监控交通流量、车辆行为、事故检测以及自动化违规行为识别。在民用基础设施检测中（如桥梁、建筑物、道路），高清高帧率摄像设备可以帮助工程师识别潜在的损害或磨损，尤其在高危建筑结构的监测中，通过结构监控设备可以提前识别危险并对构筑物内部的人员发出预警，从而减少人员伤亡和财产损失。

在工业设施中，图像和视频分析技术可用于监测设备运行状态和性能，预测维护需求。智能传感器设备提供更智能化、便捷和高效的监测和管理方案，通过远程监测和控制以实现对数据的智能分析和预测，帮助用户及时发现问题并采取措施，从而大大提升系统的精确性、稳定性和可靠性。

2.2.2 无人机与航拍成像

无人机，广义上是一种无需载人即可飞行的飞行器，可以远程控制或根据预设的飞行路径自主导航。无人机通常通过遥控、导引或自动驾驶进行控制。目前，无人机已广泛应用于科学研究、场地探勘、军事、休闲娱乐等领域。

无人机的概念早在20世纪初被提出，最初用于军事目的，如训练反飞机炮手。随着两次世界大战的推进，无人机开始用于侦察和靶机训练。到了20世纪末，随着电子控制技术、GPS和高性能传感器的发展，无人机变得更加智能和多功能，能够执行复杂的飞行任务，并携带高分辨率摄像头、热成像仪、激光雷达等设备。21世纪以来，无人机广泛装备高分辨率摄像头和其他传感器，并与航拍成像技术紧密结合，形成了俗称的"空拍机"或"航拍机"。近年来，无人机的全球市场快速增长，民用和军用化进程持续推进。无人机现已成为商业和政府的重要工具，广泛应用于建筑、石油、天然气、能源、农业、救灾等领域。

无人机按飞行平台构型分为固定翼、旋翼、无人直升机、无人飞艇、伞翼和扑翼等多种类型（图2-2）。其中，旋翼无人机（如四旋翼、六旋翼）因其垂直起降和易操作特性，广泛

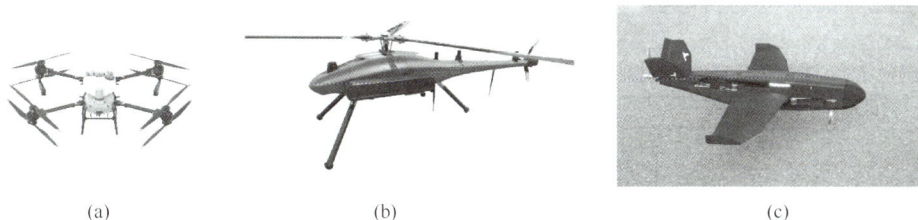

(a)　　　　　　　　　　(b)　　　　　　　　　　(c)

图 2-2　常见的无人机类型

（a）旋翼无人机；（b）无人直升机；（c）固定翼无人机

应用于和航拍。无人直升机，即单旋翼无人机，适应复杂环境且载重能力强。固定翼无人机类似于传统飞机，有固定翼面，适合长时间续航和大面积任务，如地理测绘和农业监测。

随着人工智能和机器学习等技术的集成，无人机和航拍技术不断革新，能够执行更复杂的任务，如自动跟踪、面部识别和自动规避障碍物。无人机的飞行和导航主要依赖于内置的飞行控制系统、GPS和遥控技术。摄像头或传感器装备是航拍成像的核心，能够捕捉高清晰度的图像和数据，这些数据随后通过无线电波传输回操作员或用于自动处理和分析。

在城市基础设施智能运维领域，无人机和航拍成像技术的应用具有显著优势。例如，无人机可以用于基础设施结构检测，监控和检查桥梁、道路、电力线路等，帮助工程师识别潜在的结构问题，如裂缝或腐蚀，并及时发现问题并维修。无人机的高空视角和先进的成像技术能够提供详细的视图和数据，通过高精度的航拍图像，工程师可以更好地规划维修工作，优化资源分配，减少不必要的人工检查。

此外，无人机在灾害响应、环境监测和地理信息系统（GIS）数据收集中也发挥着重要作用。例如，在自然灾害发生后，如洪水或地震，无人机可以迅速部署到受影响区域，进行损害评估和援助规划。无人机携带的传感器可收集关于基础设施的详细数据，这些数据可以通过人工智能算法进行分析，以预测维护需求和优化运营。

综上，无人机和航拍成像技术具有以下优点：①安全：减少人员接触高风险环境与高空作业，降低安全风险。②高效：快速覆盖区域，提供实时数据与图像，提升巡检效率，特别是在应急响应中能迅速部署，助力决策。③数据质量优：搭载高级传感器，采集精确、详细数据，航拍技术清晰记录设施信息，利于问题识别与诊断。④节约成本：智能运维降低人力与运营成本，一人操控无人机即可高效巡检大面积设施。因此，该技术已经成为城市基础设施智能运维不可或缺的工具。这些技术提高了运维效率，降低了成本，并提升了工作安全性。随着技术的进一步发展，无人机的应用范围和深度预计将进一步扩大。

2.2.3 激光扫描

三维激光扫描技术是测绘领域的一次革命性进步。它利用激光测距原理对空间进行三维扫描，通过记录被测物体表面大量密集点的三维坐标、反射率和纹理等信息，快速重建目标的三维模型及各种图件数据。相较于传统的单点测量具有高效率和高精度的独特优势，三维激光扫描技术被视为从单点测量到面测量的重大技术突破。随着信息技术和测量技术的不断进步，三维激光扫描仪已成为构建基础设施三维模型的理想手段。

激光扫描技术帮助设施管理者迅速捕获建筑物、现场及各种资产（如动力装置、设备、管道）的复杂几何形态，实现大型复杂区域的三维数据记录与模型快速重建。在现有建筑基础上，结合三维扫描与数据转换，可建立BIM（建筑信息模型）运维系统，通过采集建筑物与管线的点云数据生成BIM模型，作为三维重建的有效途径，服务于基础设施及建筑运维。

三维激光扫描仪已在文物保护、城市测绘、地形测量、矿业、形变监控、工厂、大尺度结构、管道设计、航空航天制造、交通建设、隧道、桥梁改造等多个领域取得显著成效。其输出的点云数据，即按规则排列的海量点，直观呈现物体的三维形态，特别擅长构建复杂和不规则场景的三维可视化模型，效率远超常规三维建模软件。点云数据分为黑白和彩色，经处理后，扫描仪生成的点云可转化为如图2-3所示的三维模型。

图 2-3　三维激光扫描云点示意图

　　三维激光扫描技术原理如 2-4 所示：三维地面＋激光扫描仪通常包含激光测距仪和反射棱镜。测距仪发射并接收物体反射的激光信号，依据光速与往返时间差计算距离；结合仪器中心点坐标、各点斜距、水平方位、垂直角和方向角等参数，即可求得每个扫描点的空间坐标。

　　三维激光扫描仪获得的基础数据是具有三维坐标的点云数据，这些离散点数据经过处理和加工后，即可得到符合生产应用要求的空间信息数据。激光点云数据的后处理工作通常包括不同站点点云数据的坐标转换和拼接、过滤和构网、点云合并和关键信息提取、点云分割和建模等。三维激光扫描的原理如图 2-5 所示。

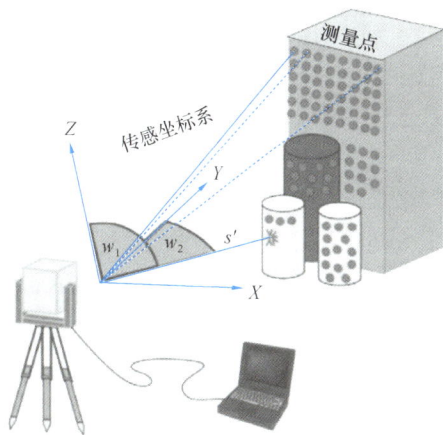

图 2-4　三维激光扫描的原理程序图

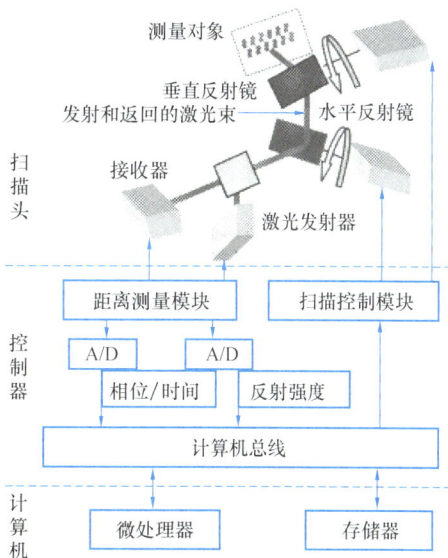

图 2-5　三维激光扫描的原理图

激光扫描技术为基础设施运维提供了高效且精确的评估与监控手段，显著提高了检测与监测的精度和效率。该技术使运维团队能够更准确地理解和维护设施，预防潜在结构问题，通过非接触、高精度测量详尽记录复杂结构细节。相较于传统方法，激光扫描能快速收集大量数据，提高数据采集效率与覆盖范围。所得数据可用于构建详尽的三维模型，为设施分析与评估提供可视化工具。定期进行激光扫描可追踪设施随时间的损耗和变形等变化。

在城市基础设施智能运维中，激光扫描技术有广泛应用。例如，在梁、隧道、大坝维护中，它被用于定期扫描以评估结构完整性和安全性；在道路和铁路维护中，用于检测路面和轨道状况等关键参数；在边坡维护中，用于土地滑坡和岩石崩塌监测，通过扫描高风险区域提前识别风险并制定应对措施。

2.3   建模仿真技术

2.3.1   建筑信息模型

建筑信息模型（Building Information Modeling，BIM）技术是在 CAD 技术基础上发展起来的一种多维模型信息集成技术。美国建筑科学研究院在《国家建筑信息模型标准 NBIMS》中定义：BIM 是对设施物理特性和功能特性的数字化表示，它可以作为信息共享源，从项目的初期阶段为项目提供全寿命期的服务。这种信息共享可以为项目决策提供可靠的保证。简而言之，BIM 是建筑设施物理与功能特征的数字化表达。BIM 系统有两个首要特点：第一，BIM 是建筑设施的三维立体模型；第二，BIM 是建筑设施全面信息的载体。因此，BIM 可以把物理设施的各种信息集成在模型要素上，并立体直观地展示出来。

BIM 技术代表了建筑行业的数字化变革，显著提升了建筑业的生产率。其目的是建立一个完整的、高度集成的建筑工程信息化模型，通过这一模型在建筑的设计、施工以及运营管理各个阶段有效地提高建筑的质量和使用效率。BIM 在设计和施工阶段的应用已经产生了巨大的经济效益，而在建筑运维与管理方面的应用则处于发展初期。BIM 技术可以集成和兼容计算机化的维护管理系统（CMMS）、电子文档管理系统（EDMS）、能量管理系统（EMS）和建筑自动化系统（BAS）。虽然这些单独的信息系统也可以实施设施管理，但各个系统中的数据是零散的，并且在这些系统中，数据需要手动输入建筑物设施管理系统，这是一种费力且低效的过程。

设施管理是项目的最后一个阶段，同时也是时间最长、费用最高的一个阶段。它需要项目设计和施工阶段的很多信息，并且自身也会产生大量信息，传统的设施管理方法难以处理如此庞大的信息。将 BIM 应用到设施管理中，构建基于 BIM 的设施管理框架的核心就是实现信息的集成和共享。在设施管理中，使用 BIM 可以有效地集成各类信息，实现设施的三维动态展示。BIM 技术相较于之前的设施管理技术有以下几点优势：

（1）实现设备信息集成和共享：BIM 的一个主要目的就是解决基础设施全寿命期中信息"建立、丢失、再建立、再丢失"的问题，实现设施设备信息在建筑全寿命期内的不断创建、使用、积累和完善。BIM 技术可以整合设计和施工阶段的时间、成本、质量等不同类型的信息，并将这些信息高效准确地传递到设施管理中。

（2）实现设施的可视化管理：BIM 最重要的特征之一是三维可视化，即将二维图纸转化为三维模型。可视化的设施信息在建筑设备的运维管理中的作用非常大，比传统方式更加形象、直观。BIM 模型中的每一台设备、每一个构件都与现实建筑相匹配，省去了由二维图纸转换为三维空间设备模型的思维理解过程。

（3）定位建筑构件：在设施管理中，进行预防性维护或设备发生故障维修时，准确定位设备的位置及相关信息非常重要。使用 BIM 技术，不仅可以在三维模型中直接定位设备位置，还可以查询该设备的所有基本信息及维修历史信息。

（4）设备工程量统计：通过 BIM 软件（例如 Autodesk Revit）的明细表功能，运维人员可以快速获取维修、保养等业务所需的各种信息。这些信息以表格形式直观地呈现，方便管理。

尽管 BIM 技术在部分建设项目中的应用已取得成功，但其在设施管理中的应用仍面临挑战：

（1）新模式的探索：基于 BIM 的建筑运维尚处于探索阶段，可借鉴的经验不多，需要不断摸索和总结。

（2）初始实施费用高：BIM 技术的初始实施费用较高，其效益和成本尚未经过广泛的市场评估和考验。

（3）认知跨度大：BIM 运维管理方式对某些领域（如医院）而言是全新的支撑技术，认知跨度大，需要较长的适应过程。

（4）组织结构变革：实施 BIM 运维要求相关部门的组织结构作出相应变革，人员的信息化技能提升也是一个缓慢的过程。

BIM 模型可以与其他系统（如 GIS、CMMS）集成，提供更全面的数据分析和决策支持。目前，BIM 在城市基础设施智能运维方面的应用远远超出了传统建筑运维领域，扩展到了交通、水务、能源等多个基础设施行业。在交通基础设施管理领域，BIM 模型有助于识别结构损耗，规划维修工作，并监控整体健康状况；在水务和排水系统管理领域，BIM 模型用于监控水质和水量，确保供水系统的持续运作和维护；在能源设施管理领域，BIM 可以用于监控设施的运行状态，预测维护需求，提高电网的可靠性和效率。综上所述，BIM 技术在实现基础设施运维的数字化、智能化方面具有巨大的潜力。通过集成建造工程阶段形成的 BIM 竣工模型，设施管理者可以方便快捷地进行运维管理，实现建筑全过程的高效管理和优化，BIM 对数字化运维的价值体系见表 2-1。

BIM 对数字化运维的价值体系

表 2-1

功能	内容介绍
BIM 模型管理	用于 BIM 模型导入、BIM 模型检查、二维三维转换、BIM 模型三维展示、模型编辑和模型查看的管理
空间管理	用于对房间基本信息、空间信息查询、创建分析报表和租赁的管理，空间定位，设备定位
设备/资产管理	对于资产信息定义、资产查询和展示、资产盘点的管理。例如机电设备、IT 设备
设备维护管理	用于对设备维护损坏信息设置、设备查询、设备维护和设备维修的管理，用于对构件信息定义、构件查询和维护管理

功能	内容介绍
能耗管理	用于对能耗数据监测、分类分项能耗数据统计、能耗数据实时监测预警和能耗数据综合分析管理
安全疏散管理	用于建造物人流检测和人流疏散路线模拟的管理
工单管理	维修任务时间、分配作业任务、预留和准备维修材料、分配外表服务商、工单完结确认、工时统计、成本核算、设备维修历史记录分析
预防性维护	创建预防标准与任务、创建周期性工作任务、维修计划编制、作业安排、工单生成、计划变更

2.3.2　地理信息系统

地理信息系统（Geographic Information System，GIS）是一种特定且十分重要的空间信息系统。它依赖计算机硬件和软件支持，对地球表层（包括大气层）空间中的地理分布数据进行采集、储存、管理、运算、分析、显示和描述。GIS能够整合建筑BIM模型、桥梁模型、地下管廊模型等，对多个基础设施和建筑进行运维管理，例如社区维护管理和城市层面的多建筑设施运维管理。

地理信息系统有几大主要功能：①数字化技术：将地理数据输入系统，转换为数字化形式的技术；②存储技术：将信息以压缩的格式存储在存储介质上的技术；③空间分析技术：对地理数据进行检索、查询，计算长度、面积、体积，选择最佳位置或最佳路径，以及完成其他相关分析任务的方法；④环境预测与模拟技术：在不同情况下，对环境变化进行预测和模拟的方法；⑤可视化技术：以数字、图像、表格等形式显示和表达地理信息的技术。

图 2-6 展示了 GIS 的数据层，表明 GIS 可以包含街道信息、建筑信息、植被信息，最

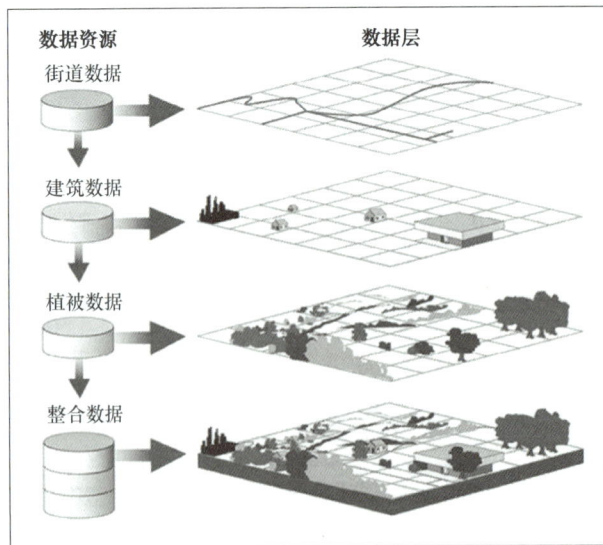

图 2-6　GIS 的数据层

终将多层的数据整合在一起。通常，GIS 处理多个不同数据集，每个数据集都包含经过地理配准、定位到地球表面的特定要素集合（如道路）。GIS 数据库设计以一系列数据主题为基础，每个主题具有特定的地理表现形式，例如地理实体可表示为点、线、面，使用栅格的影像，或使用要素、栅格或 TIN 的表面，以及表中保存的描述性属性。

在 GIS 中，通常按照数据主题对同类地理对象进行组织，这些主题包括宗地、水井、建筑物、正射影像和基于栅格的数字高程模型等。精准且定义明确的地理数据集对有用的 GIS 至关重要，而基于图层的数据主题设计也是一个关键的 GIS 概念。图 2-7 展示了 GIS 中的建筑。

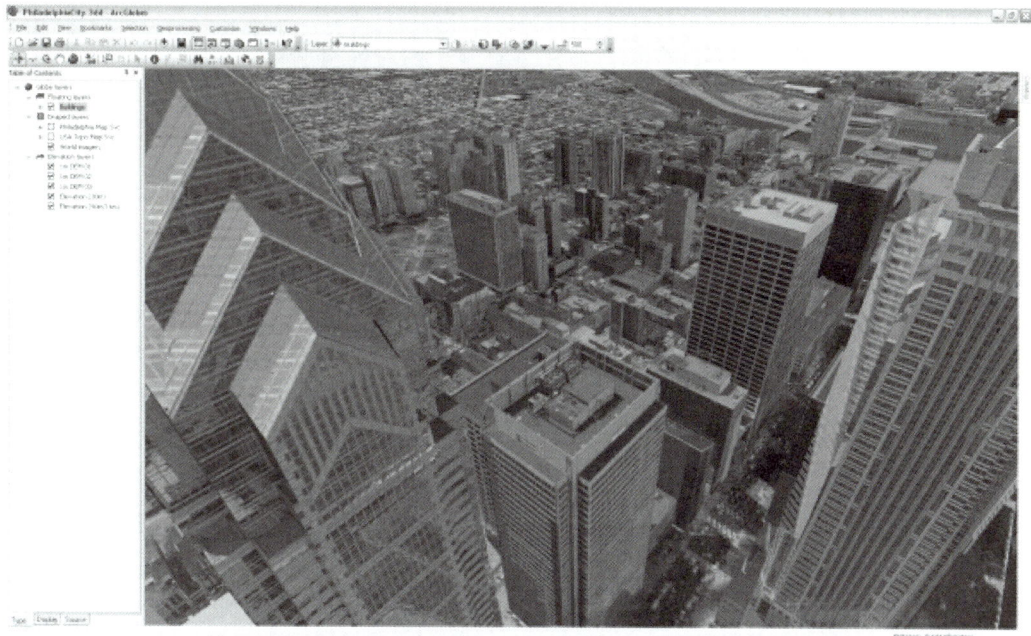

图 2-7　GIS 中的建筑

GIS 在城市基础设施智能运维中扮演着关键角色，提供了一个综合平台，帮助决策者在基础设施的规划和设计阶段进行精准的地点选择和资源分配。在施工和项目管理中，GIS 实现了对进度的实时监控和对环境影响的深入评估。通过精确定位基础设施资产，GIS 使得资产管理变得更加高效，同时优化了维护和运营策略的规划。在日常运维监控方面，GIS 集成了各类传感器数据，提供了实时监测能力，确保在紧急情况下能够快速响应和有效部署资源。GIS 在决策支持中的作用尤为显著，它将复杂的地理数据转化为直观的图形和图表，辅助决策者进行数据驱动的规划和决策。

GIS 技术在城市基础设施智能运维中的应用体现了现代化技术与传统基础设施管理结合的趋势。通过 GIS，运维管理者能够更全面地理解基础设施的地理环境和运行状态，从而作出更加精确和高效的决策。GIS 的多功能性使其成为不可或缺的工具，无论是在规划、建设还是日常运维阶段，都能提供关键的支持和洞察。

随着技术的不断发展，GIS 将进一步融合更多先进技术，如大数据分析、云计算和人工智能，为基础设施的智能化运维开辟新的可能性。这不仅有助于提升了基础设施的运维效率和效果，也为城市管理、环境保护和可持续发展作出了贡献。因此，GIS 在现代基础设施管理中的角色日益重要，是连接传统基础设施与智能技术的关键桥梁。

2.3.3   城市信息模型

城市信息模型（City Information Modeling，CIM）是一种全新的城市规划和管理技术，通过集成和分析城市相关的数据和信息，以支持城市的智能化发展。CIM 源于 BIM 技术，但在应用范围和功能上进行了扩展，以适应更广泛的城市规模和复杂性。CIM 以 BIM、GIS、IoT 为基础，整合城市地上地下、室内室外、历史现状与未来多维多尺度信息模型数据和城市感知数据，构建起三维数字空间的城市信息综合体。其中，物联网（IoT）通过城市中的感知系统为模型提供底层数据；而 GIS 和 BIM 的集成则形成可视化的信息存储、提取和交流平台。可视化的表达与共享是 CIM 技术的核心，也是智能城市发展的技术需求。图 2-8 展示了一个 CIM 平台的分析界面示例。

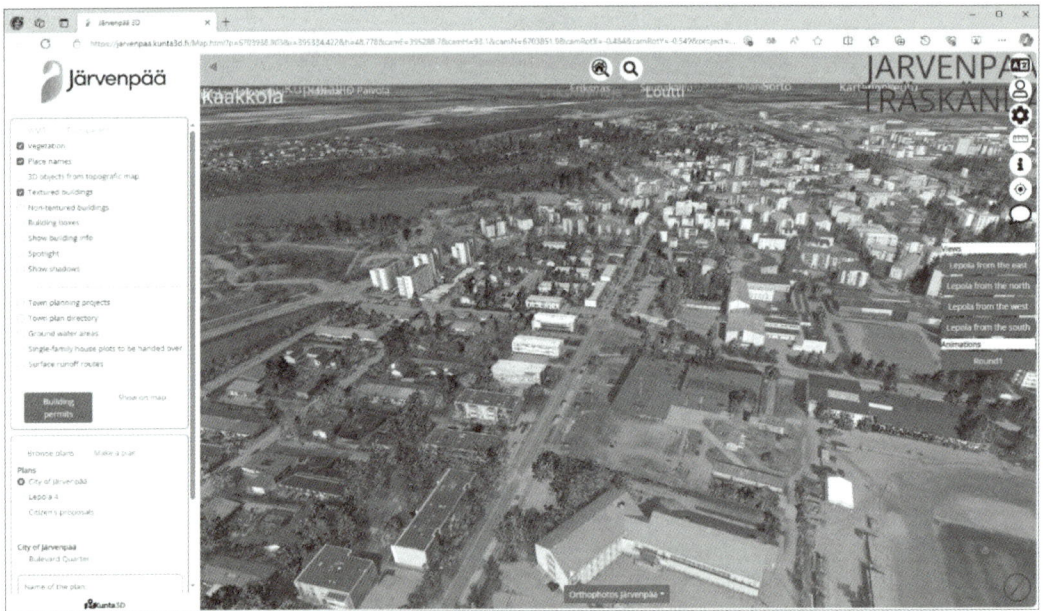

图 2-8   一种城市信息模型

CIM 的起源与发展 CIM 技术的发展源于 BIM。BIM 最初用于建筑和建设项目中，为设计、施工和运维提供三维数字模型和相关数据。随着城市化进程加速和智能城市的概念兴起，BIM 技术逐渐演变并扩展到城市层面，形成了 CIM。CIM 继承了 BIM 的核心思想，即使用数字模型来集成和管理信息，但其应用范围扩展到了整个城市，包括建筑物、交通系统、水电网络、公共空间等多个方面。

一种 CIM 平台总体架构如图 2-9 所示，CIM 基础平台总体架构包括五个层次和三大体系：①设施层：包括信息基础设施和物联感知设备。②数据层：包括时空基础、资源调查、规划管控、工程建设项目、物联感知和公共专题等类别的 CIM 数据资源体系。③服务层：提供基本功能、模型汇聚管理、物联监测和模拟仿真等功能与服务。④应用层：基于服务层功能构建城市规划、交通管理、应急管理等业务应用，实现数据在智慧城市治理中的场景化落地。⑤用户层：面向政府、企业及公众用户，通过 Web/移动端、大屏/VR 设备等多终端

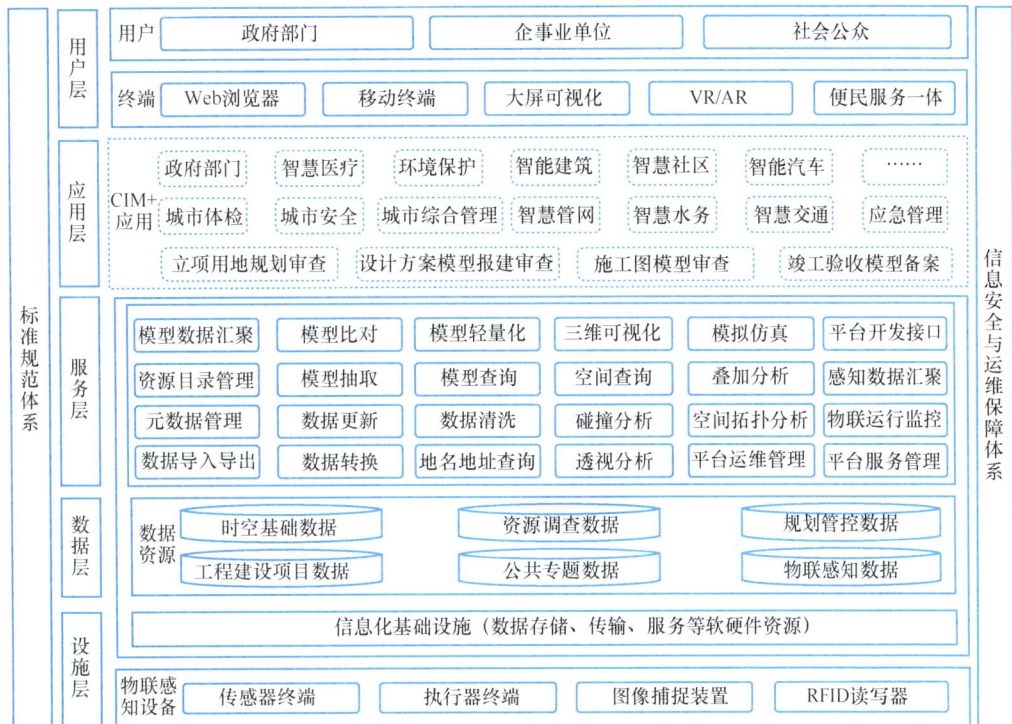

图 2-9　一种 CIM 平台总体架构

(图片来源：《城市信息模型（CIM）基础平台技术导则》)

提供智慧治理，专业应用与便民服务。此外，CIM 还需要建立标准规范体系、信息安全体系和运维保障体系。这些体系分别指导 CIM 基础平台的建设和管理，确保其与国家和行业数据标准及技术规范衔接，同时保障平台的网络、数据、应用及服务的稳定运行。

CIM 在城市规划和管理中的应用为城市提供了一种高效和可持续的管理方式。它使城市管理者能够实时监控城市的运行状况，预测和规划城市发展。通过 CIM，可以有效协调城市各个部分的发展，优化资源分配，提高城市的整体效率和居民的生活质量。CIM 不仅继承了 BIM 在建筑和建设领域的优势，还扩展了其应用范围，成为支持智能城市发展的关键技术。

CIM 平台离不开数字孪生技术的支持，数字孪生是 CIM 建设的基础，而 CIM 平台将成为智能城市规划、建设、运营的基础数据底座。两者之间紧密联系，CIM 及其平台的实现正是数字孪生在城市这一巨系统内实践的重要体现。国际欧亚科学院院士张新长表示：在数字孪生时代，针对城市管理需求，CIM 将构建起三维数字空间的城市信息综合体，这会是智能城市建设的重要模型基础。

CIM 和数字孪生在城市基础设施运维中提供了许多优势和机会，使城市能够更有效地管理和维护基础设施：①数据整合和可视化。CIM 和数字孪生能够整合城市中各种基础设施的数据，包括供水、供电、交通、通信等。这些数据通过可视化技术以图形化和直观的方式呈现，使城市管理者更好地理解基础设施的状态和性能。②实时监测和预测。CIM 和数字孪生提供实时监测和预测功能，通过传感器和数据分析，支持城市基础设施运维的精准监测和主动发现。这使城市管理者能够更早发现潜在问题，并采取相应措施以避免损失和中断。③仿真模拟和决策支持。CIM 和数字孪生提供决策支持工具，通过数据分析和模拟，可以在 CIM 上进行仿真和虚拟规划，辅助城市管理者作出更明智的决策。

在故障诊断和维修方面，CIM 和数字孪生帮助识别基础设施中的故障和问题，并提供相应的维修建议。通过模拟和虚拟测试，可以在实际操作之前验证故障诊断和维修方案，从而减少维修时间和成本。

总的来说 CIM 作为城市规模的信息模型，为数字孪生提供了必要的数据和结构基础，而数字孪生技术通过动态分析和模拟增强了 CIM 的功能和应用范围。它们共同为城市提供了高效的管理工具，推动了智能城市的发展。CIM 和数字孪生技术在提高基础设施运维效率、优化资源分配、提升城市管理水平方面发挥了重要作用，是智慧城市建设不可或缺的技术手段。

2.3.4 数字孪生

数字孪生（Digital Twin，DT）技术是一种创新概念，涉及创建物理实体（如机器、设备、建筑物或系统与流程）的精确虚拟副本。这个虚拟副本是动态的，能够实时反映物理实体的状态、行为和性能。数字孪生的核心在于数据连接，使得虚拟模型能够接收来自物理世界的输入，并据此进行分析、预测和决策。北京航空航天大学的陶飞教授指出，数字孪生通过虚实交互反馈、数据融合分析和决策迭代优化等手段，为物理实体增加或扩展新的能力。数字孪生主要包括三个部分：物理实体、虚拟模型，以及连接二者的数据。

数字孪生技术的发展始于 2002 年，美国国家航天局（NASA）在其远程飞行控制中采用了数字孪生概念的早期形式，用于高级飞行模拟和分析。2003 年，密歇根大学的 Michael Grieves 教授首次提出了"镜像空间模型"和"信息镜像模型"的概念，并定义了"物理产品等价的虚拟数字化表达"。2011 年，Tuegel 等人在航空领域将"数字孪生"定义为"结构寿命预测和管理的再造"过程。2012 年，NASA 在其发布的技术路线图中正式采用这一概念，描述其为"一种综合多物理、多尺度模拟的载体或系统，以反映其对应实体的真实状态"。近年来，数字孪生技术受到了广泛关注。2017 年，洛克希德·马丁公司将数字孪生列为未来国防和航天工业六大顶尖技术之首。同年，中国科协智能制造学术联合体在世界智能制造大会上将其列为世界智能制造十大科技进展之一。

数字孪生技术的应用已从制造业扩展到建筑业，并在道路、桥梁、房建等领域获得了广泛实践。在中国，雄安新区首次提出了"数字孪生城市"概念，旨在将其作为"建设数字城市，打造智能新区"的创新举措。通过实现物理系统与虚拟系统之间的交互和反馈，数字孪生在城市这个复杂的人造系统内拥有广泛的应用前景。

数字孪生的体系架构可以分为以下四层：①数据层：包括数据采集、数据存储和数据管理，是数字孪生技术的基础。②模型层：包括数字模型的建立、优化和更新，是数字孪生技术的核心。③分析层：包括对数字模型进行分析和优化的方法，是数字孪生应用层的支撑。④应用层：包括数字孪生技术的具体应用领域，如航空航天、汽车制造、建筑工程和城市规划等。同时，北京航空航天大学陶飞教授团队将数字孪生模型由最初的三维结构发展为五维结构模型，包括物理实体、虚拟模型、服务系统、孪生数据和连接（图 2-10）。

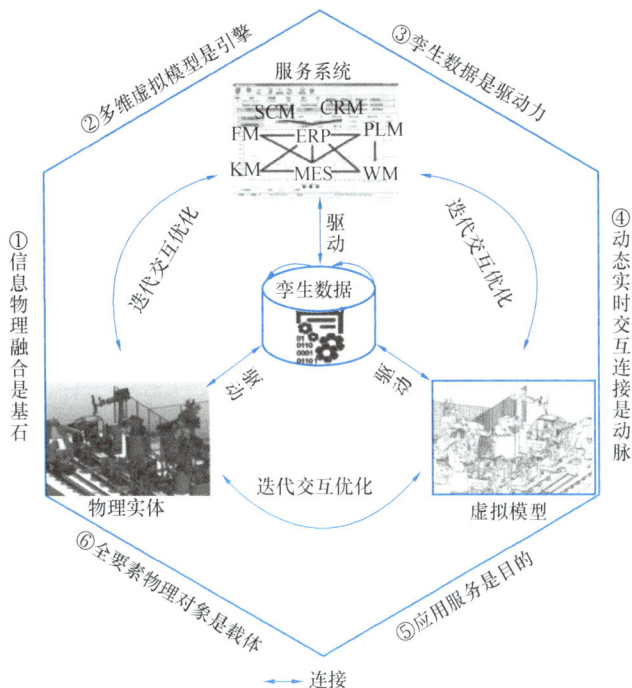

图 2-10 数字孪生的五维结构模型和应用准则

数字孪生技术在城市基础设施智能运维中的优势在于提供了显著的运维优化和决策支持。与虚拟现实（VR）相比，数字孪生侧重于模拟和分析现实世界的物理实体或系统，而虚拟现实则侧重于提供一个沉浸式的、可交互的虚拟环境。数字孪生技术通过与其物理对应物的数据实时同步，确保虚拟模型准确反映实体的当前状态，并模拟各种操作条件和环境变化，预测设备和系统在不同情况下的反应。通过分析数据，数字孪生能够预测潜在故障，提前规划维护，减少停机时间。它还能为运维人员提供决策支持和风险评估，提供基于数据的洞察，帮助运维管理人员作出更明智的维护和操作决策。通过模拟可能的风险情景，数字孪生技术可以评估和管理基础设施面临的潜在风险。

数字孪生技术是一种先进的工程技术，正在迅速应用于城市基础设施智能运维领域，并提供了显著的运维优化和决策支持。数字孪生通过与物理世界的实时同步和数据分析，实现对物理系统设计、运行和维护各个阶段的支持，帮助城市管理者作出更加明智和可持续的决策。未来，数字孪生技术将在智慧城市建设中发挥越来越重要的作用，推动城市管理的智能化和高效化。

2.4 分析优化技术

2.4.1 大数据与云计算

大数据（Big Data）是指超出常规软件处理能力，需要采用新处理模式才能实现强大决策、洞察力及流程优化的海量、快速增长且多样化的信息资源。在《大数据时代》一书

中，大数据被定义为全数据而非抽样分析。大数据具有五个主要特点：大量（Volume），指数据的规模和数量巨大；高速（Velocity），指数据生成和处理的速度快；多样（Variety），指数据的种类和形式多样化；价值（Value），指可以从中提取的有用信息和潜在价值；真实性（Veracity），指数据的质量和准确性。大数据应用广泛，涵盖机器视觉、生物识别、专家系统、智能搜索、控制、人机交互等领域。例如，某公司通过大数据预测地区流感，某企业利用大数据分析预测交通流量，实现有效管理，商场则通过大数据预测消费者需求，制定市场契合的营销策略。

在智能基础设施运维中，结合物联网技术的运维系统能够持续收集大量传感器数据，并结合历史运维数据（如能耗、运维记录等数据），运用大数据算法进行分析，以揭示资产设施高效运营模式，从而提升管理效能。通过对设施设备运行状态的实时监控和数据分析，可以及时发现潜在故障，进行预测性维护，避免因设备故障导致的停机损失。此外，运维系统还可以根据数据分析结果，优化资源配置，提高能源利用效率，降低运维成本。例如，在智能电网系统中，利用大数据技术可以实现电力负荷预测，优化电力调度，保障电力系统的稳定运行。在智慧城市建设中，通过对交通数据进行分析，可以实现交通流量的预测与管理，缓解交通拥堵，提高交通运行效率。

云计算（Cloud Computing）是一种分布式计算技术，通过网络将复杂计算任务分解为多个小任务，由大规模服务器集群处理并返回结果，从而实现与超级计算机相媲美的强大计算能力。云计算是一种通过网络获取所需硬件、平台及软件资源的交付与使用模式。资源提供者构成的"云"在用户视角下具备无限扩展性和即时可用性。

云计算借助云存储服务，实现了大数据的远程访问与共享，特别适用于分布式团队和远程运维场景。在成本和效率上，其按需付费模式降低了大数据存储成本，企业可以根据实际需求灵活调整存储容量，优化资源利用与成本开支。此外，在基础设施运维中，大数据与云计算技术的集成应用使运维团队能够高效处理、访问和解析海量数据，提升运维效率并节省运营成本。

在城市基础设施智能运维中，云计算的应用伴随着新的挑战与需求。随着企业广泛采纳云计算，运维系统需支持业务系统的快速部署、灵活扩展及高品质服务保证（SLA）。运维团队必须在云数据中心环境中高效、稳定地提供服务，同时驾驭海量硬件设备与虚拟化技术。虽然云计算的自动弹性伸缩策略提升了资源利用率，但其带来的"不可知性"增加了故障定位难度，需要构建全面的系统监控以实现"可知性"。

此外，云计算运维日益趋向全自动化，促使运维人员角色从传统的"运维管理"转向"运维研发"。智能化运维顺应云计算趋势，致力于实现 IT 系统的全寿命期自动化管理、智能化故障预防、发现与自愈，以及智能化容量运营。总结而言，云计算不仅革新了数据处理与存储方式，还在智能运维领域提出新的解决方案与挑战，推动基础设施运维向更高智能化、自动化阶段演进。

大数据与云计算的紧密联系大数据与云计算技术之间存在着紧密的联系，尤其在基础设施运维领域的存储端表现尤为明显。云计算为大数据提供了强大的数据存储和处理能力。云平台的可扩展性和灵活性允许存储和分析大量数据，这对于大数据应用至关重要。

大数据和云计算技术为城市基础设施智能运维提供了强有力的技术支持。两者的紧密结合不仅提升了数据处理和存储能力，还推动了运维流程的智能化和自动化。通过有效整合和应用这些技术，智慧城市能够实现更高效、更可靠的基础设施管理，进一步提升城市运行效率和居民生活质量。

2.4.2 区块链

区块链技术本质上是一种去中心化的账本技术，通过融合分布式数据库、点对点网络、共识算法和非对称加密等多种技术，构建起了由区块组成的分布式账簿体系。在信息不对称、不确定和不安全的情况下，区块链通过"算法信任"机制显著降低了信任成本。作为一种难以伪造和篡改的数据存储架构，区块链适用于安全存储各类重要数据，确保项目全过程、全要素、全组织数据的真实完整记录，保证数据来源明确、不可否认，为解决基础设施运维系统中因透明度低、可信度弱、追溯困难导致的信任缺失问题提供了有效方案。此外，区块链数据的全网互联和一致性特性有助于打破"信息孤岛"，改善信息不对称和沟通效率低下的问题，促进运维参与各方之间的价值共创。

根据不同的信息访问权限，区块链可以分为公有链和私有链；按照不同的用户参与方式，区块链又可分为许可链和无许可链。公有链是一种任何人都可以读取和写入数据的区块链系统，其典型代表是比特币和以太坊。私有链则限制了参与者的身份验证，只有被授权的成员才能访问和操作数据，常用于企业内部。许可链和无许可链则是基于是否需要授权参与来区分。许可链要求参与者获得许可才能加入网络和执行操作，无许可链则允许任何人自由加入。Hunhevicz 等为不同的业务场景提供了一个区块链选型的决策框架，如图 2-11所示，目前区块链技术在工程建筑项目的设计协同、合规性审查、进度款支付、供应链、质量管理、安全管理、设施维护等场景得到应用，其能力已被初步证实。

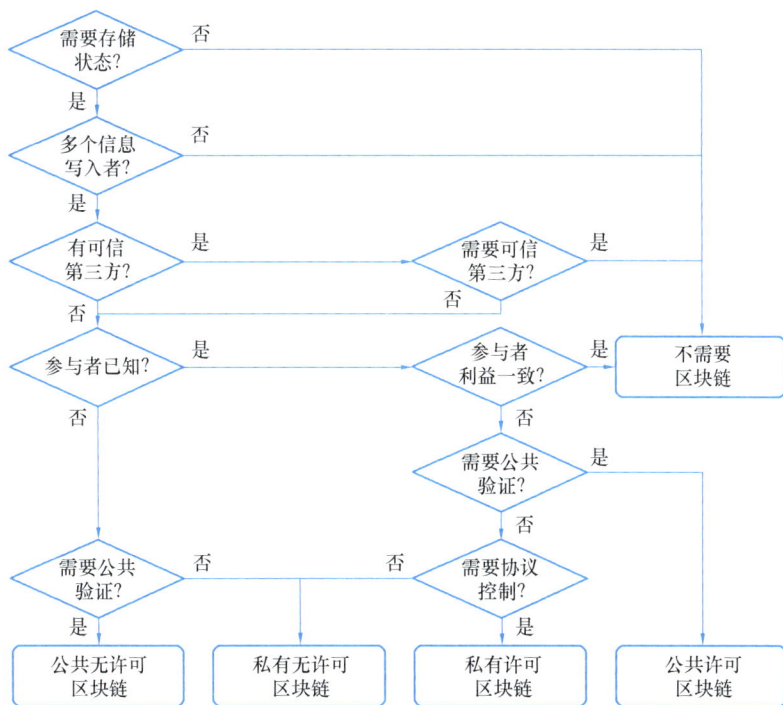

图 2-11 区块链决策框架

区块链技术在众多行业中的基础应用形式便是智能合约，其是一种信息化传播、验证与执行合同的计算机协议，内含触发条件及其对应的响应操作，具备高效制定、低成本维护及精准执行等特点。区块链为智能合约提供可编程环境，使之能在无中心干预下自动化执行预设条款。一经部署，智能合约可持续监控链上或外部数据变动，并在条件满足时自动执行，省去传统流程的繁琐步骤。得益于诸如 Solidity、Go 等高可编程性语言的支持，智能合约能应对复杂业务场景。随着区块链技术的广泛普及与深入应用，基于区块链的智能合约技术因其简化管理逻辑、降低成本的优势，受到广泛关注。

区块链具有成为行业信息存储基础设施的潜力，且通过与其他先进技术集成还能够发挥更大的作用。主要包含以下几个方面：

1. 区块链与物联网集成技术

物联网设备的使用增加了交换数据量，但带来了安全和隐私问题。区块链可以在物联网设备分布式应用的通信过程中发挥作用，例如可以创建设备交互或标记商品的分类账。此外，作为去中心化的数据库，区块链可以保证信息透明度，并通过智能合约定义的规则，支持特定的物联网流程。

2. 区块链与边缘计算集成技术

基于边缘计算，区块链、物联网和其他技术之间可以有效地传输信息，边缘节点能够支持区块链收集、处理和存储数据，应对区块链系统的计算能力和存储容量挑战。

3. 区块链与 BIM 集成技术

区块链和 BIM 集成技术可以支持基础设施项目中多个利益相关者之间的高效协作，而数字孪生可以在协作环境中通过物联网传感器近乎实时地更新 BIM。在以 BIMCHAIN 为代表的实际应用中，区块链技术在协作环境中使 BIM 数据防篡改、透明，并实现了高效的数据交换，从而提高了项目建设、运维的质量和安全管理水平。

区块链技术通过将业务过程和信息透明化、公开化，结合数据不可篡改和可追溯的特性，保证了业务信息的安全、可靠和可追溯。它为智能合约提供了独立的执行环境，支持业务流程的自动化，有助于建立参与主体间的信任，推动深层次的合作。

区块链技术在城市基础设施智能运维领域的应用标志着向更高安全、透明及效率的转型。作为分布式账本技术，其不可篡改特性和去中心化架构为基础设施管理和维护提供了创新视角。区块链的数据安全与完整性对关键基础设施智能运维至关重要，所有交易与操作记录永续、不可变，为监控与维护活动奠定了坚实数据基础。透明度与可追溯性有助于提升运维决策质量、资源配置优化及服务效率。区块链技术在合同管理中，特别是通过智能合约，实现合同条款自动执行与验证，显著简化运维流程。在供应链管理上，区块链技术确保供应链透明完整，有效防止欺诈、提升效率。此外，针对多方合作的复杂基础设施项目，区块链技术提供共享、不可篡改的信息平台，保障各方及时获取一致信息，促进必要的协调沟通。总而言之，区块链技术赋予城市基础设施智能运维更为安全、高效、透明的运行环境。随着技术不断发展与应用场景拓宽，其有望在未来基础设施管理中发挥愈发关键且变革性的角色。

2.4.3 人工智能

人工智能（Artificial Intelligence，AI）是一门致力于模拟、延伸和增强人类智能的新型科技学科，涵盖计算机科学中的机器人、语言识别、图像识别、自然语言处理及专家系统等领域研究。在城市基础设施智能运维中，物联网、人工智能、大数据和云计算四大技术紧密关联。物联网作为基础，连接各类设备（如监控、穿戴设备）并通过传感器持续向云端输送数据。大数据技术负责管理和分析这些海量数据，揭示有价值的规律与洞察。云计算则通过互联网实现资源（如计算设施、存储设备、应用）的按需、即时、便捷访问。大数据与云计算为人工智能的发展赋能，而人工智能技术又进一步强化物联网的效能。在城市级多建筑运维管理场景中，可以将大量数据汇聚至云端，运用大数据和人工智能进行运算，迅速确定多建筑运维需求。因此，数字化智能运维与物联网、人工智能、大数据及云计算技术深度融合是必然趋势。

人工智能是一个范围十分广泛的科学领域，包含多个子领域，如机器学习（Machine Learning）、深度学习（Deep Learning）、自然语言处理（Natural Language Processing，NLP）、计算机视觉（Computer Vision）、大数据（Big Data）、智能体（Intelligent Agents）和强化学习（Reinforcement Learning）等。

1. 机器学习

机器学习是人工智能核心分支，其发展重心已从逻辑推理与知识处理转向学习过程，历经三十余年的发展，它涉及概率论、统计学、逼近论、凸分析、计算复杂性理论等多学科交叉。其核心理论关注设计与分析能使计算机自动"学习"的算法，使系统能从数据中提取规律，以此预测与分析未知数据。因与统计学紧密联系，机器学习亦称统计学习（Statistical Learning）理论。该技术已广泛应用在数据挖掘、计算机视觉、自然语言处理、生物识别、搜索引擎优化、语音识别、手写识别、游戏开发及机器人技术等诸多领域。

机器学习主要分为以下四类：

（1）监督学习：算法通过分析带标签的训练数据集学习函数，用于在新数据上进行预测。适用于有精确标签数据且需明确结果的问题。典型算法如人工神经网络（ANN）、卷积神经网络（CNN），递归神经网络（RNN），它们用于图像识别、语音识别、文本翻译等。

（2）无监督学习：处理无标注训练集，旨在探索数据模式与结构，适用于标签难获或缺失情况。代表算法包括 K-均值聚类、层次聚类、主成分分析（PCA），应用于数据挖掘、图像处理等领域。

（3）半监督学习：结合监督与无监督，使用部分标记数据，适用于标签稀少或昂贵。代表性算法有自训练、生成对抗网络（GAN）等。

（4）强化学习：通过与环境交互获取奖励信号学习最优行为，适用于决策控制复杂问题，如棋类游戏、自动驾驶、机器人控制等。代表算法包括 Q 学习、策略梯度方法等。

在城市基础设施智能运维中，机器学习算法在预测性维护、能源管理、故障检测和诊断方面得到了广泛应用。这些算法提高了基础设施运维的效率和准确性，增强了系统的预测能力，为基础设施的可持续管理和发展提供了强大的技术支持。机器学习模型能够分析设备和系统的历史和实时数据，预测潜在的故障，从而减少意外停机和维护成本。在能源管理方面，机器学习有助于优化能源使用，减少浪费，特别是在大型设施或建筑物中。此外，机器学习可用于实时监控系统性能，快速识别异常情况，从而提高操作的可靠性和安全性。

2. 计算机视觉

计算机视觉是人工智能的另一个重要分支，涉及使计算机和系统通过数字图像或视频从视觉世界中获取、处理、分析和理解信息的方法和技术。简而言之，计算机视觉目标是赋予计算机在图像上的识别和感知能力，这包括让计算机能够识别图像中的物体、人物或场景，例如判断图片中的动物是猫还是狗，或识别照片中的人物和物品。

从技术上讲，计算机视觉主要运用卷积神经网络（CNN）作为其核心算法：CNN中的浅层识别图像基础元素（边缘等），逐步整合为复杂模式，而CNN的深层完成对图像基础元素的整合，以识别更为复杂的视觉元素（形状等）。计算机视觉有如下几个经典的任务：

（1）对象检测（Object Detection）：识别和定位图像或视频中的多个对象，并为每个对象生成边界框和类别标签。常用的算法有YOLO（You Only Look Once）、SSD（Single Shot MultiBox Detector）、Faster R-CNN等。

（2）图像分割（Image Segmentation）与实例分割（Instance Segmentation）算法：图像分割是将图像划分为不同区域或部分，每个区域代表特定的物体类别或背景。实例分割是图像分割的一种高级形式，不仅将图像划分为不同的区域，还能够区分同一类别中的不同个体对象，并为每个个体生成独立的掩码。常用的算法包括U-Net、Mask R-CNN等。

（3）特征提取（Feature Extraction）算法：从原始数据中提取有意义的信息或特征，以便进行进一步的分析、处理或分类。常用算法包括尺度不变特征变换（SIFT）和加速稳健特征（SURF）等。

在城市基础设施智能运维中，人工智能的图像识别技术用于解析设施内部图像。例如，地下管道检测机器人采集实时图像，结合建筑运维期间的能源、传感器等海量数据，运用AI算法分析能源效率，提升建筑管理效率。实践中，多种计算机视觉算法协同工作，实现对设施的感知、识别与分析。通过卷积神经网络，学习识别设备正常与异常（如过热、烟雾等）的视觉模式，从而实现对设备运行状态的判定。通过对象检测算法，可以在复杂场景中快速定位和识别特定设备及故障点（如断裂、腐蚀、泄漏）。通过图像分割算法，细化分析设备部件，进行预维护分析，识别需维护或更换的部分，为维修提供详尽信息。

3. 知识图谱与大模型

知识图谱的概念起源于20世纪50年代，而这一术语在21世纪初被正式提出，是一种创新的信息管理系统，旨在结构化存储和管理知识，便于AI系统和应用高效访问和利用。知识图谱通过构建庞大的网络，连接各类实体及其关系，形成详细的知识库，其中实体为节点，关系为节点间的连接。其主要特征包括结构化知识表示、图形数据库形式、对语义搜索与信息检索的支持以及复杂推理能力。知识图谱广泛应用于搜索引擎优化、推荐系统、自然语言处理等领域。例如，谷歌知识图谱通过理解用户查询的意图与上下文，提供精准而丰富的搜索结果。

自2012年谷歌推广知识图谱后，该技术迅速在学术界与业界普及。知识图谱融合了语义网络、数据库、知识表示与推理、自然语言处理（NLP）、机器学习等多个领域的进展。维基百科催生了DBpedia和Yago等基于其结构化知识的库：DBpedia通过模板从维基百科抽取结构化信息，Yago 结合 WordNet 本体知识与维基百科实体知识。

随着深度学习和联结主义的兴起，知识图谱研究逐渐从重视数量转向轻结构化。在此基础上，认知图谱作为一个新兴领域，依据人类认知双加工理论，动态构建含上下文信息的知识图谱并进行推理。

大模型，尤其是大型预训练语言模型（如 GPT 系列），彰显 AI 与 NLP 技术的重大突破，推动人工智能革命，全球瞩目。ChatGPT 在一年内注册用户达 20 亿，周活用户 1 亿，估值超 900 亿美元。此类大模型已广泛应用于如微软 Bing、Windows、Office 等场景。其原理结合深度学习、大数据集及先进算法，展现出超越以往模型的通用能力。具体而言，以 ChatGPT 为例，它基于 Transformer 架构。Transformer 类似于一个"吐字机"，拥有并行处理语言序列的能力，并通过理解每一个词和上下文的意思完成输出。经典 Transformer 架构分为解码器和编码器两部分，其中编码器中的一个重要技术称为 embedding，即将人类使用的语言用数学上的高维度矢量来表示，再将词和语句的相关性用矢量的距离来表示，这样就实现了语言的数字化。Transformer 利用自注意力机制处理输入数据，能够捕捉长距离的依赖关系，从而有效地理解和生成自然语言。

总的来说，知识图谱与大模型均为人工智能领域的关键技术，分别聚焦结构化知识组织理解与大量数据学习生成。知识图谱侧重于对结构化知识进行表示与解释，大模型侧重于处理非结构化数据。二者结合互补，推动智能系统发展。实践中，知识图谱可以强化大模型知识表征，如作为预训练素材或提供额外知识记忆，提升其理解和生成力；大模型则可以助力知识图谱自动化构建，如通过标注与增强数据加速落地。

知识图谱与大模型的结合为城市基础设施智能运维提供了一个强大的工具，可以提升数据处理能力，加强知识的组织和应用，以及增强预测和推理的准确性。大模型可用于分析和处理城市基础设施运维中产生的大量非结构化数据，如日志文件、维修报告等。知识图谱可以帮助结构化城市基础设施相关的知识，如设备信息、维护记录等，从而提供更有效的信息检索和决策支持。结合知识图谱和大模型的系统能够在数据分析的基础上进行更深入的推理，例如预测设备故障和推荐最佳维护策略。

4. 智能体

智能体被视为能够自主实现预定目标的代理，具备学习、推理、决策与执行等类人智能特质。它们强调在未知环境中通过与环境互动不断学习和进步，从而提升知识、技能与决策能力。智能体技术涵盖自主完成任务的实体，与人工智能紧密相连，受益于大模型在 AI 领域的进展。

智能体由感知（Sensor）、记忆（Memory）、推理规划（Planner）及行动执行（Actuator）等组件构成，这些组件协同工作以应对环境变化、进行目标导向的推理规划，解决复杂问题并制定策略。感知单元负责获取环境信息，记忆单元保存和处理这些信息，推理规划单元制定解决方案和策略，最后，行动执行单元将智能决策转化为实际行动，驱动环境变化以实现目标。

智能体依据用户指令或目标感知环境，利用内置知识和经验定义、分解任务，规划并执行行动策略，对目标环境产生反馈。工作环境可以是物理的，也可以是虚拟的，涉及道路、车辆、警察、行人、乘客、天气等要素。在各种环境中，智能体收集和分析数据，以调整策略和持续优化表现。例如，在工业自动化中，智能体可以监控生产和优化资源；在服务行业，它们可以提供客服和个性化推荐；在智慧城市项目中，它们可以管理交通、优化能源和提升安全。这些应用展示了智能体的广泛前景，预示着它们将在多个领域引发深刻变革。随着技术的进步，智能体在提升效率、降低成本和增强体验方面的潜力将持续释放。

在基础设施运维领域，智能体技术可以大大提高效率和安全性。例如，智能体能够实时监测设备状态，预测维护需求，自动调度维护任务，甚至在某些情况下自行执行维修。这样不仅减少了对人工干预的需求，还能通过持续的监控和即时响应减少故障时间。随着技术的进步，这些智能体将更加精准地预测和解决问题，进一步提高运维的智能化水平。

智能体通常可以分为五类：①简单反射型智能体。仅凭当前输入反应，无规划学习能力。②基于模型反射型智能体。保持世界内模，考虑更广泛上下文。③基于目标的智能体。依状态、目标及行动计划制定策略。④基于效用的智能体。不仅具有目标，且赋值效用以帮助决策。⑤学习型智能体。如 ChatGPT，利用大数据答疑、建议、执行任务，逼近学习型智能体水平，尽管目前它们仍受限于缺乏自主学习、进化和感知能力，但技术趋势指向更高智能、自主性与多功能性，不断拓展其在人类生活各领域的应用。

2.4.4　中台技术

与传统运维方式相比，智能化运维的最突出优势是"数据大集中"。这基于数字运维中台建设，通过统一监控中心集中管理和分析所有运维数据，并以业务视角观测运维数据的相关性，最终建立智能化场景来解决实际问题。中台技术在这一过程中发挥了关键作用，帮助城市更好地管理和运营基础设施，提高效率，降低成本，增强韧性，并助力城市实现数字化转型。

在城市基础设施智能运维中台中，主要由数据中台、服务中台、应用中台和安全中台组成，各自发挥着关键作用。

（1）数据中台：数据中台扮演着数据集成和分析的核心角色，整合和处理来自城市各个方面的大量数据，例如交通流量数据、公共服务使用情况、能源消耗数据等。通过对这些数据的分析和处理，数据中台能够为城市管理者提供决策支持，识别和预测城市运行中的趋势和问题，从而提高城市管理的效率和效果。

（2）服务中台：服务中台负责为城市基础设施的维护和运营提供标准化、高效的服务管理，包括公共交通系统、水电供应、市政设施等。通过统一的服务管理平台，城市能够更有效地分配资源，响应市民需求，确保城市基础服务的持续和稳定运行。

（3）应用中台：应用中台关注于城市基础设施智能运维的应用开发和管理，支持各种应用程序的快速部署和升级，如智慧交通系统、智能照明控制等。应用中台提高了城市服务的智能化水平，增强居民的生活质量。

（4）安全中台：安全中台负责整个城市的信息安全和数据保护，监控和防范各种网络攻击和数据泄露风险。确保城市基础设施的数据安全和网络安全，保护市民的隐私和数据，维护城市的正常运行和居民的信任。

在基础设施运维领域，中台技术实现了以下几个关键功能：

（1）数据集成和管理：中台作为数据的集中处理和存储中心，确保了数据的一致性和可访问性，有助于数据驱动的决策制定。

（2）业务流程标准化：通过标准化的业务流程，中台能够高效地支持运维流程，确保服务的质量和一致性。

（3）资源优化和共享：中台通过集中资源和服务，提高了资源利用率，降低了运营成本。

（4）提升城市基础设施韧性：中台技术能够快速调整运维策略，从而响应不同城市场景下的需求。当城市遭遇自然灾害、公共安全等突发事件时，中台技术可以极大提升基础设施系统在受到冲击情况下的恢复能力。

中台技术在智慧城市的建设中，可以帮助城市系统实现高效的运维管理。例如：

（1）城市交通管理：中台集成各种交通数据（如交通流量、信号灯状态、公共交通运行信息），实现实时交通监控和管理，优化交通流量，减少拥堵。

（2）城市能源管理：通过应用中台技术，城市可以对能源使用（如电力、水资源）进行集中监控和分析，实现能源分配的优化，提高能源利用效率，降低成本。

（3）公共安全监控：利用中台技术整合来自城市各个角落的监控数据，帮助安全部门实时监控公共区域的安全状况，并快速响应紧急事件。

中台技术在城市基础设施智能运维中扮演着连接和协调的角色，通过数据集成、业务流程标准化、资源优化和提升韧性等功能，极大地提升了运维效率和城市管理水平。通过中台技术的应用，城市能够实现更加智能、高效和安全的运行，为居民提供更高质量的生活服务。

复习思考题

1. 本章介绍了城市基础设施智能运维相关的关键技术的优势和应用，请思考在智慧城市建设与基础设施智能运维过程中数字化技术的应用有何利弊？数字化技术推广与应用又有何潜在的挑战？

2. 选取一种智能感知设备（如温湿度传感器、振动传感器），讨论其在城市桥梁健康监测中的具体应用方式，并分析如何通过该设备的数据改善运维决策。

3. 阐明建筑信息模型（BIM）与城市信息模型（CIM）在项目全寿命期不同阶段的具体作用差异，并举例说明两者如何集成以优化城市基础设施项目管理。

4. 考虑到近年来扩展现实（XR）技术和元宇宙概念的兴起，论述这两种技术如何能够被整合进城市基础设施的规划、公众参与及日常运维流程中，以及它们对未来城市管理可能带来的变革。

知识图谱

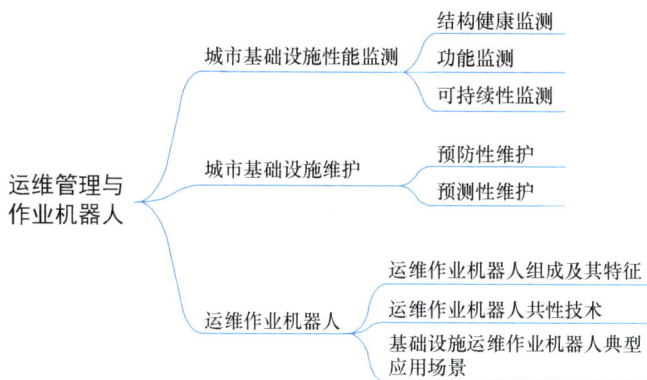

城市基础设施性能监测
- 结构健康监测
- 功能监测
- 可持续性监测

运维管理与作业机器人

城市基础设施维护
- 预防性维护
- 预测性维护

运维作业机器人
- 运维作业机器人组成及其特征
- 运维作业机器人共性技术
- 基础设施运维作业机器人典型应用场景

本章要点

知识点1. 城市基础设施维护性能监测。

知识点2. 城市基础设施维护管理的内容及其重要性。

知识点3. 运维作业机器人的组成结构、技术特点及其在基础设施运维中的典型应用场景。

学习目标

（1）了解城市基础设施维护性能监测的典型内容及其目标。

（2）理解城市基础设施维护管理的核心概念及相关智能运维技术。

（3）掌握运维作业机器人的关键技术、组成结构及其在智能运维中的应用场景。

（4）掌握城市基础设施维护管理的趋势和方向。

3

运维管理与作业机器人

在智慧城市建设背景下，面对日益复杂、规模庞大的城市基础设施运维挑战，传统的基础设施运维管理模式正面临着前所未有的挑战与变革。为了提高运维效率，减少人为错误，延长基础设施使用寿命，同时确保其运行的安全性和可靠性，运维机器人的应用逐渐成为行业内的研究重点和实践趋势。

本章将重点探讨基础设施性能监测、维护管理，并阐述运维机器人在这一过程中的关键作用。首先，我们从基础设施性能监测入手，涵盖结构健康监测、功能监测以及可持续性监测等方面，旨在通过引入先进的监测技术及时发现潜在的问题，为后续的维护工作提供科学依据。接着，本章深入分析了基础设施维护的策略，包括预防性维护和预测性维护，强调了基于数据分析的前瞻性维护对于降低维修成本、提高设施可用性的重大意义。最后，我们将目光聚焦于维护作业机器人，详细介绍其组成、特性、共性技术以及智能化基础设施运维作业机器人的典型应用场景，展示了如何利用机器人技术实现高效、精准的维护作业，从而推动基础设施管理向更加智能化、自动化方向发展。

3.1　城市基础设施性能监测

城市基础设施性能监测是对基础设施关键参数和指标进行实时或定期监测、收集、分析和评估的过程，主要目的是确保它们运行的运行性、安全性和可靠性。通过实时监测关键参数和指标，可以掌握基础设施的运行状态，并在出现异常情况时采取措施进行维修和修复，防止潜在的故障和事故发生。性能监测通常是对城市基础设施进行运维管理的重要依据，主要包括结构健康监测、功能监测以及可持续性监测三部分。

3.1.1　结构健康监测

结构健康监测技术的概念于 20 世纪 30 年代开始被提出，并被普遍认为是提高工程结构健康与安全及实现结构可持续管理的最有效的途径之一。结构健康监测技术的基本思想是通过测量结构的响应来推断结构特性的变化，进而探测和评价结构的损伤以及安全状况。一般来说，结构健康监测系统包括：传感系统、数据采集系统、结构损伤识别及结构性能评估几部分。

1. 传感系统

传感系统是实现结构健康监测的前提条件，其性能直接决定了监测效果的准确性和可靠性。传感器要求具有高度感受结构力学状态的能力，能够将应变、位移、加速度等测量参数直接转换成采集信号输出。最早开发的传感器技术是电子式传感技术。随着力学、信息、网络等学科的研究发展及实际工程应用的需求，光纤传感技术、智能化无线传感技术、动态称重系统等新型传感技术得到了广泛的应用。例如，桥梁结构监测中广泛应用了无线加速度传感技术、光纤应变传感技术、位移传感技术以及动态称重系统等新兴技术。

2. 数据采集系统

数据采集系统负责向数据分析中心传送数据，为结构安全评价提供传感系统的实时数据样本。传统的数据采集系统多基于电缆进行传输，在采集大量数据时可以获得稳定、可靠的传输体验，但缺点是耗费时间且安装费用昂贵。近年来基于无线传感器网络技术（WSN）的传输方法得到了飞速发展，这种传输策略与传统电缆传输方式相比可以快速安装并独立对各采样数据进行分批预处理，并与智能科技结合后可实现通信链路的自我监控、自适应测量调度等活动。

3. 结构损伤识别

基于结构状态参数的损伤识别是结构健康监测系统的核心部分，主要作用是对结构损伤及其他异常情况进行识别分析并同步完成安全评定及预警。在具体应用中，由损伤识别系统分析传感器采集到的信息，判断是否存在损伤，并通过模型修正软件对损伤情况进行分析，再由安全评定软件进行安全风险分析，最后由预警软件发出警报。

损伤识别需要做到对结构损伤的实时化、动态化监测，以便于项目施工及使用管理单位能够及时对其进行有效处置。关于该系统的研发和应用，比较常用的方法、理论、技术包括模型修正、动力指纹分析、系统识别法、神经网络、遗传算法等。其中，神经网络是目前被广泛看好的技术之一，其通过物理机制上模拟人脑的信息感知、处理方式建立模型按照不同连接方式组成不同的网络。例如，在我国香港汲水门大桥的损伤监测中，使用了误差反向传播神经网络系统，通过损伤预警、损伤程度判定、损伤定位等方式，实现对工程结构损伤的精确感知。另外，基于模型修正的损伤识别技术也比较常用，其主要是通过利用未损结构的有限元模型，通过不断的数据监测和对比，来发现后天出现的结构损伤问题。这种技术广泛应用于传统建筑及部分其他土木工程结构健康监测中。

4. 结构性能评估

结构健康监测的最终目标是实现结构性能的快速预测与实时评估。结构性能的评估分为正常使用状态和极限承载力状态的安全评定。大型复杂工程结构整体结构状态的影响因素众多，只有通过结构强度分析、健康状态评价及剩余寿命预测实现结构综合状态的快速诊断与实时评估，才能有针对性地进行维护决策。当前，对结构安全性评估的方法理论有可靠度理论、模糊综合评价、神经网络以及专家系统等。面对大量的监测数据信息，需要综合使用各种评价方法，充分发挥它们各自的优点，对结构性能进行客观、准确地评估。

3.1.2 功能监测

基础设施功能监测是指对城市或地区的基础设施系统进行实时或定期的监测和评估，以确保其正常运行、安全可靠以及有效发挥其功能。功能监测关注的是基础设施提供服务的能力，如交通系统的流量、供水系统的水质和流量、电力网络的负荷等。它确保基础设施能够持续地按预期效能运行，满足服务水平的要求和用户的期望。与结构健康监测主要关注基础设施的物理性能和结构完整性不同，功能监测侧重于基础设施的效能和服务质量，专注于评估和确保基础设施能够按照既定标准和预期水平提供服务包括监测基础设施的可用性、可靠性、维护需求以及对用户的服务水平。

1. 道路功能监测

以基础设施中的道路为例，其监测指标应按道路使用者的需求来选取，首要功能应考虑行车安全性，结合现行指标体系，选择抗滑性能、裂缝率和路面状况评价指数3项指标。

（1）抗滑性能

抗滑性能指标是衡量车辆正常行驶所需的摩擦力的重要参数，对交通安全具有重要意义。车辆行驶过程中，轮胎和地面之间的摩擦力会破坏路面的微观和宏观纹理构造，逐渐降低路面的抗滑性能，增加事故风险，威胁行车安全。

（2）裂缝率

在道路的日常使用中，路面裂缝是一种非常常见的问题（图3-1）。这些裂缝不仅影响道路的美观，更重要的是它们可能会加速道路的老化，导致更多的结构性损害，进而影响行车安全。路面裂缝的成因多样，主要包括材料老化、温度变化引起的热胀冷缩、重载车辆频繁通行造成的压力过大等因素。为了有效管理和维护城市道路，及时发现并处理这些裂缝至关重要。因此，裂缝监测是路面监测中一个重要内容，如果对旧路面裂缝不采取相应处理措施，即使设置应力吸收层，在后期道路使用过程中仍可能出现反射裂缝。

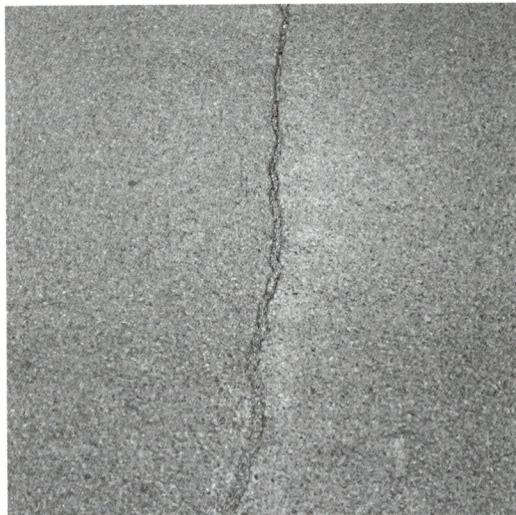

图3-1　道路裂缝

（3）路面状况评价指数

路面状况评价指标涵盖了露骨、坑洞、磨损等形式的破坏，这些属于路面材料类的损失。这类破坏直接改变了路面的平整度和抗滑性能，影响路面的行驶质量和安全。

2. 交通基础设施系统功能监测

除了道路基础设施以外，对交通基础设施的性能监测还应包括但不限于以下方面：

（1）交通流量监测

使用地面传感器、摄像头或无人机等技术对车辆流量、速度和类型的数据进行收集并进一步评估道路使用情况、拥堵状况和通行效率。

（2）信号灯和标志的功能性检查

通过人工巡检、远程监控系统、智能传感器、物联网技术以及维护管理软件的综合应用确保交通信号灯、路标和导航系统正常工作，对于维护交通秩序和安全非常关键。

（3）灯光和可见性监测

通过人工巡检以及数字化手段检查街道照明以确保夜间行车和行人的安全。此外，评估天气条件对道路可见性的影响，如雾霾、雨雪等。

（4）紧急响应能力评估

对应急情况下的准备性和预防措施等进行评估，包括交通系统对潜在危机的预警机制、预案制定的完善程度、关键人员的培训水平以及应急资源（如应急车辆和物资）的准备状况等。

3.1.3　可持续性监测

可持续性监测在基础设施性能监测中扮演着至关重要的角色，它通过持续监测基础设施的使用效率、环境影响以及对社区的服务质量评估和确保基础设施项目在经济、环境和社会三个维度上的长期可持续性。可持续性监测旨在集成先进的传感技术、数据分析和人工智能，减少基础设施运维阶段的资源消耗和环境污染，为基础设施的规划、建设和运营提供科学依据，帮助实现经济发展与环境保护的双赢。

基础设施可持续性监测是指对各类基础设施项目进行定期或实时的监测和评估，监测基础设施对其周围环境的影响，包括排放、污染以及对自然资源的消耗，力求最小化对环境的负面影响，以确保其在长期运营中能够满足可持续发展的要求。碳排放监测是实现可持续发展目标的重要工具之一。碳排放监测是集数据监测、数据分析、数据传输和信息发布于一体的综合性系统。根据生态环境部工作部署，中国环境监测总站组建碳监测工作组，着手开展排放源监测、环境浓度监测等方面的工作。

1. 交通基础设施碳排放监测

为实现可持续性监测，应准确把握影响碳排放的各种因素，主要有车流量及车型组成、行驶速度、地形地貌、环境条件等。

（1）车流量及车型组成

车流量会对交通碳排放产生重要影响，公路交通量越大，交通碳排放总量越高，故在设置监测点位时，应重点考虑路段流量，选择交通量大、车流密集的路段布设。车型是影响碳排放的另一个重要因素，不同车型之间燃料消耗、碳排放速率差异较大，监测点位布局需结合路段车流组成，重点监测货车等大排量车交通量较大的路段，如区域间主要货运廊道、工业区主要进出通道等。

（2）行驶速度

行驶速度主要从两个方面影响车辆碳排放：一是不同行驶状态下车辆碳排放水平不同，如急速行驶的排放速率高于正常行驶，并且车速与交通量之间存在关联，需综合考虑行驶车速对碳排放的影响，二是行驶速度会对碳排放的时空分布产生影响，车队以不同速度行驶时，公路单位长度上的碳排放率亦不相同。

（3）地形地貌

公路所处地形地貌是影响公路交通碳排放扩散的重要因素，当公路位于平原时，公路两侧遮挡物较少，碳排放物更容易横向扩散，而当公路位于山区时，其侧方往往存在遮挡物，不利于碳排放物的扩散。监测站所监测到的浓度是站点所在点位的碳浓度，因此地形地貌能够影响碳在大气中的扩散模式，进而对碳监测结果产生较大的影响。

（4）环境条件

环境条件包括监测时的天气、风向、湿度等因素，这些因素通过影响碳元素在大气中的扩散模式而对监测结果产生影响。进行监测站点布设时，需要充分考虑环境因素并加以利用，如将站点布置在区域主要风向的下风侧，避免在气候变化频繁区域设点等。

2. 智能交通基础设施可持续监测建设

智能交通基础设施系统可持续性监测以云计算中心、智能计算中心、高性能计算园区等算力基础设施为支点，依托5G、物联网、工业互联网、卫星互联网等网络设施，融合人工智能、大数据、零信任等新技术，实现海量碳排放数据的实时监测、统计处理、安全流通及存储等功能，为保障相关功能实现，其建设应符合以下要求：

（1）协同性

平台建设需要实现计算、通信及应用多个层面的协同。在计算层面，分布式计算、微服务、无服务器计算等新兴计算模式提供具备高可靠性、高可用性和易用性的计算平台，云端算力协同应用的开发、运营及维护，助力分布式计算应用生态的发展；在网络层面，构建网络能力开放平台，开放多种标准化的网络服务 API，帮助应用开发方构建 ICT 融合业务应用；在计算与网络协同方面，则通过算力网络、IPV6＋等新一代网络协议提供计算业务与网络业务的协同优化和统一供给。

（2）智能性

通过融合协同的控制及管理平面，实现对计算及网络要素的统一监控及调度管理，也为碳排放数据的智能分析和降碳路径的智能决策提供了基础。通过引入大数据、人工智能、机器学习等技术，对各项配置参数及资源调度进行深度优化决策，可以进一步提高统计监测平台的业务性能及运行效率，提供高效、稳定、安全和绿色节能的统计监测服务，为行业节能降碳和数字化转型发展提供支撑。

（3）安全性

数据安全性是统计监测平台中最为重要的底线，当前传统的安全技术已经不足以保证新兴技术的安全，应结合零信任安全技术、区块链溯源特性以及安全即服务等新型的安全技术实现对整体平台运行和数据的安全保障，构建新型算网基础设施安全架构，打造算网基础设施一体化安全服务平台。

3.2 城市基础设施维护

3.2.1 预防性维护

1. 预防性维护相关概念

预防性维护是一种在不增加路面结构承载力的前提下，对结构完好的路面或附属设施有计划地采取某种具有费用效益的措施，以达到保养路面系统、延缓损坏、保持或改进路面功能状况的目的。其核心理念是通过"早维护"实现"少维护"，通过"早投入"实现"少投入"，代表了维护理念的科学发展方向。

预防性维护是一种"未雨绸缪"式的维护策略，适用于未发生结构性损坏的路面。其主要目的是在路面出现病害初期或病害持续恶化前，通过采取一定的维护措施，恢复路面良好的使用功能。预防性维护不能提高路面自身的结构性能，但能够对路面结构破坏起到一定的延缓作用，特别适用于路面性能良好或仅存在小规模病害的情况。作为一种周期性、有计划的维护技术，预防性维护遵循"预防为主，防治结合"的理念，其核心在于判断预防性维护的时机、需要维护的路段以及采取适当的维护措施。通过在路面服务寿命期内多次开展预防性维护，可以延缓路面大、中修的时间。采取预防性维护措施能够有效提高路面的维护效益，及时消除路面轻微病害，使路面性能持续保持在优良状态，减少由于路面病害继续恶化造成路面结构性破坏带来的损失。此外，大、中修的次数和后期维修维护费用也会明显减少，从而带来显著的经济和社会效益。

2. 维护决策

维护决策是根据路面性能的预测值或实际监测值进行预防性维护决策并得到维护方案。从高速公路建成通车时起，沥青路面在交通荷载、温度湿度等因素的影响下，路面性能逐渐下降，行车的舒适感降低，甚至影响行车安全。为了保证路面满足行车的需求，需要在合适的时间对路面进行维护维修。路面的维护决策就是在有限的资金以及其他条件的限制下，对维护资金进行合理分配，在此基础上，对路面性能的改善程度最大的维护方案即为最佳方案。

（1）维护决策的关键因素

预防性维护决策的成功实施不仅仅取决于一次性的决策制定，而是一个复杂而持续的过程，涉及多个关键因素的综合考虑。这些因素在整个决策制定和实施过程中都起着至关重要的作用，对于确保最佳的维护结果至关重要。

1）资金可用性和预算规划

资金是预防性维护计划的基石。确定所需的资金总量，考虑到设施类型和规模，然后制定合理的预算规划是至关重要的。这包括考虑资金来源、长期可持续性和充分预留用于紧急情况的资金。

2）设施重要性评估

不同基础设施组件对城市的运行有不同的重要性。因此，必须对这些组件进行评估，以确定哪些设施对城市的正常运行至关重要。这有助于确定哪些设施需要更频繁的预防性维护。

3）风险评估

风险评估是一项关键工作，涉及识别可能导致设施故障的潜在威胁。这可以包括自然灾害、气候变化、设施老化、人为因素等。通过了解潜在威胁，决策者可以更好地规划维护措施。

4）维护策略选择

针对不同类型的基础设施，需要选择适当的维护策略。这可能包括定期检查、预测性维护、条件监测或全面翻新。决策者必须根据设施的性质和需求来确定最佳策略。

5）技术和数据支持

充分利用先进的技术和数据分析工具，以提供设施健康状况的准确信息。监测、传感器、数据分析等技术可以帮助决策者及时了解设施的状态，以便及时采取行动。

6）可持续性考虑

在预防性维护决策中，必须考虑可持续性因素。这包括资源的有效使用、减少环境影响、维持长期运营和维护的可行性等。充分考虑可持续性有助于保护城市的生态和社会环境。

7）监督和改进

建立监督机制，定期评估维护计划的有效性。这涉及监测维护工作的执行情况，以及根据性能指标和反馈信息进行必要的调整和改进。不断改进维护计划是确保基础设施持续运行的关键。

这些因素在整个预防性维护决策过程中相互交织，共同影响着维护计划的质量和效果。综合考虑这些因素，城市决策者可以更好地规划、实施和维护城市基础设施，确保其长期可持续性和高效运行。

（2）维护决策的方法

20 世纪 60 年代，路面维护决策首次应用于美国 AASHO 道路试验，当时的维护决策主要是在原路面性能数据的基础上结合决策者的实际维护工程经验进行的。20 世纪 70 年代起项目级的大中修管理中开始大量应用经济分析方法，公路和用户的效益得到量化，以此为基础提出了全寿命期费用分析法，并采用决策树和排序法对不同道路采用不同维护方案产生的经济结果进行比较分析。随后一些数学规划方法、近似优化方法开始在路面维护决策中使用，随着对路面维护决策的更高要求，各种人工智能的决策方法被提出并在维护决策中应用，主要有神经网络、遗传算法等。

1）决策树

决策树法将决策方案、路面状况、后果等因素采用树状结构进行展示；根据路面类型、交通量、道路等级等条件将路段或路网进行分枝与细化，并对可能出现的各种组合条件进行分析，在分枝的末端有针对性地给出适用的维护对策。决策树法可以清晰地看到各种影响条件、可以采用的维护措施，易于理解和接受，并且可以结合实际工程经验进行维护决策；其缺点是难以考虑比较主观的因素以及较为复杂条件下的组合情况。

2）排序法

一般适用于维护项目和维护时间已经确定的前提下，有资金等其他资源的约束，从路面性能指标、道路等级、效益费用比等多种因素中挑选出排序指标；根据排序指标对所有需要维护的项目计算后的路况、经济等数据结果进行比较排序，并根据得到的次序进行维护决策。不同的地区根据其实际情况采用的排序指标略有不同。

3）优化决策法

优化决策法是为了确定在整个规划期内的最优维护计划。优化决策的具体目标主要包括净效益最大化、达到期望服务水平时资金最小化、在维护资金限制下能达到的服务水平最高，实现这三类目标的方法主要有静态优化法和动态规划法。静态优化假定维护后的路面性能按照确定的规律变化，在分析期内各个维护对策都事先规定了维护对策序列；对各个方案的费用和效益进行计算和分析比较，最优方案即为费用最小或效益最大的方案。动态规划是以"最优策略只能由最优的子策略组成"为原则，将复杂的大问题简化为若干个易于解决的子问题，然后按顺序逐一解决每一个子问题，各个子问题的最佳对策组成大问题的最佳对策。

4）人工智能决策

人工智能决策方法主要包括神经网络和遗传算法两类。神经网络是由多个神经元组成的复杂神经系统，模拟生物的神经思考过程。遗传算法是 H. Holland 教授根据自然环境下生物的进化和遗传过程提出的一种全局概率搜索方法。

（3）维护决策的过程

1）预防性维护需求分析

在进行维护决策前应确定需要维护的项目。首先应该按照相关标准及规范对路面损坏状况、平整度、车辙、抗滑性、结构强度进行检测，得到 IRI、RD、SFC、弯沉等路面原始检测数据；把得到的原始检测数据计算为相对应的路用单项和综合评价指标（PCI、RQI、RDI、SRI、PSSI、PQI），并根据评价标准对各评价指标进行评价和预测；将评价和预测结果与维护标准进行对比，当低于维护标准时即产生当年和计划年度的维护需求。现行标准规范中规定高速公路 PSSI、PCI、SRI、RQI 评价等级为中及以下时进行大中修，但只规定了进行矫正性维护的标准，因此对于预防性维护，结合国内经验，认为当路面性能下降至预防性维护标准范围内，即产生了维护需求。

2）预防性维护时机的确定

预防性维护不同于普通的矫正性维护，不能修复严重的病害以及改善路面结构强度，因此应该在路面病害发展为严重病害前进行预防性维护，这就涉及维护时机的确定。维护的时间过早，虽然能使路面状况一直保持在较好的状态，但很容易造成过度维护浪费维护资金；维护的时间过晚，路面病害的持续发展导致超出预防性维护的范围，只能采用矫正性维护措施恢复路用性能。为了使预防性维护的性价比达到最大，应该选择最佳的维护时机，采用适当的维护技术，图 3-2 展示了预防性维护时机的确定的示意图。

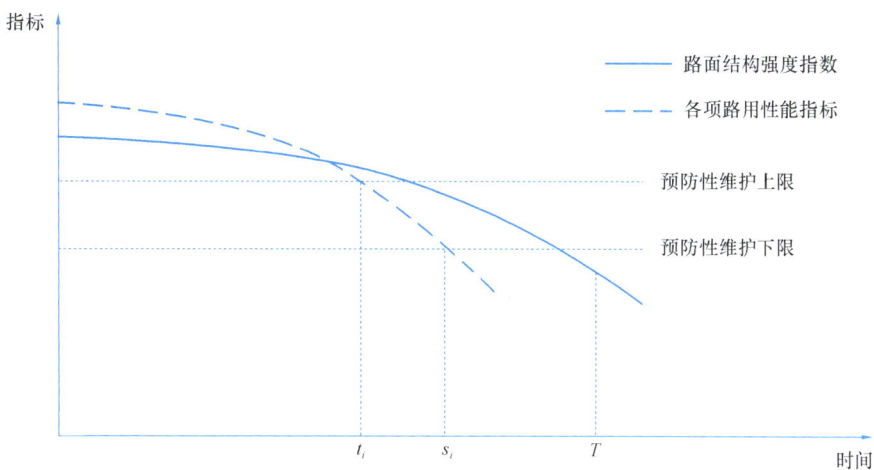

图 3-2　预防性维护时机的确定

预防性维护的标准有上限和下限之分，当路面的某项技术指标低于上限，但高于下限时，则选择进行预防性维护；当指标值低于下限时，应进行矫正性维护，而不是预防性维护。假设某路段的各项路用性能指标 PCI、RQI、SRI、RDI 下降至预防维护标准上限的时间分别为 t_1、t_2、t_3、t_4，下降至标准下限的时间为 s_1、s_2、s_3、s_4，路段强度指数下降至 85 的时间为 T，则预防性维护的时机为：

若 $\min\{t_1,\ t_2,\ t_3,\ t_4\} < T$，$\min\{s_1,\ s_2,\ s_3,\ s_4\} < T$，则进行预防性维护的时机为 $[\min\{t_1,\ t_2,\ t_3,\ t_4\},\ \min\{s_1,\ s_2,\ s_3,\ s_4\}]$。

若 $\min\{t_1,\ t_2,\ t_3,\ t_4\} < T$，$\min\{s_1,\ s_2,\ s_3,\ s_4\} \geq T$，则进行预防性维护的时机为 $[\min\{t_1,\ t_2,\ t_3,\ t_4\},\ T]$。

若 $\min\{t_1,\ t_2,\ t_3,\ t_4\} \geq T$，此时只能进行矫正性维护。

3）维护对策的选择

在选择预防性维护对策之前，需要对可能影响对策选择的因素进行分析。一般包括技术因素、工程因素以及经济因素。如果路段经过判断之后可以进行预防性维护，可根据表 3-1 确定初步的高速公路预防性维护方案。

预防性维护技术推荐表　　　　　　　　　　　　表 3-1

SRI	RQI	PCI	RDI	推荐方案
>85	>85	>95	>80	日常维护
			70~80	微表处、薄层罩面
		90~95	>80	封缝、路面破损处理
			70~80	路面处理后微表处、超薄磨耗层
		85~90	>80	封缝、薄层罩面、微表处
			70~80	微表处、薄层罩面、超薄磨耗层
	80~85	>95	>80	薄层罩面、微表处、现场热再生
			70~80	薄层罩面、微表处、现场热再生
		90~95	>80	薄层罩面、微表处、现场热再生
			70~80	薄层罩面、微表处、现场热再生
		85~90	>80	薄层罩面、微表处；现场热再生
			70~80	薄层罩面、微表处、现场热再生
80~85	>85	>95	>80	薄层罩面、微表处、现场热再生
			70~80	薄层罩面，微表处、现场热再生
		90~95	>80	薄层罩面、微表处、现场热再生
			70~80	薄层罩面，微表处、现场热再生
		85~90	>80	薄层罩面、微表处、现场热再生
			70~80	薄层罩面，微表处、现场热再生
	80~85	>95	>80	薄层罩面、微表处、现场热再生
			70~80	薄层罩面，微表处、现场热再生
		90~95	>80	薄层罩面、微表处、现场热再生
			70~80	薄层罩面、微表处、现场热再生
		85~90	>80	现场热再生
			70~80	现场热再生

3.2.2　预测性维护

　　和预防性维护不同的是，预测性维护主要用于基础设施设备管理领域，通过持续监测和分析设备状态，预测设备故障发生的时间及相应的维护的需求。优点在于能够更精确地安排维护时间，减少非计划停机时间，提高设备运行效率。

　　预测性维护的几大主要步骤如下：①传感器监测设施的日常使用状况，收集传感器数据，包括温度、压力、流速和振动频率等，用于预测未来的设施运行状态。②RFID技术用于设备的参数信息的收集，实时更新设备参数信息用于运行管理和维护管理。③提前预测设备未来的状态，做好提前的检修和维护工作，从而延长设备的使用寿命。④用大数据分析的方法，结合 BIM 的信息和可视化功能，用来管理、分析不同类别、不同格式的基础设施信息，来提高基础设施运维管理的决策支持，从而实现高性能建筑管理。

基础设施运营商在追求提升能效、降低运营成本的同时，还需持续优化服务品质以保障最优用户体验。通过引入智能化维护策略，例如将需求预测与预防性维护服务自动化，可显著提升关键资产的运行效率，延长固定设备的使用寿命，更好地满足用户的需求。此外，设施评估功能通过实时追踪建筑及资产的潜在缺陷，为运营决策提供数据支撑，有效延长基础设施的使用寿命。

1. 预测性维护的框架体系

首先，对于基础设施预测性维护而言，收集到有价值的数据是关键。基于 BIM 模型的预测性维护策略，可以提取 BIM 模型中的信息，提取设施管理软件中的信息，以及提取基础设施控制系统的信息，从而可以获取多个来源、多方面的数据。其中包括 BIM 模型提供的建筑和设施的基本信息，设施管理软件提供的历史维护记录，自动控制系统提供的运营信息，例如传感器数据、能耗数据等，一种预测性维护框架如图 3-3 所示。这些数据可以用来评估设施的当前状态，也可以用来预测未来的设施状态。预测性维护数据的来源见表 3-2。

预测性维护数据的来源   表 3-2

数据	来源	静态/动态
建筑基本信息	BIM 模型	静态
设施基本信息	BIM 模型	静态
传感器数据	传感器	动态
设施历史维护记录	设施管理系统	静态
建筑运营数据	建筑控制系统	动态

然后，需要搭建完善的运维管理数据库。从 BIM 模型及相关的运维管理数据库中直观、快速、全面地获取设施相关信息、文档，不需要花费时间寻找纸质资料提高工作效率。最后，确定所需要的评估的方法和手段。可以采用层次分析法、遗传算法、神经网络等算法，去评估所需要估计的状态。

下面介绍一种基于物联网和设施管理系统的预测性维护框架（图 3-3），旨在为设施管理者提供高效管理方案。该框架分为信息层和应用层。信息层建造运营信息交换（Construction Operations Building Information Exchange，COBie）扩展插件实现 As-built BIM 模型与 FM 系统间的信息双向传输。应用层则利用物联网传感器收集设施的实时数据，并将其存储于状态数据库中，同时在三维模型中实时显示。设施管理系统中还保存了历史状态信息、维修记录和维护工作单。所有信息层的数据被传输至应用层，用于预测设施未来状态并制订维护计划。应用层的预测性维护包括四个步骤：状态监测与错误诊断、状态评估、状态预测及维护计划制定。借助大数据分析、统计模型和机器学习算法，该框架能在设施效率下降前进行预防性维护，优化服务流程，并通过整合平台安全连接远程设备，实时分析结果，生成智能化建议（图 3-3）。

2. 基于物联网的设施状态监测

建立物联网传感器网络以收集设施和环境中的传感器数据，并在运行期间收集这些传感器数据，如图 3-4 所示。数据采集后，信号从直接数字控制（DDC）控制器中输出，并

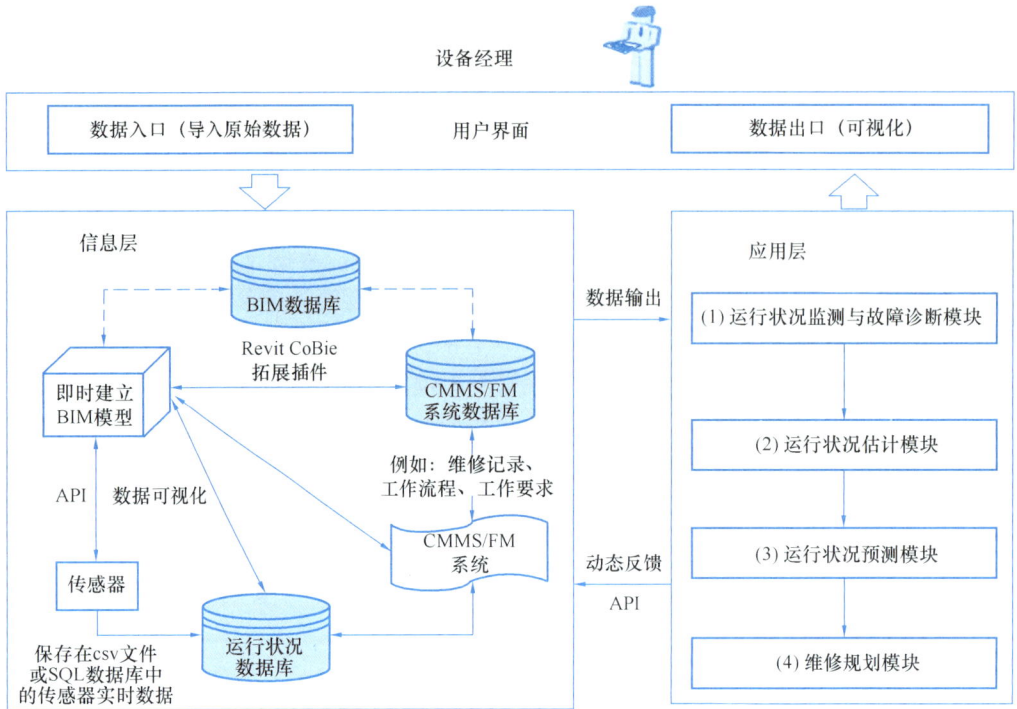

图 3-3　基于 BIM 和物联网的预测性维护框架

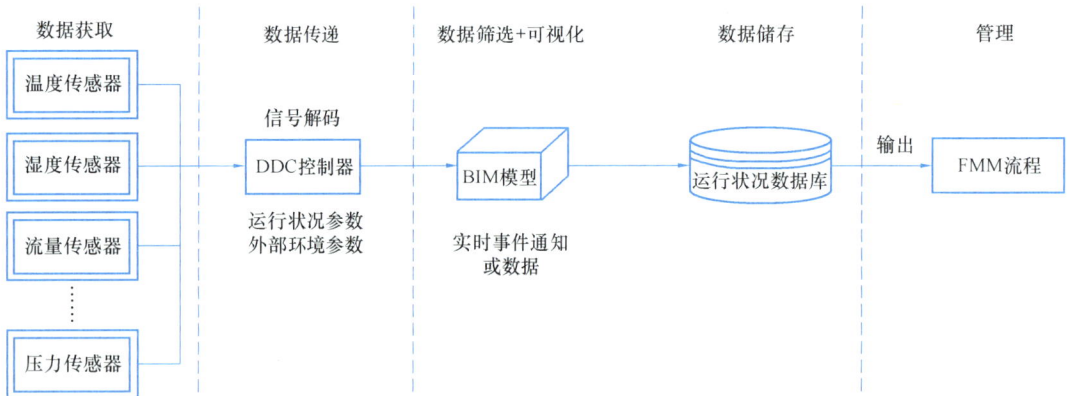

图 3-4　传感器数据收集系统

被解码为确切的条件数据和外部环境参数。之后，需要将传感器数据存储到状态数据库中。在如图 3-4 所示的最后一个过程中，传感器数据在设施管理维护过程中用于状态监测和预测。

　　为了实现状态监视和故障诊断，还可以直接在 BIM 模型中显示传感器数据和数据的趋势，如图 3-5 所示。图 3-5 同时展示了两个功能：①传感器数据的可视化和状态监视；②故障诊断。首先，设施管理人员能够直接从插件中检索传感器数据，使用开发的插件用户界面监视每个设备的状况，并跟踪 BIM 模型中实时数据的任何趋势以进行自动控制；其次，对于故障诊断，主要基于关键设备的异常事件，如冷水机组温度异常或机器异常振

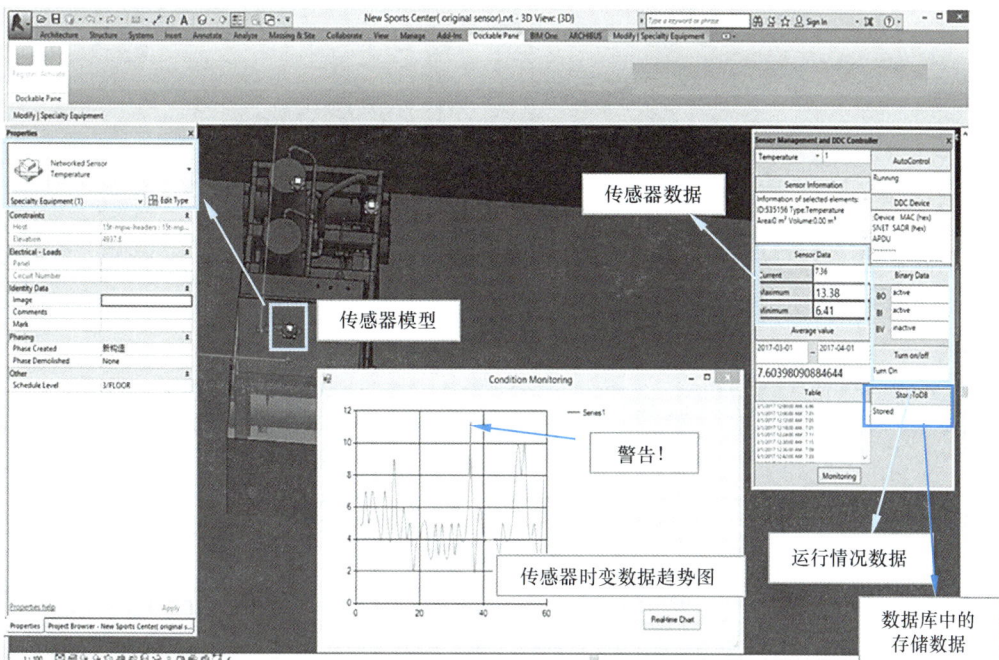

图 3-5　基于 BIM 的设施实时监控

动。预测性维护的基本原则是，如果设备的参数值达到一定的阈值，则应进行诊断以找出原因。在此插件中，如果传感器数据的值超过值，则会触发警报，从而激活预警机制。任何异常事件发生的时间和原因都需要记录在设施管理系统中，以用于进一步的评估和预测。

3. 设施状态数字化评估

数字化技术提高了基础设施信息化水平，可以基于人工智能的方法程序对收集到的大量数据进行分析，从而对设备的状态进行评估。评估的信息包括数据信息和图片信息。因此，人工智能算法可以分别用数据对设备的状态进行评估，以及用图片和视频对设备的状态进行评估。

（1）融合静态的基础设施设计信息与动态的传感器信息，然后用人工智能的方法来自动分析设备的性能。大量的传感器数据帮助提高设备性能在过去和现在的数据可见性，及未来数据的可预测性，图 3-6 是制冷系统冷水器的传感器数据。人们可以据此增加设备的可靠性，缩短维护时间，提高正常运行工作的时间比例。

（2）收集大量设备损耗图片，运用深度学习，用来训练算法模型，然后监测仪器所监测到的图片实时传递到已经训练好的模型中，实时计算设备和基础设施结构的损耗状态。

对于地下水管监测，人们可以使用地下管道监测机器人，前置摄像头可以记录地下管道的摄影录像，从获取的图像中分析不同的管道损伤状态，如腐蚀、断裂等。如图 3-7 所示的城市地下管廊的水管管道的不同损耗形态和状态的图片。

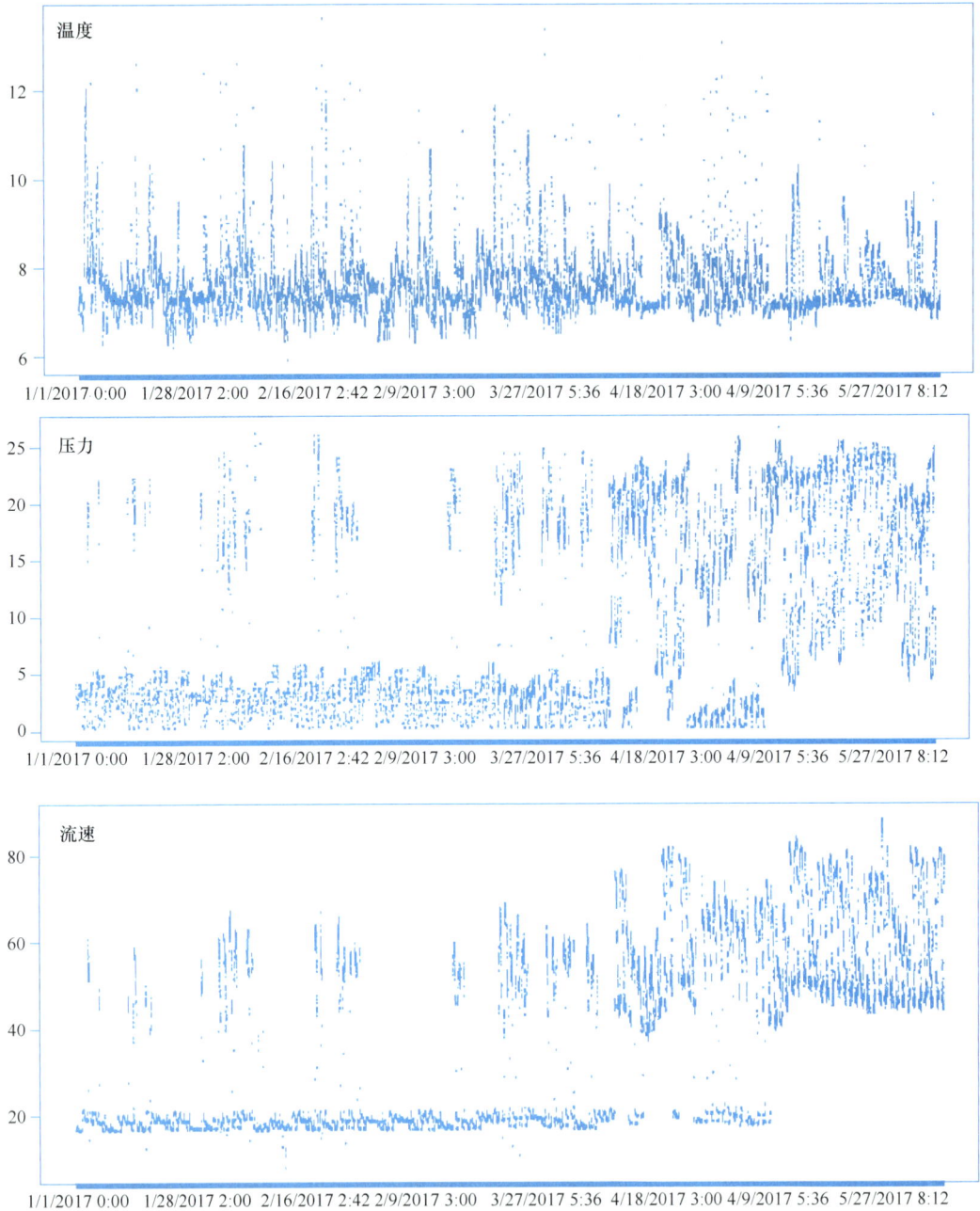

温度

1/1/2017 0:00   1/28/2017 2:00   2/16/2017 2:42 2/9/2017 3:00   3/27/2017 5:36   4/18/2017 3:00 4/9/2017 5:36   5/27/2017 8:12

压力

1/1/2017 0:00   1/28/2017 2:00   2/16/2017 2:42 2/9/2017 3:00   3/27/2017 5:36   4/18/2017 3:00 4/9/2017 5:36   5/27/2017 8:12

流速

1/1/2017 0:00   1/28/2017 2:00   2/16/2017 2:42 2/9/2017 3:00   3/27/2017 5:36   4/18/2017 3:00 4/9/2017 5:36   5/27/2017 8:12

图 3-6   传感器数据

在运维管理过程中，对设施状态的准确评估，可以让设施管理者提前做好维护计划。通过整合远程机器和设备的监控，并直接预测分析维护和服务的程序，人们可以根据主要的性能指标实时计算设备性能，基于遥测和工作数据进行趋势分析，应用一系列统计方法去关联生产工作的数，用统计学方法跟踪能耗曲线和支持健康预测。

基础设施的每个部件都有不同的退化曲线，典型部件的状态衰败劣化曲线如图 3-8 所示。随着时间的推移，设施构件和设备会逐渐老化，设备的状态指数也逐渐减小。同时，

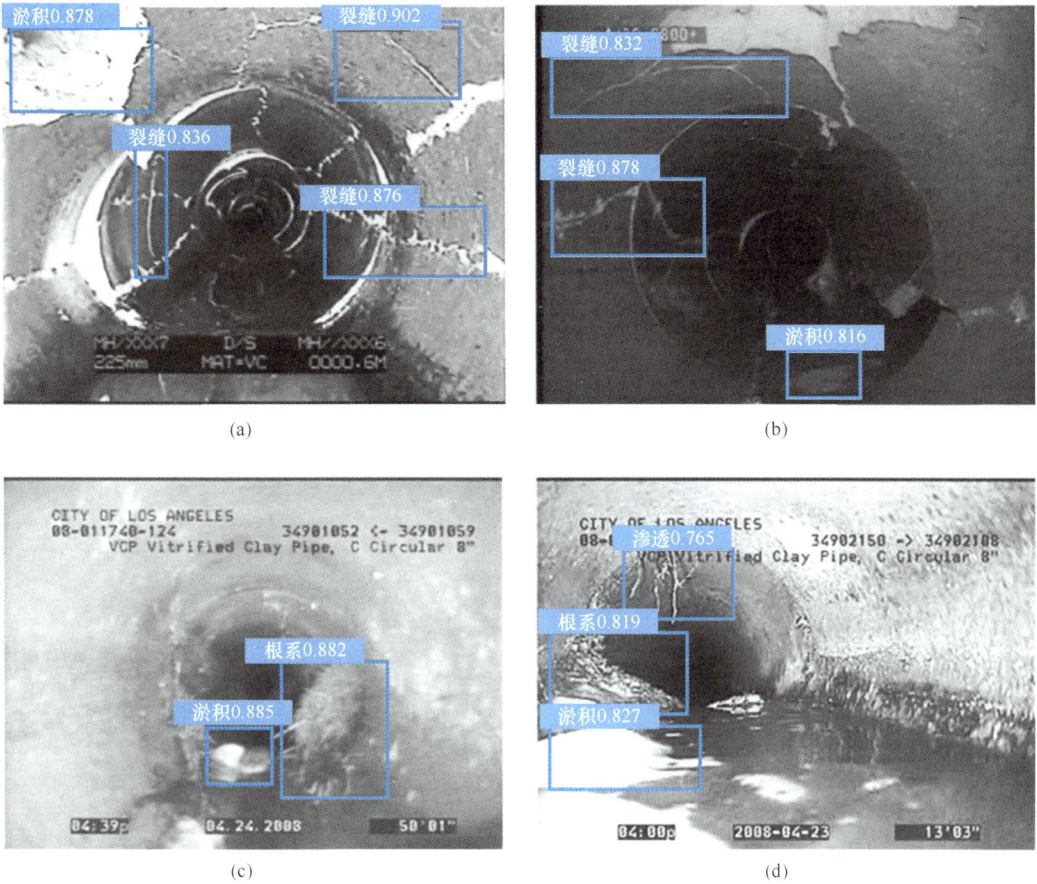

(a)　　　　　　　　　(b)

(c)　　　　　　　　　(d)

图 3-7　地下水管的损耗监测

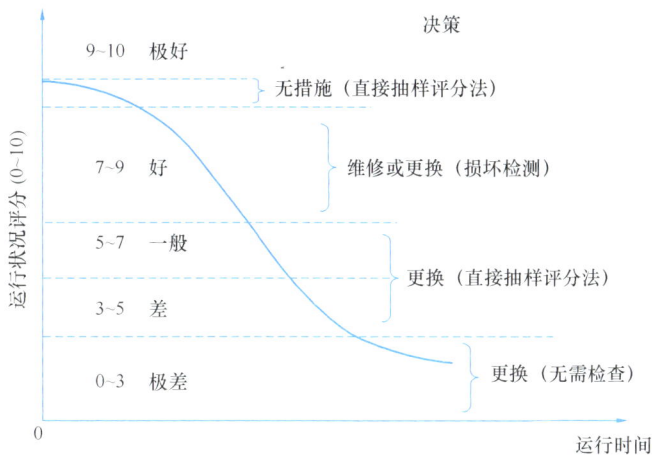

图 3-8　典型的基础设施的状态衰败曲线和相应的维护措施

设施管理人员可以根据不同的条件指标进行相应的修理或更换动作。例如，当设备状态值在 3～5 之间时，该设备已经恶化得很厉害，其部件需要维修技术人员尽快进行大量的维修。

许多研究都在于建立评估建筑构件性能的标准。然而，无论标准和细节程度如何，任何评估的结果都将在很大程度上取决于主观现场检查的准确性。现有系统必须由经验丰富的检查员根据特定标准对其资产进行检查。雇用这些检查员费用非常高，而且检查过程又非常耗时。为了量化建筑设施的状况，编者参照现有的设施条件评估指南总结了一套评估打分标准，具体见表3-3，可方便地用于检查和维护。建筑空气调节（HVAC）系统的条件规模，其相应的描述以及所需的维护措施如表3-3所示。在评估每个系统的状况后，检查人员给出了一个值，指出需要采取哪些维护措施。此外，在所提出的框架中，这些监测数据已被输入基于BIM的设计工具中，以直接分析在三维模型中存储的监测数据。"设施的状态数据"和"维护条件"等属性已作为附加对象属性添加到BIM模型中。

设施系统的状况评估打分 表 3-3

整体的状态	等级	描述	维护行为需要
9～10	优秀	① 没有缺陷 ② 作为新的状态和外观	定期每月检查新建筑，没有明显的缺陷或损坏。满足效率和能力目标，并保持整个设施的理想温度和空气质量
7～9	好	① 小缺陷 ② 表面磨损和撕裂 ③ 已出现一些恶化 ④ 不需要重点维护	需要进行小幅度的改进，可能会稍微过时，效率较低且一致。通常通过日常维护来解决没有功能影响的轻微恶化或缺陷
5～7	中等	① 平均条件 ② 明显的缺陷是显而易见的 ③ 磨损完成需要维护 ④ 服务是功能性的，但需要注意 ⑤ 存在延期维护工作	需要维修；存在一些恶化，并且维护需求是显著的。有了这些，该系统就满足了需求，仍在其使用寿命内
3～5	不好	① 严重恶化 ② 潜在的结构性问题 ③ 劣质外观 ④ 主要缺陷 ⑤ 组件经常失效	系统已超出其使用寿命：不符合标准或需求。组件至少需要大量修复。目前似乎没有任何安全问题
0～3	严重的	① 大楼失效 ② 不可操作 ③ 不可行 ④ 不适合人住或正常使用 ⑤ 存在环境、污染问题	系统已经过了它的使用寿命，并且存在影响功能的严重缺陷；其问题无法修复，需要进行详细的审查

其次，智能巡检机器人可以采用目前已经非常成熟的移动机器人技术，结合成熟的图像识别技术、传感器技术和无线通信技术等，对建筑进行定时巡检，识别、存储各种生产设备的位置、运行状态并作出初步处理，定时收集温度、湿度、洁净度和气流速度

等机房环境数据，用于分析建筑环境情况，以及统计机柜使用率等指标，形成设备、机房整体运行状态综合评价，为数据中心运维提供及时有效的数据，实现机房的无人化和智能化。

4. 基于智能算法的预测性维护

预测性维护三部曲分别是确定维护需要的数据，确定维护需要的算法，设计出预测性维护的流程。图 3-9 展示的是设计预测性维护的程序，包括：①获取所需要的数据；②确定预测性算法；③训练所需要的预测模型；④用训练后的模型进行预测。

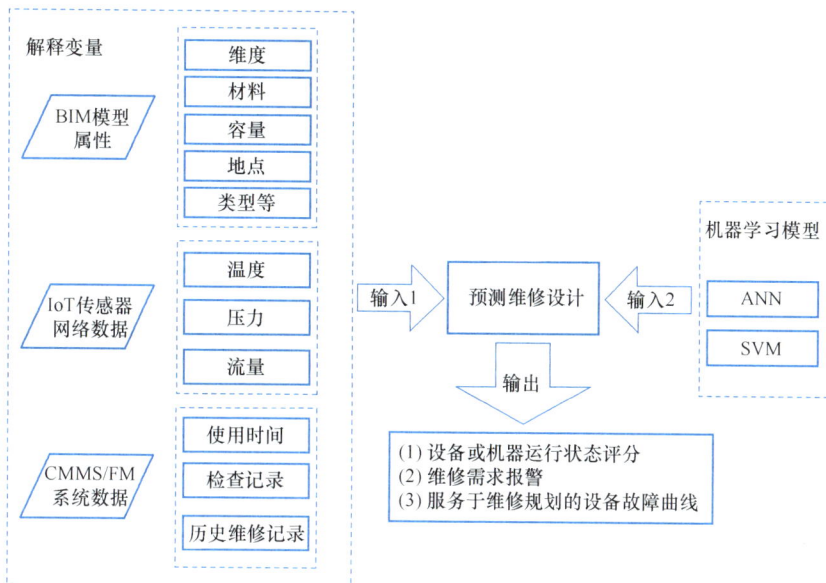

图 3-9　典型的预测性维护算法设计流程

（1）预测性维护所需的数据。收集大量的设备历史记录，包括设施的基本属性信息：尺寸、材料、位置、类型、容量等；传感器数据，包括温度、湿度和压力等，如图 3-10 所示。同时，BIM 模型还可以展示传感器的实时数据。这些传感器数据被存储在状态数据库中，图 3-10 展示的是长时间的传感器数据，包括温度、压力和流速。

设备的历史性维护数据，包括使用年限、维护记录和维护次数等。这些信息可以作为预测模型的输入，且通常是存储在 CMMS 或者 CAFM 系统中的，可以随时调出记录用于预测性维护。

（2）确定预测性的算法。根据需要预测的设施和常用的基本预测算法，选择出适合的预测性算法，例如人工神经网络算法、支持向量机算法等。对于房屋的机电设施的预测性维护，通常可以采用人工神经网络、支持向量机、马尔科夫链等算法。对于房屋建筑地下管道的预测性维护，由于需要对图片进行识别和分析，目前常见的深度学习算法是卷积神经网络算法，卷积神经网络是人工神经网络的一种，已成为当前语音分析和图像识别领域的研究热点。它的权值共享网络结构使之更类似于生物神经网络，降低了网络模型的复杂度，减少了权值的数量。该优点在网络的输入是多维图像时表现得更为明显，使图像可以直接作为网络的输入避免了传统识别算法中复杂的特征提取和数据重建过程。

（3）训练预测性的模型。预测性维护的算法流程如图 3-11 所示。对于所选择的预测

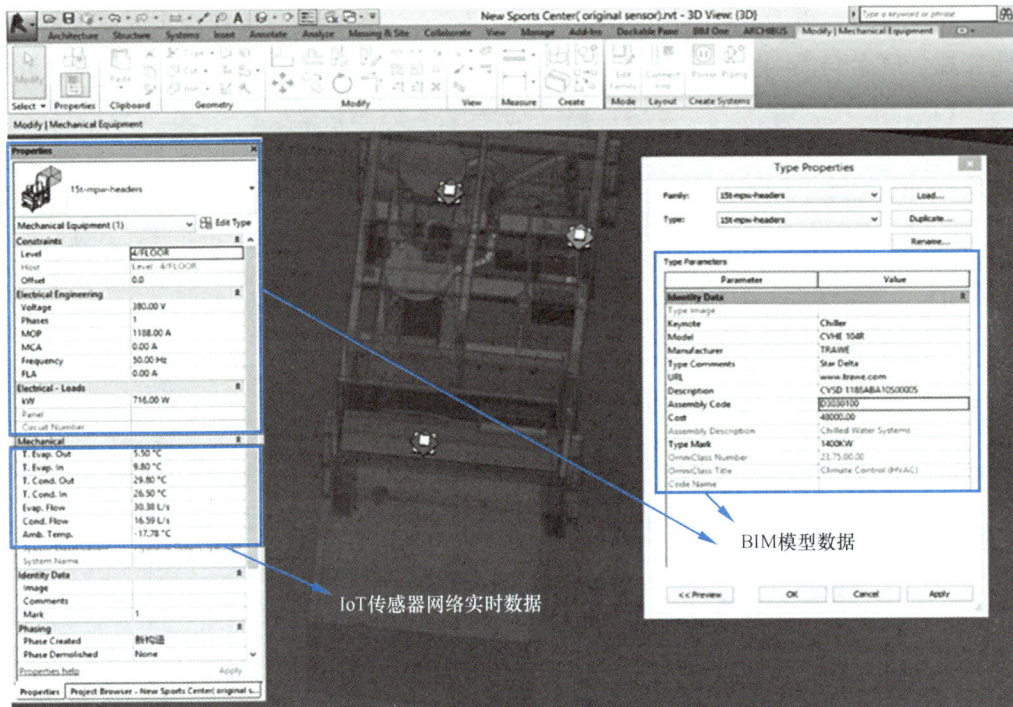

图 3-10   API 实时地展示出传感器数据和来自 BIM 模型的数据

性算法，需要用收集到的传感器数据、设施基本数据和历史维护数据对模型进行训练，获得合适的预测模型。这个过程包含如下几个步骤：①机器学习算法的选择；②训练模型；③交叉验证模型；④模型测试；⑤模型预测；⑥比较预测的结果和真实的结果。

（4）预测得到结果。预测性维护算法得出的结果是：①建筑设备和机械的状态得分；②告知设施管理者需要采取的维护活动；③为维护计划提供设备状态递减曲线。

基于上述预测性算法得到的设施状态，可以制订下一步的维护计划。图 3-12 显示了执行预测性维护操作时典型建筑组件的状况。在监视系统中设置触发器以指示进行预测动作的时间（T_1）。换言之，当传感器数据超过根据历史状况数据和历史维护记录确定的阈值限制时，触发器将被激活，并且 FM 管理者将使用提议的预测性决策管理框架来基于故障预测未来状况曲线。预测模块的结果包括未来状况，即将到来的故障时间（T_2）和剩余服务时间（T_2-T_1）。根据故障时间 Z，维护时间 T_3（$T_3 < T_2$）是根据建筑设施的未来状况决定的。在传统运维中，维护计划基于维护请求和维护工单，而在此框架中，是根据建筑设施的预测条件动态调整维护计划。

相对应地，当预测的状态落在不同的状态区间内，所采用的预测措施也是不一样的。当状态指数是 9~10，基本上不需要采用维护措施；当状态指数在区间 7~9 的时候，设施管理者需要采取维修或者替换小的零部件；当设施的状态在 5~7 的区间内，表明设施处在一个不好的状态，需要仔细检查，并且采取替换的维修策略；当设施的状态指标值低于 3 的时候，表明设施已经不能继续工作，需要完全替换成新的设施来继续工作。

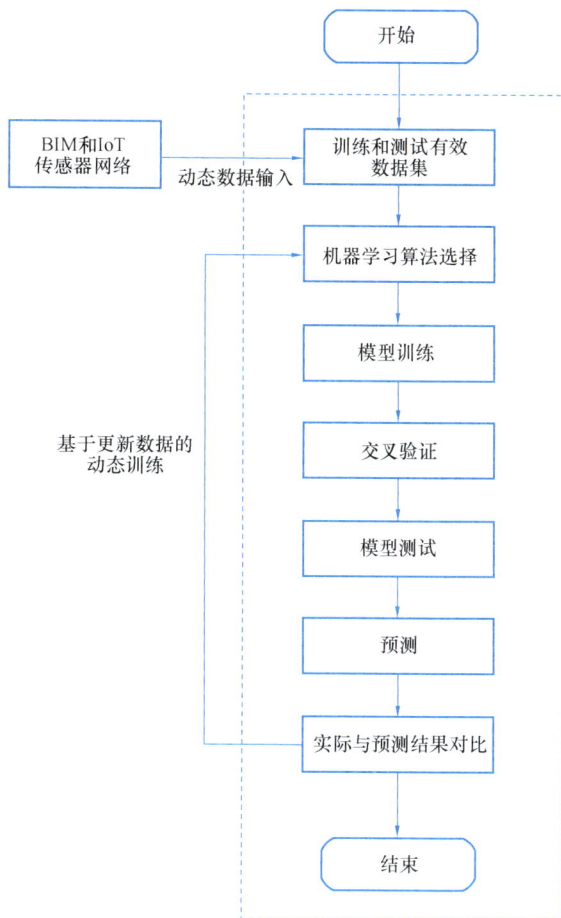

图 3-11 预测性维护的算法流程

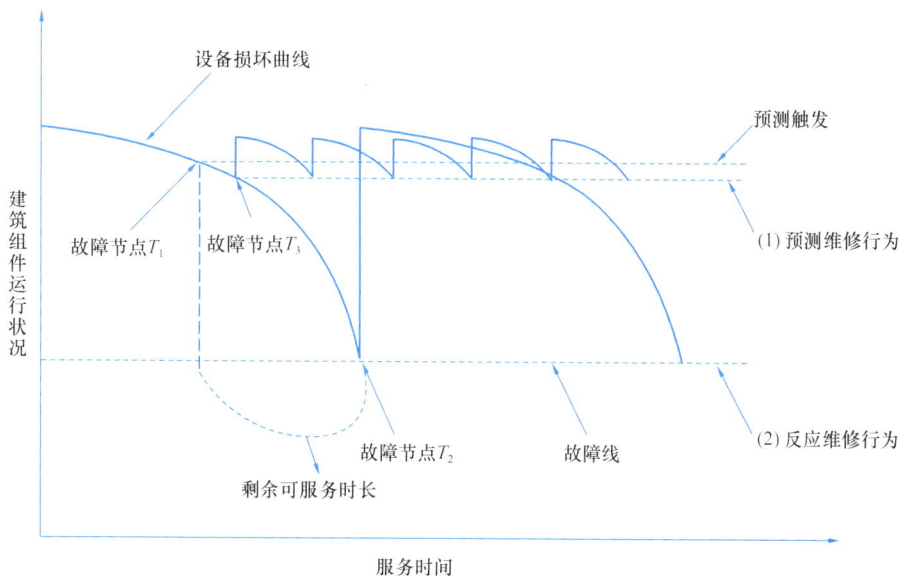

图 3-12 建筑设施的剩余寿命期和对应的维护状态

3.3 运维作业机器人

中国基础设施建设取得了历史性成就。基础设施水平提升迅猛，助力了社会经济发展。面对庞大的基础设施维护挑战，智能化运营维护成为新趋势。以运维作业机器人为重要装备的基础设施智能化运维技术不仅能够提高劳动生产率、应对劳动力供给等问题，同时有助于基础设施的运维环节走上工业化、信息化、智能化的道路，在高性能、集约化、可持续性发展方面形成有力的抓手与支撑。

运维作业机器人是一种多自由度、高精度、高效率的智能化数字化作业工具。它超越了传统人工的运维极限，能够高效地完成结构化运维任务，并具备进入人难以达到的极端环境的能力，从而实现少人甚至无人的复杂基础设施非结构化运维任务，保障运维人员安全，提升运维效率。以上特点使得使用运维作业机器人开展基础设施运维逐渐成为实现基础设施运维绿色、高效与定制化发展的重要方式。本节将对运维作业机器人技术以及在基础设施运维方面的应用展开介绍。

3.3.1 运维作业机器人组成及其特征

1. 运维作业机器人组成

运维作业机器人系统通过三大功能模块中的六个子系统实现其既定功能，如图 3-13 所示。三大功能模块是传感模块、机械模块、控制模块，每个功能模块可以进一步细分为六个子系统：机械模块——驱动系统、机械系统，传感模块——感知系统、环境交互系统，控制模块——控制系统和人机交互系统。

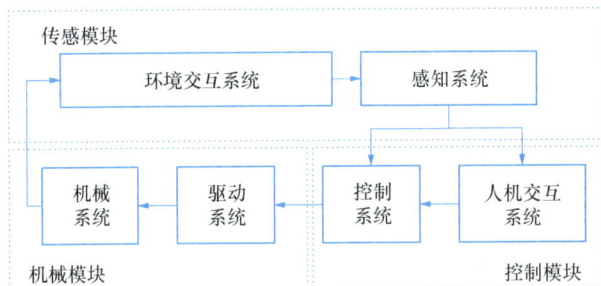

图 3-13　智能化运维作业机器人组成

（图片来源：根据《机器人技术基础》① 作者自绘）

（1）机械模块

机械模块是机器人的本体结构与各项功能的载体，同时是控制模块的主要控制对象，其可以分为机械系统与驱动系统。

1）机械系统：机械系统可视作机器人的主体框架及执行机构，由一系列框架、连杆、关节或其他运动副组成。以工业机器人或搭载机械臂的移动机器人为例，其主要的机械结

---

① 黄俊杰，张元良，闫勇刚. 机器人技术基础［M］. 武汉：华中科技大学出版社，2018.

构包括手部、臂部、腕部、底座等部件，各组件都具有一定自由度，从而构成一个多自由度的机械系统。

2）驱动系统：驱动系统即为机械结构每个自由度的动力来源。根据驱动方式的不同，目前运维作业机器人主要通过电力、液压及气动三种模式驱动。驱动系统能够直接与机械系统相连，也可以通过链条、齿轮等传动部件与机械系统连接。

（2）控制模块

控制模块的作用是计算机器人在当前指令或规则下的运动姿态，并将相应信号传输给驱动系统，是机器人的核心中枢结构。目前机械控制分为人工控制及自动控制，主要通过两个子系统实现机器人控制。

1）控制系统：在符合被控对象特性的基础上，控制系统能够根据机器人的作业程序、传感器感知的信号对驱动系统的输出力矩进行控制，使机器人主体产生控制者期望的行为。现代机器人的控制系统多采用分布式控制，由一台上位机负责机器人各自由度轨迹、速度等运动状态的计算任务，机器人上搭载多个驱动器，每个驱动负责一个自由度的控制，并行地完成整体机器人的运动控制。控制系统可按照控制条件如下划分：

①按照输出、输入间是否存在信息反馈系统分为：开环控制、闭环控制；

②按照期望控制量分为：位置控制（包括轨迹、速度、加速度）、力控制（包括直接力、阻抗力）、力-位混合控制；

③按照控制方式分为：比例-微分-积分控制、模型预测控制、模糊控制、神经网络控制、强化学习控制以及其他控制方式。

2）人机交互系统：人机交互系统是机器人操作人员与机器人间的通信方式，能够使操作人员参与机器人的控制环节。该系统主要具备指令给定功能与信息显示功能，能够支持操作人员对机器人下达控制指令，并了解机器人受控前后运行状态。

（3）传感模块

传感模块是机器人感知外部环境及自身运行状态的重要部分，能够收集机器人作业过程中的相关信息，为操作人员提供控制决策支持。传感模块主要可分为两个子系统。

1）感知系统：感知系统由内部传感器模块和外部传感器模块组成，用以获得内部和外部环境状态中有意义的信息。外部传感器主要用于监测机器人所处环境及状况，比如温度传感器、压力传感器等；内部传感器主要是用来监测机器人本身状态，如惯性角传感器、加速度传感器等。传感器能够提供比人为判断更精确的环境及状态感知，提高了机器人作业过程的准确性、适应性及智能化水平。

2）环境交互系统：该系统是实现机器人与外部环境中的设备之间相互联系和协调的系统。工业机器人与外部设备可集成为一个功能单元如加工制造单元、装配单元、焊接单元等，多台机器人、多台机床或设备和多个零件存储装置等也可以集成为一个执行复杂任务的功能单元。

2. 运维作业机器人特征与挑战

基础设施运营维护的复杂程度远远高于制造业的流水线作业，这种复杂性源于作业环境与作业内容两个方面。因而运维作业机器人所要面临的问题也比工业机器人要复杂得多，同时也具有其独有的特征。

首先，运维作业机器人需要具备较大的承载能力和移动能力。针对部分运维作业，运维作业机器人需要搭载附属机构或设备执行相应运维任务，如箱涵清淤机器人需搭载破碎刀头或大口径排污管，对机器人的承载能力提出了较高要求。在运维作业，特别是全、半封闭环境作业过程中，鲜有辅助机械或设备能够与运维作业机器人协同工作，这种承载能力只能靠机器人自身结构设计承担。同时，高承载力也要求机器人配备强大的动力系统。运维作业机器人的作业范围通常是面域，而工业机器人则更长在点或线上完成作业。因此运维作业机器人需具有移动能力以满足大范围运维作业的需求。最常见的运维作业机器人行走机构是轮式、履带式跟足式，此外还有导轨式、磁吸式、螺旋推进器等特殊类型，其行走机构需根据其运维作业的特点与环境工况进行选型。

其次，运维作业机器人作业的工况（即基础设施内外及其周边环境）远比结构化的工厂环境复杂。在非结构化甚至极端环境的作业中，运维作业机器人需具有较高的智能性、稳定性以及广泛的适应性。机器人的智能性表现在环境感知能力、信息处理能力及自主决策能力。以管廊巡检机器人为例，最关键的是弱 GPS 信号、复杂地形条件下机器人的自主定位与导航能力，还需要通过闭路电视（Closed Circuit Television Video，CCTV）或侧扫声呐捕获管廊结构健康状态，并通过算法识别结构损伤、缺陷并上传至系统存档。提高智能性、稳定性及适应性的关键技术是传感器及人工智能算法。传感器系统要适应非结构化环境，也需要考虑高温、灰尘、深水、极度振动等恶劣环境条件对传感器精度、响应度的影响；人工智能算法应能在噪声数据下具有良好的精度、鲁棒性与泛化性能，保证运维作业机器人作业过程的稳定性与作业结果的有效性。

此外，安全性是运维作业机器人需要面临的重大挑战。在大型建筑尤其是高层建筑运维中，运维作业机器人的坠落、失稳或与建筑物任何可能的碰撞、接触都可能造成灾难性的后果，因此需要更加完备的作业状态实时监测与预警系统。事实上，运维作业过程可能涉及的问题通过脑中构想或实地调研并不能在系统设计中被完全考虑。对于同样场景的作业任务，可能在不同场地下作业会出现不同的问题。因此出于对安全的考虑，现阶段运维作业机器人往往需要采用人机协作的模式来完成运维作业任务，其自主性尚未得到充分的证明与运用。

最后，环境的复杂性进一步增加了运维作业机器人编程的挑战。工业机器人流水线通常采用示教编程的方式，一次编程完成后机器人便可进行重复作业。这种模式显然不适用于有突发状况、工况复杂的运维作业过程。运维作业机器人编程以离线编程（Off-line Programming）为基础，需要与高度智能化的现场建立实时连接以及实时反馈，以适应复杂的现场环境。

3. 运维作业机器人工作原理

（1）从运维作业到机器人作业状态

运维作业机器人进行运维作业的根本是操作人员给予相应的控制指令，因此需要根据运维作业的特点将作业任务转化为机器人的作业状态。这个过程不仅包含了运维任务的空间特点，比如机器人的出发点、运维任务的规划路径等；还包含了运维作业的时间进度和运维顺序等多个参数，比如不同作业项目的先后顺序等。针对不同类型的运维任务，机器人运行路径、执行机构作业类型等信息会依据运维作业的特点被转化为相应的机器人运动状态，如速度、执行末端各自由度姿态等。自动控制的运维作业机器人一般采用离线编程的方式进行机器人运动及顺序的设定或程式编写以实现运维作业特点到机器人运动路径的转换。对于检测、巡检等主要依靠传感模块（声呐等）的运维任务，程序主要关注机器人的运动状态，保证机器人的运行轨迹等能够保证覆盖设定的检查范围；对于修复等主要依靠机械模块（执行末端）的运维任务，程序不仅要考虑机器人的工作流程，如何实现执行末端的有效控制也是一项关键问题。

（2）从机器人作业状态到运维作业

尽管运维作业机器人的作业目的不同，但本质上其工作流程都可以分为三个步骤：接受指令、处理指令和反馈指令。这三个步骤的实现依赖机器人的三大功能模块，分别对应传感模块、控制模块和机械模块。

在运维作业过程中，传感模块的内部、外部传感器均需要接收相应信号并传递给控制模块。内部传感器负责感应机器人的运行状态及来自机器人内部的信号。例如，惯性测量单元能够测量机器人当前位姿的惯性角与惯性加速度，霍尔编码器能够测量驱动电机的转速。这些信息将被传递至控制模块，使操作人员（手动控制）或机器人下位机（自动控制）能够明确机器人当前状态并计算与下一时间预设状态的差距，从而进行控制调整；外部传感器负责感应机器人运行环境的相关信息，常见的环境感应包括温度、湿度、压力传感器及视觉系统等。这些外部传感器有助于机器人感知环境变化或执行机构的作业状态，并进行实时调整。

控制模块主要是处理传感所有接收到的信号，然后依据预设程序针对不同的信号发出不同的指令，进而控制机械模块的运行。依据机器人预计实现的运维功能，机器人的控制模块可设计为不同的复杂度。机器人执行机构的简单驱动器可以是几个继电器组成的开关装置，而复杂的驱动器一般为类似微型电脑的单片机。

机械结构依据接收的信号来产生机体或执行机构的具体动作。目前主流的运维作业机器人是依赖声呐或闭路电视的巡检或检测机器人，通过执行机构实现"硬作业"的运维作业机器人的研发较少。因此，机器人执行机构技术的设计与开发也是智能化运维作业机器人的核心技术之一。丰富的执行机构及其配套的控制逻辑能够极大提高运维作业机器人的作业范围，有效降低日常环境重复运维工作的人工成本，取代某些极端环境的运维任务人工作业。

3.3.2 运维作业机器人共性技术

1. 机器人控制技术

（1）控制系统

尽管机器人控制系统没有统一的开放标准，但其控制方式却拥有广泛认可的框架体系。机器人的控制系统从智能化程度上来看分为三个类型，从低到高分别为程序控制系统、自适应控制系统和人工智能系统。

1）程序控制系统：给机器人的每一个自由度施加一定规律的控制作用，机器人就可以实现预设的运动轨迹。在程序控制系统作用下，机器人严格按照预设程序来工作，智能化程度最低。

2）自适应控制系统：自适应控制系统是指当外界条件变化时，为保证所需的运动品质，或者为了使机器人随着经验的积累而自行调节控制品质，机器人控制系统的结构和参数能随时间和条件自动改变。自适应控制系统一般基于对机器人的状态和伺服误差的观察，调整非线性模型的参数，一直到误差近似消失为止。

3）人工智能系统：事先无法对机器人运动进行编程，而是在运动过程中根据机器人所获得外部和内部状态信息，实时确定应该施加的控制作用。

由于基础设施运维任务的复杂性和不确定性，运维作业机器人的控制系统搭建需求上会更加复杂，需要在工业机器人控制系统基本类型的基础上，根据实际需求进行研发。

（2）控制器

常用的机器人工业控制方法是比例-积分-微分控制（Proportional-Integral-Derivative Control，PID），或比例-积分（PI）、比例-微分（PD）控制。PID控制器各校正环节的作用分别是：

1）比例环节：即时成比例地反映控制系统的偏差信号 $e(t)$，偏差一旦产生，控制器立即产生控制作用以减小误差。当偏差 $e=0$ 时，控制作用也为 0。因此，比例控制是基于偏差进行调节的，即有差调节。比例环节的控制参数为比例增益 k_p。

2）积分环节：能对误差进行记忆，主要用于消除静差，提高系统的无差度，积分作用的强弱取决于积分时间常数 T_i，T_i 越大，积分作用越弱，反之则越强。

3）微分环节：能反映偏差信号的变化趋势（变化速率），并能在偏差信号值变得太大之前，在系统中引入一个有效的早期修正信号，从而加快系统的动作速度，减少调节时间。微分环节的控制参数为微分时间常数 T_D。

由此，连续控制系统的理论 PID 输出信号 $u(t)$ 及其传递函数形式 $G(s)$ 符合公式（3-1）所示的控制律。从时间的角度讲，比例作用是针对系统当前误差 $e(t)$ 进行控制，强度由比例系数 k_p 决定；积分作用则针对系统误差的历史，强度由积分系数 k_i（$k_i=\frac{k_p}{T_i}$，T_i 为积分时间）决定；而微分作用则反映了系统误差的变化趋势，强度由微分系数 k_d（$k_d=k_p\times T_d$，T_d 为微分时间）决定，这三者的组合是"过去、现在、未来"的完美结合。在实际的操作中，因为模拟信号无法被数字电路处理与输出，常采用脉冲宽度调制（Pulse Width Modulation，PWM）的方式进行 PID 控制。

$$\begin{cases} u(t)=k_p\left[e(t)+\frac{1}{T_i}\int_0^t e(t)\mathrm{d}t+T_d\frac{\mathrm{d}e(t)}{\mathrm{d}t}\right] \\ G(s)=k_p(1+\frac{1}{T_i s}+T_d s) \end{cases} \tag{3-1}$$

PID 控制等方法对控制器的运算性能有着较高的要求，因此计算机辅助计算设备及嵌入式控制设备不断发展，以实现更复杂的机器人模型及控制方法。单片机，全称单片微型计算机（Single-Chip Microcomputer）。它是在机器人建造领域及运维领域最为常用的控制器之一，是把中央处理器、存储器、定时/计数器、各种输入输出接口等都集成在一块集成电路芯片上的微型计算机。其作用是接收感应器收到的电信号，然后在单片机内嵌的程序中进行处理，再通过输出端口发出电子信号控制执行器。常见的单片机有 Raspberry Pi（树莓派）及 Arduino。

随着控制理论的发展，学术界提出了许多结构复杂、响应快速、鲁棒性高的控制器。哈尔滨工业大学吴立刚教授团队提出了一种补偿机械摩擦等机器人不确定性的控制方法，该方法设计了基于李雅普诺夫函数的深度强化学习控制律，给出了机器人的标称模型和基本控制定律；华中科技大学丁汉教授团队提出了基于模型的 Actor-critic 学习算法和安全学习策略用于人机交互技能学习，能够在不知道系统和环境参数的情况下自动学习机器人的最佳阻抗系数；中国科学院乔红教授针对具有速度约束和非完整约束的不确定轮式移动机器人提出了一种自适应神经网络控制方案，使用自适应神经网络来近似未知的机器人动力学，并使用势垒李雅普诺夫函数来保证对速度的约束。这些控制器已经在机器人实验室控制试验中取得了良好的控制效果，具有应用于工业界机器人控制的巨大潜力。

（3）控制编程方式

运维作业机器人编程方式主要包括三种类型：示教编程、离线编程和自主编程。

1）示教编程技术：是由操作人员通过示教器控制机器人执行机构到达指定的姿态和位置，记录机器人位姿数据并编写机器人运动指令，完成机器人在正常运行中的路径规划。示教编程技术属于一种在线编程技术，具有操作简便、直观的优势。示教编程一般可以采用现场编程式和遥感式两种类型。在实际作业过程中，由于机器人实际位置与预设位置难以保证完全一致，因而单纯依靠示教编程无法保证精度，通常还需要增加视觉传感器等对示教路径进行纠偏和校正。但在一些极端环境中，机器人操作人员无法进行示教编程，应采用其他两种编程方式。

2）离线编程技术：是借助计算机离线编程软件，模拟现实工作环境，在虚拟环境中设计与模拟机器人运动轨迹，并根据机器碰撞诊断、限位等情况调整轨迹．最后自动生成机器人程序。与示教编程相比，离线编程在精度和处理复杂任务的能力方面优势显著，在基本的编程操作外．还可以使用编程工具的高级功能对复杂任务进行路径优化。同时离线编程便于与计算机辅助设计与计算机辅助建造（Computer Aided Design/Computer Aided Manufacturing，CAD/CAM）系统结合．有助于实现从计算设计到机器人建造的一体化。

3）自主编程技术：是指由计算机主动控制机器人运动路径的编程技术。随着机器视觉技术的发展，各种跟踪测量传感技术日益成熟，为以工件测量信息为反馈编程方法奠定了基础。根据采用的机器视觉方式的不同，目前自主编程技术可以划分为三种类型——基于结构光的自主编程、基于双目视觉的自主编程以及基于多传感器信息融合的自主编程。基于结构光的自主编程技术的原理是将结构光传感器安装在机器人末端，利用目标跟踪技术逐点测量待加工位置的坐标、建立起轨迹的数据库，作为机器人运动的路径；基于双目视觉的自主编程技术的主要原理是利用视觉传感器自动识别并跟踪、采集加工对象的图像，由计算机自动计算出待加工对象的空间信息．并按工艺特征自动生成机器人的路径和位姿；基于多传感器信息融合的自主编程技术将不同传感器搜集的各类信息进行综合，共同生成高精度的机器人路径。传感器可以包括力控制器、视觉传感器以及位移传感器，集成位移、力、视觉信息。

2. 机器人定位技术

机器人依靠内部传感器与外部传感器感知自身姿态与环境状况，通过定位方法实现空间定位。移动机器人定位技术可以分为绝对定位、相对定位和组合定位。

（1）绝对定位：常用的绝对定位方法包括标识定位（Landmarks）、全球定位系统（Global Positioning System，GPS）等。标识定位分为自然标识定位和人工标识定位，后者应用较为广泛，利用人为设置的、具有明显特征的、能被机器人传感器识别的特殊物体（如激光反射板、二维码等）为机器人建立坐标参考点，机器人通过识别标识构建自身与标识的几何关系，从而实现定位。GPS定位是一种以人造地球卫星为基础的高精度无线电导航的定位系统，能够为机器人准确提供其地理位置及速度信息。其缺点在于GPS信号易受环境条件干扰，导致无法在所有工况下适用。比如在隧道、室内环境，卫星信号由于建筑阻挡、反射大幅衰减，定位精度误差较大。

（2）相对定位：相对定位包括惯性导航（Inertial Navigation）和测程法（Odometry）两种主要类型。惯性导航通常使用惯性测量单元（Inertial Measurement Unit，IMU）、陀螺仪（Gyro）等传感器进行定位，但惯性导航的测量精度及鲁棒性较低。测程法定位是指利用编码器测量轮子位移增量推算机器人的位置。机器人定位过程中，需要利用外界的传感器信息补偿测程法的误差。基于编码器和外界传感器（例如声呐、激光测距仪、视觉系统等）的信息，利用多传感器信息融合算法进行机器人定位。例如，中国科学技术大学秦家虎教授团队制出了一种基于特征的新型立体相机视觉惯性里程计，充分利用了前端和后端的视觉和惯性信息以实现更准确的姿态估计。

相对定位方法的优点在于能够依据运动学模型自我推测机器人的航迹，但这种方法不可避免地存在随时间、距离增加而增加的累积航迹误差；绝对定位方法往往对环境条件要求高，地图匹配等技术处理速度较慢。针对相对定位和绝对定位方法的不足，将相对定位与绝对定位相结合，例如基于航迹推测与绝对信息矫正的组合，能够相互补足，有效提高定位精度和稳定性。

（3）组合定位：在信息不足的未知环境中，移动机器人的定位需要借助并发定位与环境建图（Simultaneous Localization and Mapping，SLAM）。在未知环境中，移动机器人本身位置不确定，需要借助于所装载的传感器不断探测环境来获取有效信息，据此构建环境地图，然后机器人可以使用该增量式环境地图实现本身定位。在这种情况下，移动机器人的定位与环境建图是密切关联的——机器人定位需要以环境地图为基础，环境地图的准确性又依赖于机器人的定位精度，这种方法实质上就是SLAM。SLAM自1987年被首次提出后就得到了广泛关注，直至今日仍是移动机器人定位领域的一个研究热点。许多学者致力于SLAM的实际应用或方法改进，苏州大学孙立宁教授团队提出了一种基于狄利克雷过程聚类方法的数据关联方法以减小单目相机SLAM中的定位漂移；浙江大学杨灿军教授团队基于无迹卡尔曼滤波改进了重要性抽样方法以提高FastSLAM的性能。

3. 机器人移动技术

运动机构是机器人移动技术的核心执行部件。运动机构不仅需要承载执行机构，同时需要根据工作需求带动机器人在更广泛的空间中运动。在建筑领域，根据运维任务的需要，逐渐涌现出一系列相应的机器人移动技术，这些技术可以划分为两种不同的类型：一种是轨道式机器人，即以不同类型的导轨为引导；另一种则是移动平台式机器人，主要包括轮式和履带式移动机器人。不同的机器人移动技术对于满足不同的运维任务的需求具有重要作用。

（1）轨道式：轨道移动技术中，机器人需要由轨道引导，决定了机器人只能沿着固定轨迹移动。同时轨道的铺设需要良好的基础条件，无法适应崎岖路面及高约束条件空间。因而，轨道式移动技术比较适应于隧道、管廊等线性结构的巡检机器人，而对于区域性基础设施的运维任务则需要无固定轨迹限制的机器人移动技术来完成。

（2）移动平台式：相对而言，移动平台式移动技术具备良好的越障功能，可以完成各类复杂地形环境下的运维任务。移动机器人的行走结构形式主要有轮式移动结构、履带式移动结构，针对不同的环境条件选择适当的行走结构能够有效提高机器人效率和精度。

工程实践中的轮式移动装置主要是四轮结构，四轮移动装置与汽车类似，可以在平整路面上快速移动，稳定性较两轮和三轮结构有显著优势。一般情况下，轮式行走装置不能进行爬楼梯等跨越高度的工作。但随着全向移动车的出现，四轮平台可以在平面上实现前后、左右以及自转三个自由度的运动，比一般汽车增加了横向移动能力，从而被称为全向移动式。这种全向移动的建筑机器人机动性高，极其适合在空间狭小的场合应用。但轮式移动技术的越障能力有限，较适用于结构环境条件下，如铺好的道路上。

履带式移动平台又称为无限轨道式，通过将环状的轨道包装在数个车轮的外围，使车轮在环形的无限轨道上行走，不直接与地面发生接触。通过履带作为缓冲，这种移动平台可以在崎岖不平的地面上行走，与地面接触表面积大，从而降低了接地压强，即使在松软、泥泞的环境中也可以防止下陷，表现出较好的移动性能。同时，由于履带上具有履齿，不仅可以防止打滑，而且可以产生强大的牵引力。履带式移动平台具备强大的越野能力，在建筑现场可以进行爬坡、越沟、机动性明显优于轮式平台。但是履带式也有自身的劣势，比如无法进行横向移动，机动性略显不足，结构复杂且重量大。

根据履带结构的不同，履带式移动机器人大致可分为单节双履带式、双节四履带式、多节多履带式、多节轮履复合式以及自重构式移动机器人等，其中单节双履带式机器人是最常见的移动机器人类型。

4. 关键技术要点

（1）机动性和操作性

机动性（mobility）和操作性（manipulation）用于衡量机器人实现所要求的运动功能和作业的能力，涉及执行末端的可达性、奇异性，移动的稳定性、视觉伺服、多传感器集成、信息融合和环境场景建立的稳定性等，内容十分广泛。机动性和操作性使机器人可实现在非结构环境下的自律运动，具备在突变环境下的随机应变的运动能力，例如：移动机器人的爬坡、越障、涉水、转弯的能力；步行机器人的奔跑、跳跃、避障能力；飞行机器人的翻转、起降、对接能力等。机动性是衡量机器人运动功能的重要指标，不仅与机器人的机械系统和控制系统有关，而且与机器人的感知系统有关，与机械结构的自由度、构型、尺度，以及材料的刚度、柔性和软体等也有关。

机器人机动性和操作性有关的研究问题可包括运动物体非完整约束动力学建模和控制问题，运动物体轻量化问题，耗能最少的控制问题，加速性能提升、灵巧性增加的最优控制问题等。精确的系统模型、多维操纵控制、敏捷多维感知等是提高运维作业机器人的机动性的重要因素。针对此类问题，华中科技大学骆汉宾教授团队提出了排水管网运维作业机器人的运行稳定性分析方法与控制策略，依据机器人与管道的位置、几何关系标定机器人运行状态并分析各状态下运行稳定性，随后基于机器人运动学/动力学设计了PID控制器与相应控制策略，实现了机器人可操作性与稳定性的自适应提升（图3-14）。

（2）自主智能

著名机器人和人工智能专家 Michael Brady 教授所编的《Robotics Science》一书中总结了机器人发展的关键方向，包括传感器、视觉、设计、机动性、控制、典型操作、推理、集合推理、系统集成九方面，这些功能最终的目的是实现机器人的自主智能，包括机

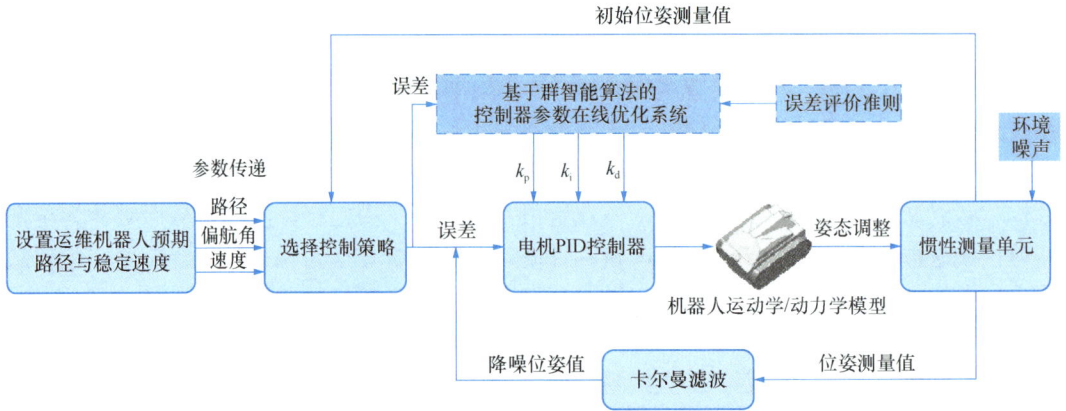

图 3-14　智能化运维作业机器人控制策略

(图片来源：华中科技大学国家数字建造技术创新中心)

器人的感知、分析及自主控制决策。

目前机器人在非结构化环境的自主智能是亟待解决的问题，以极大值原理、动态规划和卡尔曼滤波等理论为代表的现代控制理论在非结构化环境下的应用仍存在诸多问题，关键原因之一就是环境和对象存在不确定性、随机性、模糊性和各种非线性因素，开发高效、高精度的视觉感知、信息融合、移动通信、非结构化环境的实时建模技术是解决研发瓶颈的关键因素，这也是运维作业机器人能够在复杂、极端条件下辅助人甚至代替人作业的核心技术。随着通用人工智能的开发与发展，机器人自主智能能力有望迎来突破。

（3）人机交互与人机共融

机器人的发展使得机器人存在形式和工作方式在悄然发生改变。机器人正从隔离的与人不接触的工作空间，逐步融入于与人、机器亲密接触的生产和生活环境之中；从预编程的非自主运动形式，向人-机自然交互下的智能自主运动方向发展。使用和被使用、替代与被替代的传统人-机关系将逐步转变为智能融合、行为协调和任务合作的新型人-机关系。

人机交互是指人与机器人之间的通信、控制、合作与协调，以及相互交流、相互影响、相互作用的耦合关系。人与机器人之间的信息交换最初是单向性的，例如穿孔带、示教再现、离线编程、鼠标键盘操作等是人将信息注入式地交给机器人（计算机）执行。机器人外部传感器功能的增强，特别是对视觉、听觉、力觉和触觉功能的研究，推动了人机交互理论与方法的迅猛发展。使用语言、动作、表情并通过视觉、听觉、触觉、味觉等多种自然感知功能与机器人进行自然交互是目前研究的趋势。根据作业现场机器人运动状态及人机多元信息交互，研究机器人对人的操作意图的理解和快速响应，可以揭示动态环境下完成复杂任务的人机交互作业机理。人类的命令并非低层次的动作指令，而是高层次的语义指令，机器人需要自主地并有创造性地去执行任务。机器人还需要通过自身或外部传感器感知外界环境，并对感知的环境数据自主进行分析，结合人的指令进行滚动重规划，优化下一步的动作，并在执行规划运动时，避免与环境接触带来的伤害，进一步确保操作的安全性和准确性。因此，人机协同是人与机器人之间理想的协作方式。

关于人机交互的研究十分活跃，研究内容包括：人机交互界面的划分方法、基于数据手套的人机交互方法、基于听觉的自然人机交互等。人机交互与自律协同研究方面在听觉方面取得了重大进展，语音合成、语音识别、语音控制、语音交互相对比较成熟，成为人机交互的重要媒介。但是，对语义理解的研究尚有待深入；对视觉处理的研究同样取得了丰硕成果，指纹识别、面部识别技术已经商业化，如激光雷达用于深空探测、高速扫描等方面的能力都已超过人和动物的视觉能力，但是对视觉智能的研究也仍然有待深入。

归根结底，机器人的智能是人赋予它的人工智能，人机交互是其中非常重要的内容。实际上，运维作业机器人需要接收来自人的命令，执行决策，通过人机交互控制其动作。然而操作人员的有时无法进入作业现场，只能借助运维作业机器人视觉检测数据重构机器人所处环境，判断障碍物动态不确定性，使机器人自律地完成指令任务。运维作业机器人既要执行人的指令，又需要保有一定程度的自律性，如何实现两者的融合是一个重要问题。

3.3.3　基础设施运维作业机器人典型应用场景

当前，一大批机器人研究者针对不同基础设施的运维需求已经研发、制造了一系列运维作业机器人，运维作业机器人也愈加频繁地从实验室进入工程实践乃至投入市场。尽管当下实践的数量和范围仍相当有限，但运维作业机器人建造逐渐显露出产业化发展的巨大潜能。本章选取了几个典型的运维作业机器人的应用场景，以此展现运维作业机器人技术在基础设施运维实践中的创造性作用，并基于当前机器人的主流发展方向提出运维作业机器人的研究展望。

1. 排水管道检测、清淤

城市排水管网是城市的重要基础设施，关系到城市公共安全和环境质量。目前排水管网运管作业通常采用人工作业或设备作业模式，人工或部分小型设备作业方式需要工人下井操作或安装设备，管道内空间狭小、昏暗，作业困难；且作业环境中的硫化氢等有害气体会严重危害工人健康；大型设备往往较为笨重，且具备较强的场景针对性，运输难度大，使用成本高，难以用于多场景作业。总体而言，现行的管网运维作业方式效率低，成本高，局限大，存在安全隐患。

使用机器人替代人工完成排水管道的检测与清淤工作已成为一种新兴解决方案，且相关技术产品已进入原型设计与实际应用阶段。目前，管道检测机器人技术相对成熟，市场上已有多种适用于不同管径和条件的产品。这些机器人通常具备高精度检测能力，能够适应复杂多变的管道环境，有效提升检测效率和准确性。相比之下，专门用于管道清淤的机器人发展较为缓慢，多数清淤机器人设计用于大型开放水域，而适用于管道内部作业的机器人原型较少。不过，国内外已有部分企业开发出针对管道清淤的专业机器人，它们能够深入狭窄的管道内部，执行清理任务，提高清淤效率，减少人力成本。这些机器人产品不仅体现了技术的进步，也为城市基础设施维护提供了新的思路。

国家数字建造技术创新中心融合机器人、人工智能、数字化等先进技术，构建基于特种机器人的城排水管网运维技术与装备体系，研发面向不同场景、不同管径的城市排水管网运维作业机器人，提升管网运维的效率与智能化水平（图3-15）。

图 3-15　城市排水管网智能运维作业机器人

(图片来源：华中科技大学国家数字建造技术创新中心)

2. 电力系统巡检、维修

电力运维主要是指对电力线路和电力运行的检查、抢修及维护，主要包括电力巡检、电力维修两个环节。传统电力巡检环节主要由人力完成，检查环节繁琐、故障发现及时性差，而且巡检人员容易受到地形、气候、等因素限制，存在触电等安全风险。

电力巡检机器人可以有效克服人工巡检的缺点，实现精准识别电表读数、检测裸露电线及气体泄漏，同时搭载视频、图像数据上传及分析功能，满足光伏发电站、无人变电站等电力系统的巡检需求。目前，已有成熟的导轨式、轮式的电力巡检机器人推向市场并投入使用。在助力电网运维方面，机器人正在进行电线的绝缘性改造尝试。电线时常会因为自然残损、零件脱落、外力破坏等因素而带来电力故障和安全隐患，因此电线的定期绝缘性改造维护十分重要。目前，已经有绝缘涂覆机器人的产品问世并进行工程实践，如裸导线绝缘包覆及清障工作、裸导线绝缘喷涂工作及电线"绝缘性"改造工作。

3. 结构健康监测

当前，学术界与产业界已经对基础设施智能化运维作业机器人展开了研究与原型设计，部分成熟产品已经投入实践应用。针对桥梁钢结构体系健康监测困难，华中科技大学朱宏平教授团队研发了桥梁索杆智能检测机器人，基于漏磁无损检测技术实现桥梁钢索、钢丝绳探伤。该机器人配备了一项创新技术——磁化装置，该装置由两组完全相同的 C 型结构电磁线圈构成，它们以 180 度相对的方式排列组合。这一精妙设计使机器人能够敏锐地探测到物体内部损伤或缺陷所引发的微小磁导率变化。一旦检测到这些内部变化，它便能有效捕获随之产生的微弱漏磁场现象。随后，捕捉到的漏磁信号被无缝传递至数据采集与信号处理系统。最终，经过处理的信号会被传送至计算机的信号显示系统，专业人员可以进一步分析并获得详尽、可靠的检测结论，从而高效评估目标物体的完整性与安全性。该机器人已经成功应用于湖北省仙桃市仙桃汉江大桥拉索检测项目，检测拉索 PE 护套管和内部的病害情况，评定拉索的病害标度（图 3-16）。

针对大型复杂结构内部损伤感知困难的现状，华中科技大学朱宏平教授团队构建了针对钢筋混凝土材料的结构健康监测理论并研发配套智能检测机器人装备，包括区域子结构-整体结构安全诊断评估方法、关键区域混凝土内部微损伤压电智能精准探测技术及关键区域结构体内部钢构件损伤磁电智能精准探测技术（图 3-17），已经成功应用于武汉长江航运中心大厦的日常运营维护工作，能科学地判断损伤关键区域并进行精确地损伤检测与整体评估。该成套技术有效解决了现有大型结构安全监测及诊断评估中传感器耐久性差、海量监测数据提取特征参数难、各向异性材料微损伤探测难等一系列问题，为大型复杂结构安全诊断评估提供可靠的技术支撑。

图 3-16　桥梁索杆智能检测机器人检测现场

（图片来源：华中科技大学朱宏平教授团队）

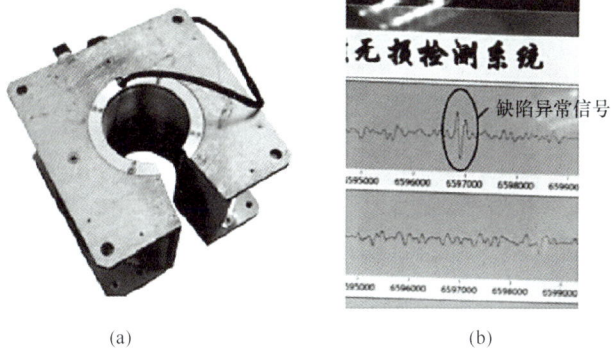

（a）　　　　　　　　　　　（b）

图 3-17　结构体内部钢构件损伤磁电智能精准探测装置及探测系统

（a）C 形开环磁电探伤装置；（b）无损检测系统

运维作业机器人城市隧道工程通常由于以下特征会对测绘工作造成影响：①隧道形状狭长，跨度大；②光线不足；③墙壁纹理特征少；④全球定位系统（Global Positioning System，GPS）在隧道中不可用。以上特征导致传统的 GPS 定位以及基于视觉和纹理特征的定位不适用于隧道测绘工作。面向于隧道工程服役性态智能感知的重大需求和现有解决方案的弊端，同济大学朱合华院士团队提出一套融合三维激光扫描仪、红外光源阵列、惯性测量单元、测距轮装置等多传感器的隧道结构病害快速采集技术，采用全断面检测技术方案，利用全断面检测车（图 3-18），通过相机阵列同步控制系统、高强红外补光（不可见光）装置、隧道受限空间内多层次精准定位模型等技术，实现隧道内一次行驶模式下的表观病害全断面采集；隧道表

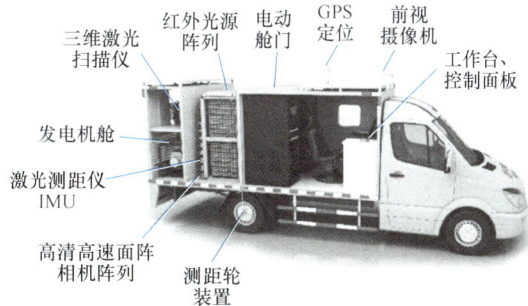

图 3-18　全断面检测车

（图片来源：同济大学朱合华院士团队）

观病害采用多台高清高速工业相机进行数据采集，覆盖隧道内轮廓。为保证高速移动下采集数据的稳定性和耐久性，采用定焦镜头并根据不同位置设置各相机镜头的焦距，以满足图像分辨率0.2mm、0.1mm（宽度）裂缝可检测的要求；联合研制了适用于隧道表面材料复杂特性的高功率低热阻红外补光装置，在7.5m处检测图像的亮度均匀度达到95%，保证了速度80km/h下全断面检测的图像质量；采用激光扫描仪进行点云数据采集，同时利用坐标转化、噪点剔除、车辆姿态修正等手段实现隧道结构内轮廓的精准拟合，通过多次检测比对计算隧道结构变形，为隧道结构服役性能评价提供有力的数据支撑；建立环向激光扫描-纵向编码器定位-图像特征校准的多层次定位模型，实现隧道受限空间的高精准定位，确保重复检测时病害定位的一致性，便于病害精准溯源和历史比对。得到的病害分割以及三维化集成结果如图3-19、图3-20所示。

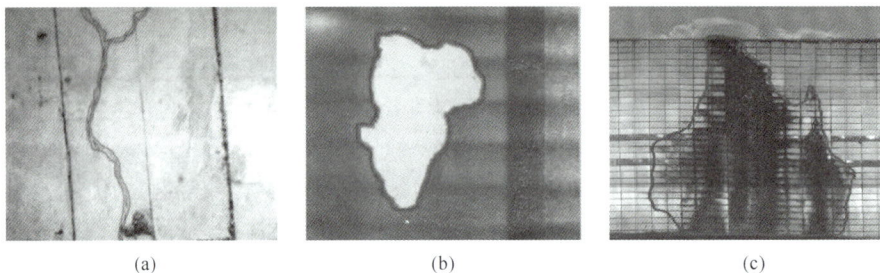

图 3-19　病害分割结果

（图片来源：同济大学朱合华院士团队）

（a）裂缝分割；（b）剥落分割；（c）渗漏水分割

图 3-20　病害三维化集成结果

（图片来源：同济大学朱合华院士团队）

　　总的来说，目前智能运维作业机器人并未大规模普及，虽然已有相关的应用场景存在，但总体来讲应用范围还相对有限。为了应对社会劳动力成本的上升以及对运维效率和质量的需求，伴随着社会生产力、相关技术的发展，智能运维作业机器人将会得到更广泛的应用。通过在人机交互、感知和决策、自适应和泛化能力、协同与调度、柔化与模块设计等方面的研究，未来运维作业机器人将更加智能、适应性更强、与人类更协作，并在各个行业中发挥更广泛的作用。这些机器人将在提高工作效率、降低成本、减少风险和提供创新解决方案方面发挥关键作用，推动机器人技术的不断进步。

复习思考题

1. 性能监测的目的是什么？常用的性能监测方法有哪些？
2. 预防性维护与预测性维护有何异同？在实际应用中如何选择合适的维护策略？
3. 运维作业机器人的基本组成部分有哪些？这些部分如何协同工作？
4. 智能化运维作业机器人技术的核心特点是什么？有哪些关键技术支撑？
5. 列举几个智能化基础设施运维作业机器人的应用场景，并分析其应用效果。

知识图谱

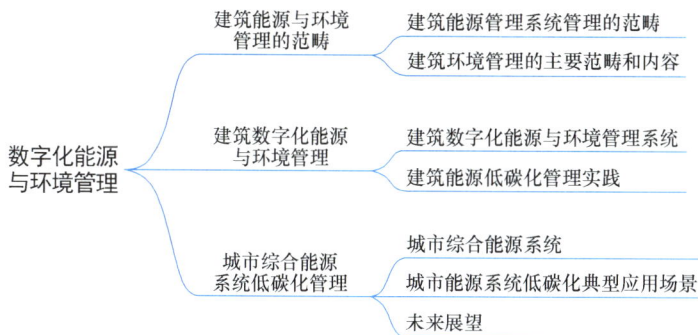

本章要点

知识点1. 建筑能源与环境管理的范畴。

知识点2. 建筑数字化能源与环境管理系统及其实际应用。

知识点3. 光伏建筑一体化系统等建筑低碳化技术的原理与应用场景。

知识点4. 城市综合能源系统低碳化管理。

学习目标

(1) 理解建筑数字化能源与环境管理系统的基本构成及其在实现低碳管理目标中的作用。

(2) 了解光伏建筑一体化系统等建筑低碳化技术应用的基本原理与实践方法。

(3) 理解城市综合能源系统的智能化、低碳化管理模式并理解其典型应用场景。

(4) 思考城市基础设施低碳管理中面临的挑战,并探索未来可能的发展方向。

4

数字化能源与环境管理

2016 年 9 月 3 日，中国加入《巴黎气候变化协定》，成为该协定的第 23 个缔约并完成批准的国家。为了控制温室气体的排放量，实现 2030 年前碳达峰、2060 年前碳中和的目标。2021 年两会期间，中国政府宣布了一系列减排措施。城市是推动低碳经济转型重要的责任主体和行动单元，在"十四五"规划中，"低碳城市"建设已成为重点关注的领域，而城市基础设施智能运维则是实现这一目标的重要途径之一。

随着新型城镇化的推进，中国的城镇空间结构得到了优化，其中城市基础设施的建设与运维、工业活动、交通运输以及居民生活成为碳排放增长的主要领域。中国作为全球最大的建筑市场，建筑与建筑业建造碳排放占全社会的 40% 以上。在经历了几十年的大规模建设之后，建筑在运营阶段的能源管理的意义逐渐凸显。除能源管理之外，环境管理同样是不可忽视的方面。据统计，人们一生大部分的时间都在建筑室内度过，因此建筑室内环境的质量对人们的健康与福祉有着至关重要的影响。本章将以建筑运营阶段的数字化能源与环境管理作为主要切入点进行介绍。

4.1   建筑能源与环境管理的范畴

4.1.1   建筑能源管理系统管理的范畴

能源紧缺、环境污染等问题日趋严重，节能减排是我国将长期执行的基本国策，建筑节能是国家节能减排的重要环节。通过对建筑执行能耗量化管理以及效果评估的手段，来降低建筑运营过程中所消耗的能量，最终降低建筑运营成本，从而提高能源使用效率，已逐渐成为建筑业的广泛趋势。这个方法是以建筑能源管理系统为核心，使所有与用能相关的系统进行集成，并且进行协调控制，科学地选用和制定能源管理的控制方案，在保证建筑安全舒适的前提下实现智能化，最终实现建筑节能减排，同时提升建筑环境品质和管理水平。

建筑能源管理系统是将建筑物或建筑群内的变配电、照明、电梯、空调、供热和给水排水等机电系统的能源使用状况及节能管理实行集中监视、管理和分散控制的建筑物管理与控制系统。系统的数据将被接受并转换为增强决策和操作能力的信息，从而提高建筑使用的效率和舒适性。

为实现建筑管理辅助决策的功能，整个能源管理系统需要包括以下几项内容：①实现对建筑自控、门禁、不间断电源（UPS）、智能空调、变配电、照明和消防等子系统的大融合，汇总后由控制中心统一调度。②动态监控能耗数据采用实时能源监控、分户分项能源统计分析、优化系统运行的方式，通过对重点能耗设备的监控、能耗费率分析等手段，使管理者能够准确地掌握能源成本比重和发展趋势，制定有的放矢的节能策略。此外，还可以与蓄能装置、无功补偿装置联动，达到移峰填谷、提高功率因数的目的。③监控办公、居住环境舒适信息，主要包括环境的温度、湿度和空气质量指标等。

建筑能源管理系统设计采用的是分层分布式结构，系统自下而上共分四层（图 4-1）：①现场设备层，即分布于高低压配电柜中的测控保护装置、仪表以及建筑自控、门禁、智能空调、电梯、变配电和消防等子系统；②网络通信层，通过使用通信网关从而将各个子系统所使用的非标准通信协议统一转换为标准的协议，进而将监测数据及设备运行状态传输至智能建筑能源管理平台，并下发上位机对现场设备的各种控制命令；③监控层，即具有良好的人机交互界面和控制设备构成的监控系统，可实现过程可视化；此外可与"第三方"的软、硬件系统来进行集成，结合实时历史数据库提供丰富的企业级信息系统客户端应用和工具，大容量支持企业级的应用，内部能够实现高数据压缩率，最终实现历史数据的海量存储；④应用层，即能够为现场操作人员及管理人员提供充足的信息（如建筑供用能信息、电能质量信息、各子系统运行状态及用能信息等）制定能量优化策略，从而优化设备运行的管理平台，通过联动控制从而实现能源管理，帮助用户优化能源使用效率，进一步提高经济效益及环境效益。

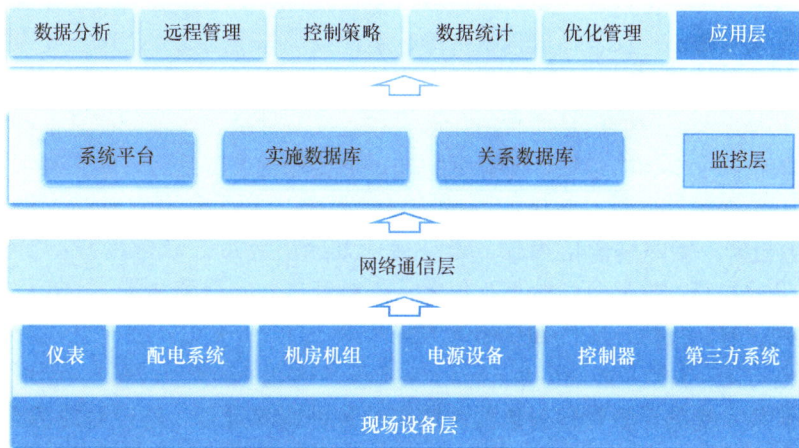

图 4-1　建筑能源管理系统框架图

建筑能源管理系统主要由数据采集、基础数据管理、控制调度中心、报警管理、设备管理、计划与实际管理、平衡优化管理、配电及能源优化、报表分析和经济性分析管理、能源对标管理、权限维护管理这 11 个功能模块组成。

1. 数据采集

数据采集管理以建筑管理过程中所涉及的各种控制、监测、计量、检测等为基础，支持 opc、dde、odbc 等相关接口，全面采集各种数据采集器和人工录入设备。现场采集内容覆盖建筑自控、门禁、智能空调、电梯、变配电和消防等系统。其中主要关注核心系统运行状况、主要能耗管网状态、环境介质质量监测情况等数据，将全建筑的智能控制系统的实时状态采集进入系统，供数据监视、存储、报警、分析、计算、统计平衡等使用。建筑智能控制系统的主要功能包括：①现场各种控制系统的整合；②建筑物内各个能耗、产能、用能的信息孤岛及子系统的整合；③将孤立的散点进行数据采集，整合进大型建筑节能集控智能平台；④与有线网络、无线网络集成。

2. 基础数据管理

基础数据管理是大型建筑群开展能源工作的重要基础，是大型建筑能源管理信息化建设的前提和基石，主要涉及内容有：能源介质编码、能源计量单位体系、计量仪表、计量点和计量区域。

3. 控制调度中心

控制调度中心采用云计算技术，能够在同一平台下与目前主流自控厂家的产品进行融合和兼容。可以兼容的协议不仅包括所有公开的 BACnet、LonWorks、M-Bus、iec 60870-5-101/102/103/104、dlt-645、cdt、ModBus 等标准协议，还可以兼容建筑自控系统主流品牌控制系统的私有协议。技术人员可以远程了解现场参数，观察现场设备的运行状态，从而实现建筑全过程的"可视化"管理。控制调度中心基于云架构技术，还可以为专家和技术人员提供远程指导功能，可以整合、集控的子系统有建筑自控系统、变配电调度系统、智能照明系统、无功补偿装置、自发电装置、蓄能装置、馈电线路控制系统、门禁、消防监测系统和智能中央空调控制系统等。

4. 报警管理

报警管理即利用多个报警模型，负责对过程、设备、质量、安全指标和能源限额的超限进行多种方式报警。不仅包括模拟量报警、事件报警和重大变化连续重复报警，而且包括硬件设备故障报警等，并且支持完全分布式的报警系统，以及报警及事件的传送，和报警确认处理以及报警记录存档，而且用户可以自定义各种报警，报警信息也可以通过不同方式传送至用户。主要功能包括：①设备报警，重要能耗设备的运行状态异常报警；②环境质量报警，包括空气质量、温度、湿度等异常报警；③电源故障报警，即设备电源故障、ups 断电报警；④网络通信报警，设备通信及网络故障等异常报警；⑤报警级别设定，基于事件的报警，报警分组管理，报警优先级管理；⑥报警和事件，输出方式为报警窗口、声、光、电、短信、文件和打印等方式。

5. 设备管理

以能源管理系统的设备管理对象覆盖建筑的各种能源设备，通过对能源设备的运行、异常、故障和事故状态实时监视和记录。通过技改和加强维护，指导维护保养工作，提高能源设备效率，实现能源设备闭环管理，主要功能包括：①运行记录、启停记录的实时数据和历史数据查询；②缺陷、故障记录维护查询；③维修工单、试验工单、保养计划等设备维护管理；④设备基础信息管理（型号、厂家、电压等级等信息）；⑤维修成本、运行成本分析和报表管理。

6. 计划与实际管理

计划与实际管理是根据能源分配计划、检修计划、历史能耗数据分析和统计、能源消耗预测、供能状况等进行自动计算能源消耗计划和外购计划，并制定详细的建筑能源管理指标体系，从而指导相关部门按照供需计划组织配电和配热。采集、提取和整理各种建筑子系统实际能源消耗量和能源介质放散量等数据，如获取能源分析所需的实绩数据，为所有部门编制各类其他报表提供基准。通过计划与实际数据的分析比较，对建筑所有能源数据进行有效跟踪，帮助管理者理清近期潜在影响因素，快速制定实行的决策，增强应变能力。能源实绩有日、月、季、年能源实绩表（包括电、热、水等不同分析切入点）；能源计划有日、月、季、年能源供需计划表（包括电、热和水等不同分析切入点）。计划与实际比较有同比环比比较分析，其中包括柱状、曲线和饼图。

7. 平衡优化管理

平衡优化管理是能源供应和能源消耗直接存在差距，调整复杂，系统在大量历史数据基础上，对能源的生产、存储、混合、输送和使用各环节集中管理与控制，为大型建筑群建立一套与能源管理系统集成的能源分布网络和平衡优化模型。通过综合平衡和燃料转换使用的系统方法，计算评价大型建筑能源利用水平的技术经济指标，实现能源供需动态与静态平衡，得出各种能源介质的优化分配方案，优化大型建筑能源的利用率。主要功能包括：能耗报告、能耗排名、能耗比较、日平均报告率、偏差分析、用电分析和系统运行优化等。

8. 配电及能源优化

配电及能源优化是指从专业的角度对电能消耗进行数字化和集成化的管理、控制以及优化的过程，使系统能够通过与自发电装置（如太阳能发电装置或其他类型的发电装置）、蓄能装置联动与交互，从而完成电线路控制，最终实现移峰填谷。

9. 报表分析和经济性分析管理

报表分析和经济性分析管理是通过消费结构、楼层能耗对比、重点耗能设备分析等多种分析方式，报表分析可以帮助物业管理人员计算特定房间或人均能耗，实现自主能源审计管理。报表不仅可以自动生成，也可以按照实际需要实现手动或自动打印，供调度和运行管理人员使用。报表中有能源调度日报表、能源供需计划报表、能源实绩报表、能源平衡报表、能源质量管理报表、能源成本报表、能源单耗报表、能源综合报表、能源设备状态报表、能源故障信息统计报表、能源设备备件报表、能源配送消耗报表等。

10. 能源对标管理

能源对标管理是利用建筑物的能源管理系统，通过与竞争对手或是行业领导者比较，建立完善持续改进的流程，主要功能包括：①结合国家标准，对主要设备的单耗指标进行线上监测；②实时显示国家有关标准规定的经济运行指标；③对国家规定的节能目标设置警戒线，对未达成目标的进行自动警示。

11. 权限维护管理

权限维护管理是针对不同程序信息敏感度，形成一个权限维护管理模块，从而满足复杂的系统管理要求，主要涉及内容有：用户信息、角色管理、控制操作管理、系统日记维护和数据库维护。

4.1.2 建筑环境管理的主要范畴和内容

建筑环境管理是以建筑空间为载体，通过系统性技术手段与管理策略，实现室内外环境要素的精准调控与动态优化，最终实现打造健康、舒适、高效与可持续的建筑环境目标。其对象是建筑内与人体产生联系的物理环境，主要包括四种范畴的环境对象：室内空气环境、室内热环境、室内光照环境和室内声环境。

基于数字化的环境管理系统，主要通过对上述环境中可被物理量化的参数进行计量与监测，从而实现建筑环境的精准管控。我国目前数字化环境管理主要有两种应用场景：一是建筑自动控制系统利用相关环境参数进行设备的控制，二是建筑物业管理者通过监测的环境参数对室内环境进行维护。

1. 空气环境

建筑室内空气环境指与人体生理机能相关的环境因素，主要指空气中的各种气体、颗粒物、微生物等。近几年来，人们愈发关注个人健康问题，但由于进入室内的电气设备、化工产品的种类及数量都急剧增加，且室内通风换气能力相对下降，各种污染物对人体产生事实性危害的可能性也越发增高，故对建筑室内空气环境品质的要求也越来越高，这就要求物业管理者对其室内环境有非常有效的管理措施，其管理又依赖于对相关环境参数的有效计量。

室内空气污染物源主要有三种：①气体污染源，包括挥发性有机物（VOCs），以及 CO、CO_2、O_3 等；②可吸入颗粒物，包括 PM_{10}、$PM_{2.5}$ 等；③微生物污染源，包括室内易滋生的真菌与微生物等。

（1）二氧化碳（CO_2）：在建筑内二氧化碳（CO_2）主要由人体呼吸产生，其密度较空气大，少量时，对人体无害，但是当超过一定量时，也就是室内浓度偏高时会导致人体出现气闷、头晕、疲倦等症状，严重者将导致呼吸困难，一般建筑需要对其浓度进行监测，并与新风控制系统联动，保证室内二氧化碳浓度达标。二氧化碳测定方式，由《公共场所卫生检验方法 第 2 部分：化学污染物》GB/T 18204.2—2014 规定，分别有：不分光红外线气体分析法、气相色谱法、容量滴定法。但是其上面的测试手段，均不能满足现阶段数字化运维的物联网实施传输的需求，现阶段一般使用电化学型气体的敏感元件作为传感器的核心，可实现实时的二氧化碳的计量。

（2）一氧化碳（CO）：一氧化碳（CO）是汽车尾气排放的污染物之一，浓度过高时将危害人体中枢神经系统，造成人体机能障碍，严重时将危害血液循环系统，导致生命危险。我国目前对有地下车库的建筑要求必须进行一氧化碳的计量或定期检测，长期计量的监测点数据须与地下车库排风机进行联动，以保障地下车库一氧化碳浓度达标。《绿色建筑评价标准（2024 年版）》GB/T 50378—2019 也有规定"地下车库设置与排风设备联动的一氧化碳浓度监测装置"。

（3）可吸入颗粒物 PM_{10} 与 $PM_{2.5}$：可吸入颗粒物 PM_{10} 与 $PM_{2.5}$ 对人体健康有明显的直接毒害作用，严重时将引起人体各种机能系统的损伤，近几年国内对其的关注度也非常明显，部分公共建筑也已经对其浓度进行了长期计量，纳入建筑环境监测系统的计量范围内，且与 CO_2 一并纳入新风系统的控制条件内，均作为新风控制系统的直接环境控制对象。

我国早在 2002 年就已发布与室内空气环境直接相关的化学性指标标准，随着社会的日益发展，人们对室内环境的要求日益增高，我国于 2022 年发布了《室内空气质量标准》GB/T 18883—2022，相关标准要求见表 4-1，除表中展示的 CO、CO_2 等部分化学指标外，还包括了生物性、放射性指标。

室内空气质量标准　　　　　　　　　　　　　　表 4-1

序号	指标	计量单位	要求	备注
1	一氧化碳 CO	mg/m^3	≤10	1h 平均
2	二氧化碳 CO_2	‰[a]	≤0.10	1h 平均
3	甲醛 HCHO	mg/m^3	≤0.08	1h 平均
4	可吸入颗粒物 PM_{10}	mg/m^3	≤0.10	24h 平均
5	细颗粒物 $PM_{2.5}$	mg/m^3	≤0.05	24h 平均

注：[a] 指体积分数。

2. 热环境

建筑室内热环境是指影响人体冷热感觉的环境因素，主要包括室内空气温度、湿度、气流速度以及人体与周围环境之间的辐射换热。

（1）室内空气温度：室内空气温度是室内热环境最直接的指标。在公共建筑中，会对室内空气温度进行综合的布点，以客观监测室内空气温度水平。

室内热环境的计量，目前已在我国普及，如商场监测的室内温度测点，针对复杂的建筑综合环境控制系统的覆盖性计量。对于需要物业进行统一管理的建筑，室内环境监控的结果，一般用于以下几个方面：空调末端自动控制系统的直接控制指标；夏季冷站控制系统的辅助控制指标；冬季热站控制系统的辅助控制指标；特殊业态建筑中，室内环境控制设备的直接控制指标。

（2）室内空气湿度：室内空气湿度直接影响人体皮肤的蒸发散热，是影响人体舒适感的主要因素之一。湿度过低，人体皮肤会因缺少水分而不适，且免疫系统也会受到一定影响；湿度过高，不仅影响人体舒适，还为细菌等微生物创造繁殖条件，造成室内微生物污染。

多个研究表明，能让大部分人体感到舒适的相对湿度范围是50％～60％，目前国内大部分公共建筑，会对室内空气湿度进行直接计量，用于物业对建筑进行统一管理，与室内空气温度参数一样，是空调末端的直接控制对象。

（3）室内气流速度：室内气流速度影响着人体表面的散热及散湿效率，也影响空气的更新效率，根据已有资料，无汗时舒适范围为 $0.1\sim0.6m/s$，故一般房间室内气流速度不宜过高，一般建筑并不会对室内气流速度进行长期的直接计量，而是用风机盘管或室内送风口、空调末端送风口的参数进行间接地风速计量。

建筑设计中会对送风口直接送入室内的空气流速进行限制，以保障室内气流速度在相对舒适的范围，目前国内鲜有对风机盘管或管道送风口的风速进行反馈控制的系统，在实际管理中，如有相关气流体感过高等投诉，一般由建筑物业管理者进行现场检测，并根据检测结果进行后期的现场整改，或者对自动控制系统的参数进行调整。

（4）室内辐射换热。自然界中，不同物体之间都在不停地向空间散发辐射热，同时又会不停地吸收其他物体散发出的辐射热，这种在物体表面之间由辐射与吸收综合作用完成的热量传递就是辐射换热。而在建筑物内，需要考虑的是人体对辐射换热的体感，主要的辐射源为室内照明灯具、墙面、地面等，是影响人体舒适度的重要因素之一。

建筑内最常见的辐射换热，一般有地板供暖、壁面辐射供冷/暖，冷辐射吊顶等。在实际管理中，室内辐射换热相关的供冷/供暖系统，其辐射发射率等参数一般难以计量，一般对辐射供冷/热的介质的温度参数进行计量，物业管理者用于监测其是否正常供冷/热，或其相关的自控系统根据供回温度控制系统相关设备运行方式。《室内空气质量标准》GB/T 18883—2022标准中室内温度、室内湿度、室内风速的规定范围较广，并不足以明确约束建筑数字化运维的要求（表4-2）。在运维过程中，通过应用智能温控系统、节能新风系统等技术，根据不同建筑的属性和用户的需求灵活、高效的调控室内热环境正成为未来趋势。

室内物理性空气质量指标及要求（部分）   表 4-2

序号	指标分类	计量单位	要求	备注
1	温度	℃	22～28	夏季
			16～24	冬季

序号	指标分类	计量单位	要求	备注
2	相对湿度	%	40～80	夏季
			30～60	冬季
3	风速	m/s	≤0.3	夏季
			≤0.2	冬季
4	新风量	m³/（h·人）	≥30	—

3. 光照环境

建筑室内光照环境主要有自然光源和人工光源两个方面，人们目前对光照环境的要求越来越高，既要求明亮、轻松、舒适和方便，又要求绿色节能，这就对光源、灯具有非常高的要求，我国对于建筑物内不同区域的照度有明确的要求，建筑设计者需要在设计阶段考虑好以上所有约束条件，尽可能地完善设计。

在建筑设计过程中，光设计一般首要考虑利用自然光源，但是大量的建筑形式是商场、写字楼等不易考虑自然光源的建筑，同时由于其建筑形态和建筑物内各区域的朝向问题，建筑内各区域更多的时间接受不到自然光照，故现代建筑设计在设计人工光源时，须通过人工光源营造良好的室内环境。

在建筑实际运行过程中，人为光源是影响建筑室内光照环境的主要因素，自然光源更多的是充当辅助光源的角色；合理制定匹配建筑运行现状的照明灯具控制策略，是目前建筑实际运营中室内光照环境管理的核心，一般通过建筑自动系统实现。

现行标准中对建筑室内照度有明确的要求，但是其照度参数并不如温湿度、压力等可以方便地长期计量，且由于其参数易受外界环境影响。国内建筑鲜有对照度进行长期计量的，一般均通过建筑自动控制系统，按照固定时间表控制照明灯具的开闭，部分无需长期开灯的区域，则采用声控的手段，实现人走关灯；部分可利用自然光源的区域，采用光控的形式，仅在自然光源照度低于某一值时开启灯具。

不同类型、不同地区建筑在实际运行过程中对灯具的控制逻辑要求不一，总的来说达到保障建筑物内光照环境达到正常作息的需求即可。例如，东北地区与华南地区的建筑，中庭区域均为可利用自然光源的设计，但由于两地日照时间有明显的差异，中庭照明灯具的日常开启策略也会有明显的区别。

《建筑照明设计标准》GB/T 50034—2024 是针对建筑照明设计中贯彻国家技术经济政策以及满足建筑功能需要，考虑使用者的生产、工作、学习、生活和身心健康，促进绿色照明与健康照明而制定的标准。标准中对所有建筑的通用房间或场所，以及住宅建筑、公共建筑、工业建筑特有房间和场所的照度分布、眩光限制、反射比等照明标准值进行了规定。办公建筑中各个不同房间或场所的照明标准要求见表4-3，商业建筑中各个不同房间或场所的照明标准要求见表4-4。

办公建筑照明标准值 表 4-3

房间或场所	参考平面及其高度	照度标准值（lx）	UGR	U_0	R_a
普通办公室	0.75m 水平面	300	19	0.60	80
高档办公室	0.75m 水平面	500	19	0.60	80
会议室	0.75m 水平面	300	19	0.60	80
视频会议室	0.75m 水平面	750	19	0.60	80
接待室、前台	0.75m 水平面	200	—	0.40	80
服务大厅、营业厅	0.75m 水平面	300	22	0.40	80
设计室	实际工作面	500	19	0.60	80
文件整理、复印、发行室	0.75m 水平面	300	—	0.40	80
资料、档案存放室	0.75m 水平面	200	—	0.40	80

注：① 此表适用于所有类型建筑的办公室和类似用途场所的照明。

② UGR（Unified Glare Rating）：指统一眩光值，国际照明委员会（CIE）用于度量处于室内视觉环境中的照明装置发出的光对人眼引起不舒适感主观反应的心理参量。

③ U_0：照度均匀度，规定表面上的最小照度与平均照度之比。

④ R_a：光源对国际照明委员会（CIE）规定的第1～8种标准颜色样品显色指数的平均值，也称显色指数。

商业建筑照明标准值 表 4-4

房间或场所	参考平面及其高度	照度标准值（lx）	UGR	U_0	R_a
一般商店营业厅	0.75m 水平面	300	22	0.60	80
一般室内商业街	地面	200	22	0.60	80
高档商店营业厅	0.75m 水平面	500	22	0.60	80
高档室内商业街	地面	300	22	0.60	80
一般超市营业厅	0.75m 水平面	300	22	0.60	80
高档超市营业厅	0.75m 水平面	500	22	0.60	80
仓储式超市	0.75m 水平面	300	22	0.60	80
专卖店营业厅	0.75m 水平面	300	22	0.60	80
农贸市场	0.75m 水平面	200	25	0.40	80
收款台	台面	500 *	—	0.60	80

注：① * 指混合照明强度。

② UGR（Unified Glare Rating）：指统一眩光值，国际照明委员会（CIE）用于度量处于室内视觉环境中的照明装置发出的光对人眼引起不舒适感主观反应的心理参量。

③ U_0：照度均匀度，规定表面上的最小照度与平均照度之比。

④ R_a：光源对国际照明委员会（CIE）规定的第1～8种标准颜色样品显色指数的平均值，也称显色指数。

4. 声环境

建筑声学研究主要有建筑室内音质和建筑环境的噪声控制两个主要方向。建筑环境管理中的声环境管理，一般意义均指建筑环境的噪声控制，噪声控制有对声源的控制和对传播渠道的控制两个关键的因素。

声源是指受外力作用产生振动的发声体。振动通过媒介传播，本质上是形成一种物理波动，空气作为介质时，就是空气的压力波动，压力的波动作用于人耳，就会形成听觉中的声音，这就是生理学意义上的主观声音。在建筑内，噪声的声源主要有三种：一种是人为发出的声音；另一种是机电设备运行振动的声音；最后一种是建筑物受外部干扰发生振动而产生的噪声。

声音的传播渠道指在室内声音传播的不同介质，其传播速度一般遵循固体＞液体＞气体的规律，且不同介质传播的衰减速度不一，建筑设计时需考虑使用不同类型的降噪材料，以减少不同类型的噪声。

建筑室内噪声用分贝（dB）来进行量化，是一个纯计数单位，是用来比较两个量的比值大小，是国家选定的非国际单位制单位，其定义为"两个同类功率量或可与功率类比的量比值的常用对数乘以 10 等于 1 时的级差"。需要注意的是我们日常见到分贝的实际意义大小，并不是绝对值差的大小关系，每相差 10dB，人耳感受的声音响度相差一倍。

建筑物内噪声的传播，按传播的途径可以分为两种：一种是主要由空气进行传播，可称为空气声；一种是主要通过建筑物结构进行传播，可称为固体声。空气声在空气传播过程中衰减较快，一般通过隔墙的方式，就可以使噪声迅速减弱。固体声由于建筑大部分材料对其声能的衰减作用较少，在建筑设计阶段，就需要对将会产生大量噪声的区域边界墙体进行考虑，通常是采用降噪材料，或采用分离式构件、弹性连接等技术措施来减弱其传播。

建筑物内对噪声的控制手段，根据相关标准要求，在设计阶段就已经基本考虑。在运行维护阶段，需要对实际运行中二次装修过程中造成的影响进行临时性处理，或对建筑部分区域功能业态变化产生的影响进行永久性处理，以及对其他设计阶段无法充分考虑的造成短期或者长期噪声影响的因素进行永久性处理。

现行标准中对建筑物内不同类型区域的噪声均有明确的要求，针对智能运维主要接触的住宅建筑、办公建筑及商业建筑，《民用建筑隔声设计规范》GB 50118—2010 中也分别有规定。办公建筑中，办公室、会议室内的噪声等级要求见表 4-5。商业建筑各房间内空场时的噪声等级要求见表 4-6。其他相关标准如《建筑环境通用规范》GB 55016—2021 也根据建筑内、外不同功能的空间的噪声限值作出了相关规定，也可以作为运维工作中的参考指标。

办公建筑中办公室、会议室内的噪声等级要求　　　　表 4-5

房间名称	允许噪声等级（A 声级，dB）	
	离要求标准	低限标准
单人办公室	≤35	≤40
多人办公室	≤40	≤45
电视电话会议室	≤35	≤40
普通会议室	≤40	≤45

商业建筑各房间内空场时的噪声等级要求　　　　表 4-6

房间名称	允许噪声等级（A 声级，dB）	
	离要求标准	低限标准
商场、商店、购物中心、会展中心	≤35	≤40
餐厅	≤40	≤45
员工休息室	≤35	≤40
走廊	≤40	≤45

4.2 建筑数字化能源与环境管理

4.2.1 建筑数字化能源与环境管理系统

建筑管理系统（Building Management System，BMS），亦称楼宇自动化系统（Building Automation System，BAS），是基于计算机技术的智能化控制系统，通过集成建筑内暖通空调系统（HVAC）、照明系统、能源供应系统、消防系统及安全系统等关键机电设备，实现全楼宇设备的集中监控与自动化管理。其核心功能在于构建统一的中央控制中枢，对建筑设施进行数据采集、状态分析及指令执行（图4-2）。

简而言之，BMS充当了建筑内部所有设施的中央控制点。通过BMS，设施管理人员无需亲自前往每一栋楼、每一层或每一个房间即可远程控制加热与通风系统。这意味着，无论是从电脑还是移动设备上，管理人员都能够执行诸如关闭、开启或是手动调节机械设备等操作，极大地提高了管理效率并减少了人力成本。该系统确保了室内环境的舒适度，优化了能源使用，并提升了安全性。除此之外，BMS还支持实时数据收集与分析，使得管理者可以根据准确的信息作出及时且有效的决策，以维持建筑运营的最佳状态，延长设备使用寿命，进而提升建筑发展的可持续性。

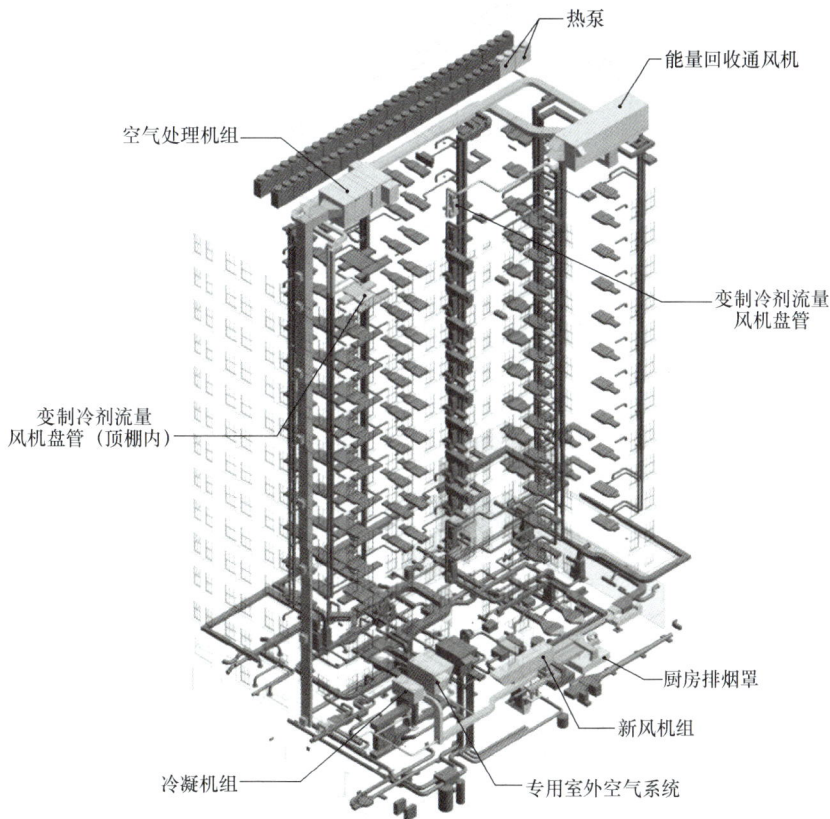

图4-2 一种典型的建筑管理系统组成

在现代建筑运维领域，随着商业建筑复杂性的不断增加，建筑管理系统（BMS）作为核心工具，承担着整合与管理建筑内各子系统的任务，并提供一个集成化的视角来监控所有互联的设备和系统。尽管如此，BMS仅仅是迈向全面建筑智能化的初步步骤。为了进一步优化建筑性能并提高能效，建筑智能运维的阶段引入了建筑能源管理系统以及建筑环境管理系统等。这些系统不仅关注于基本的设备控制和监测，还致力于通过精密的能源使用分析和运营管理策略来实现更高的能源效率和更佳的建筑运营效果，从而推动建筑向更加智能、可持续的方向发展。

建筑管理系统的三个主要目标是：①提供健康宜人的室内气候；②确保用户和所有者的安全；③确保建筑物在能源和人员方面的经济运行，即在确保人员的安全和舒适的情况下，尽可能地减少能源消耗，降低运营成本。下面介绍几个建筑管理系统的典型应用。

1. 暖通空调

建筑中的冷热源主要包括冷却水、冷冻水及热水制备系统，在满足使用要求的前提下尽可能减少各设备耗电，从而实现节能运行。暖通空调的能源管理分为空调末端监控以及冷热源监控，通过控制和监测功能从而达到减少暖通空调系统耗电的目的。

空调系统监控的对象包括新风机组、空调机组和变风量系统（图4-3），其监控特点包括：①新风机组的监控就是对新风机组中空气-水换热器的监控，夏季通入冷水对新风进行降温除湿，冬季通入热水对空气加热，干蒸气加湿器主要用于冬季对新风加湿。②监控空调机组的调节对象为相应区域的温、湿度，因此送入装置的输入信号还需包括被调区域内的温湿度信号。当被调区域较大时，应多安装几组温、湿度测点，以各个点测量信号的平均值或重要位置的测量值作为反馈信号；若被调的区域与空调机组直接数字控制系统（DDC）装置安装现场距离比较远时，可专门设一台智能化的数据采集装置，装在被调区域，最后将测量信息处理后通过现场总线将测量信号传送至空调DDC装置上。③变风量系统的监控是一种新型的空调方式，在智能化大楼的空调中被越来越多地采用。带有变风量调节空调系统（VAV）装置的空调的各环节需要进行协调控制。

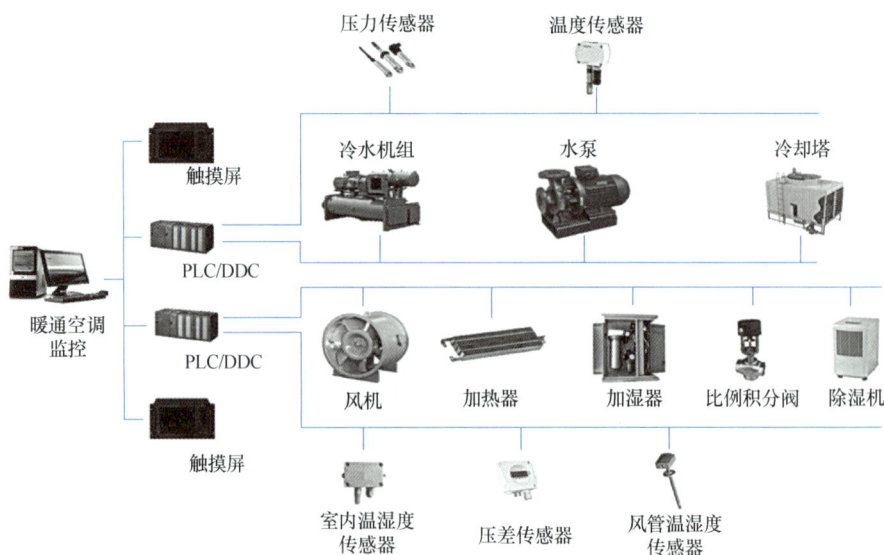

图 4-3   暖通系统框架图

冷热源监控主要包括冷却水、冷冻水及热水制备三种系统的监控，其监控目的包括：①冷却水系统的作用是通过冷却塔和冷却水泵及管道系统向制冷机提供冷水，冷却水系统的监控目的主要是为了保证冷却塔的风机和冷却水泵能够安全运行；从而确保制冷机冷凝器能够有足够的冷却水通过；根据室外的气候情况及冷负荷调整冷却水运行工况，从而使冷却水温度在要求的设定范围内。②冷冻水系统是由冷冻水循环泵通过管道系统连接冷冻机蒸发器以及用户的各种冷水设备（比如：空调机和风机盘管）组成。对冷冻水系统进行监控的主要目的是保证冷冻机蒸发器能够通过足够的水量从而使蒸发器正常工作，向冷冻水用户提供足够的水量以满足使用者的要求，并且在满足使用要求的前提下尽可能减少水泵耗电，实现节能运行。③热水制备系统是以热交换器为主要设备，它的作用是产生生活、空调及供暖用的热水。对热水制备系统进行监控的主要目的是监测水力工况以保证热水系统的正常循环，控制热交换过程以满足供热水参数的要求。

通过装有专业冷站群控系统的各项目历史数据与同地区其他未装群控系统项目的横向对比，可以发现采用专业冷站群控系统带来的良好运行效果和节能作用。而为了达到最优的运行效果，除采用专业冷站群控供应商的产品以外，还需要结合高效的运行管理才能使得系统发挥应有的作用。

2. 照明设备

照明自控系统采用先进的电磁调压和电子感应技术，将公共照明纳入统一的智能平台，对供电进行实时监控和跟踪。通过自动平滑地调节电路的电压和电流幅度，该系统能够改善因不平衡负荷而产生的额外功耗，提高功率因数，降低灯具及线路的工作温度，从而实现照明控制系统的供电优化。

照明自控系统能在确保灯具正常工作的情况下，让灯具在最佳照明功率下工作。减少由于过压所造成的照明眩光，使灯光发出的光线更加柔和，照明分布能够更加均匀，并且大幅度节省电能，照明自控系统节电率可以达到20％～40％。照明自控系统（图4-4）可在照明及混合电路中使用，不仅适应性强，在各种恶劣的电网环境及复杂的负载情况下也能够连续稳定地工作，而且还可有效地延长灯具寿命，减少灯具的维护成本。针对不同的工作场合，照明自控系统可分为单相和三相两种类型，能够实现美化环境、延长灯具寿命、节约能源、调节照度及照度的一致性和综合控制等效果。

举个简单例子，我国香港某办公建筑的照明自控系统采用吸顶式（配合反光板），灯管类型为TL5840，灯管功率为14W×2，办公区的功率密度为24W/m²。各个办公建筑及调研办公室的公共区与办公区的照明控制策略见表4-7。

公共区与办公区的照明控制策略　　　　　　　　　　　　　　　　　　表4-7

区域	开关状态	中国香港地区
公共区	开	自控
	关	自控
办公区	开	自控
	关	自控＋员工

中成集中式低压直流照明控制系统拓扑图

RS485

低压直流　安全用电
一线两用　简化布线
照明改造　无需重新布线
恒流驱动　解决频闪

RS485

集中式智能照明控制器

AC220V　　　　　　　　AC220V　　　　　　　　AC220V

DC40-60V　DC-BUS低压直流总线　　DC40-60V　DC-BUS低压直流总线　　DC40-60V　DC-BUS低压直流总线

氛围创建，风格多变
（色彩控制）

多种调光方式控制，突显产品质感，
提高客户体验

场景模式一键调用，缩短会议时间，
提高工作效率

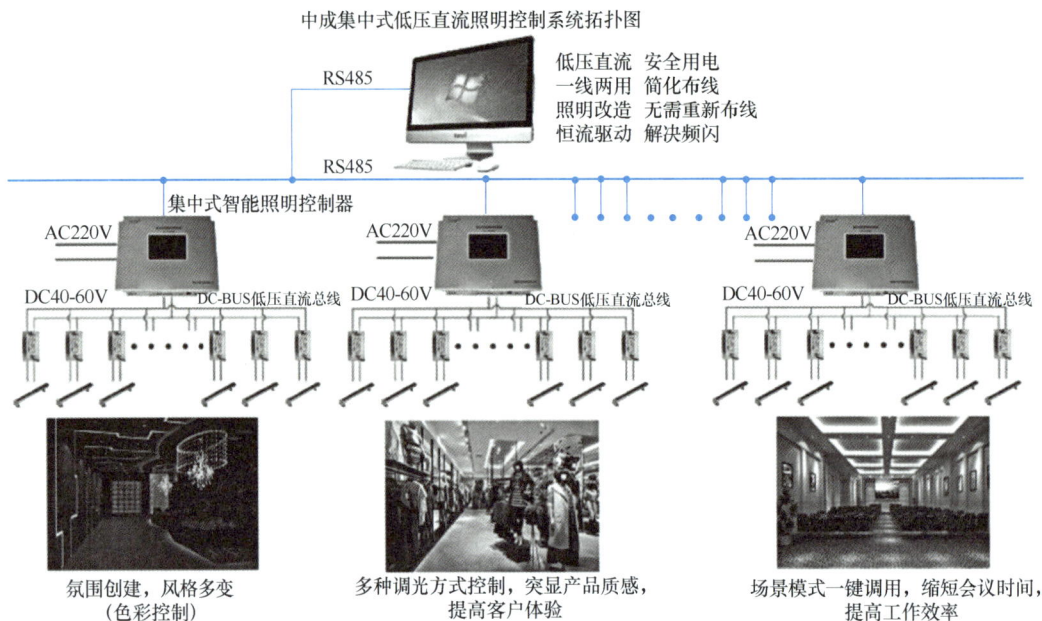

图 4-4　照明自控系统框架图

该香港办公建筑公共区域的照明设备在 7：30—18：00 全部开启，18：00 起大堂会关闭 1/2 的照明设备，21：00 起会保留部分常开的灯，其余的全部关闭。各租户办公区照明作息按照租户给物业管理处提交的要求，照明自控系统会依照业主要求执行。根据物业管理处提供的自控数据进行分析，该香港办公楼的办公区的自控作息有四种方式（图 4-5），其中模式 A、B、C 是普通模式，7：30 开启照明设备，晚上则依照各个办公室的

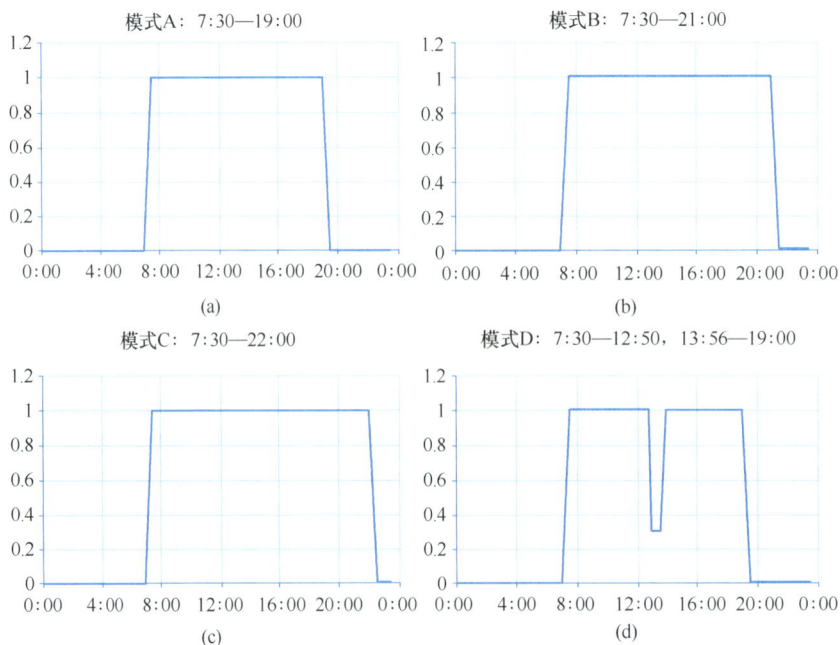

模式A：7:30—19:00

(a)

模式B：7:30—21:00

(b)

模式C：7:30—22:00

(c)

模式D：7:30—12:50，13:56—19:00

(d)

图 4-5　香港办公楼四种典型办公区照明控制模式

习惯关闭照明设备（但关闭时间不同），而模式 D 则是节能模式，在正常的模式基础上在 12：50—14：00 关闭 1/3 照明设备，如果员工早到，或者晚间有加班，则也可以自己控制本地的照明设备。总结来看，调研的该香港办公建筑的光源控制模式归纳为以下四类：优先选用自然采光模式，其次为节能模式、普通模式，最后为浪费模式。各个模式的定义与典型日的工作时间见表 4-8。

模式的定义与典型日的工作时间 表 4-8

时间	模式 1 优先自然采光	模式 2 节能	模式 3 普通	模式 4 浪费
工作时间（h/天）	<5	6~8	9~10	>10
工作时段	根据桌面照度判别	开启	开启	开启
午休		关闭	开启	开启
下班后		关闭	关闭	部分或全部关闭

3. 空气环境

在建筑与基础设施领域，数字化空气管理系统通过物联网、人工智能和大数据技术构建的智能化环境调控体系，其核心目标是通过实时感知、智能分析与精准控制，实现建筑或基础设施内空气环境的动态优化与高效管理。这一系统通过多层级的技术架构实现功能集成：首先，感知层由分布式的高精度传感器网络构成，能够实时采集温湿度、二氧化碳浓度、颗粒物（如 $PM_{2.5}$）、挥发性有机物（VOC）等关键参数，并通过无线或有线通信技术将数据传输至处理平台。这些传感器的部署需根据建筑类型与功能需求进行空间规划，例如在医院手术室、地铁站台或数据中心机房等对空气质量敏感的区域实现密集覆盖，以确保数据的全面性和准确性。

数据处理层是系统的核心决策中枢，整合了边缘计算与云计算技术。边缘设备（如智能网关）可快速响应局部环境变化，例如在传感器检测到某区域 CO_2 浓度超标时，立即触发新风系统启动；而云计算平台则通过机器学习算法分析长期数据，预测污染物扩散趋势或设备能耗模式，从而优化全局控制策略。例如，AI 模型可结合历史气象数据与实时人流密度，动态调整空调系统运行参数，既保证舒适性又降低能耗。此外，系统通过多源数据融合，将外部环境信息（如气象数据、交通污染源分布）与内部设备状态数据（如风机转速、过滤器寿命）整合，构建完整的环境模型，为决策提供更全面的依据。

执行层通过自动化控制系统与用户交互界面实现闭环管理。在技术端，系统通过标准协议（如 BACnet、Modbus）与楼宇自动化系统（BAS）或基础设施控制系统联动，实时调节 HVAC 设备、空气净化装置的运行状态。例如，在写字楼中，当传感器监测到某会议室 CO_2 浓度升高且人流量增加时，系统会自动加大新风量并降低该区域的制冷温度，同时通过能耗优化算法避免过度运行。在用户端，可视化管理平台（如 Web 或移动端应用）为运维人员提供实时数据仪表盘、异常预警及设备状态报告，支持人工干预与策略调整，例如在突发污染事件中手动启动应急净化程序。

在安全与合规层面，系统通过数据加密、权限分级管理确保信息安全，并遵循相关标准进行设计，自动记录运行数据以满足环保法规与健康安全审计要求。例如，在化工园区，系统需实时监测有毒气体浓度并联动应急设备，同时保留数据日志以备事故追溯。

数字化空气管理系统的应用已扩展至多个领域。在商业建筑中，它通过动态温控与空气质量优化提升办公效率，例如医院手术室的微环境控制可减少术后感染风险；在交通基础设施领域，地铁站与隧道的智能通风系统能快速响应污染物浓度变化，保障乘客呼吸安全；工业场景中，数据中心的冷却系统通过热成像与 AI 预测优化能耗，而化工厂区则利用系统实现有毒气体泄漏的实时预警。此外，在智慧城市框架下，建筑与基础设施的空气监测数据可整合为城市级环境模型，辅助制定区域污染治理或公共空间规划方案，推动城市微气候的可持续管理。数字化空气管理系统正从单一环境调控工具升级为支撑健康、高效、可持续城市发展的关键基础设施，其应用边界也将拓展至医疗康养、农业温室等新兴领域，成为智慧城市生态中不可或缺的智能节点。

4.2.2 建筑能源低碳化管理实践

1. 上海世博园主题馆项目

除了建筑能源管理系统之外，光伏建筑一体化（BIPV）系统是一种近年来兴起的建筑低碳化管理手段。光伏太阳能发电作为一种清洁、安全、可靠的技术，光伏与建筑一体化不是简单地将太阳能与建筑简单地相加，而是通过建筑的建造技术与太阳能的利用技术进行集成，整合出一个崭新的现代化节能建筑。与传统能源供应系统相比，光伏建筑一体化系统不仅提供电力，还实现了经济成本的节约。

上海世博园主题馆（图 4-6）建筑面积 13 万 m^2，它利用屋顶凸起部分建设（BIPV）发电项目，铺装光伏发电组件面积 3 万 m^2，实现 2.57MW 的发电能力，总投资约 1.2 亿元（含中国馆 3000m^2 光伏发电）。

上海世博会的光伏建筑一体化项目的装机总容量为 3.14MW，整个项目以上海世博永久性展馆为载体，建设光伏系统。在进行一体化设计过程中，与周围环境和谐统一，体现了人与自然的完美结合。

2. 武汉火车站项目

武汉火车站（图 4-7）坐落于武汉市青山区，是一座高科技现代化的高速铁路火车站，武汉火车站的光伏建筑一体化项目的投资总额达到了 0.48 亿元人民币，其预计年发电容总量为 212MW。在火车站的 8 片无柱雨篷和大厅中共安装光伏组件和其他构件。光伏组件的材料是单晶硅，其设计寿命为 25 年。

图 4-6　上海世博园主题馆俯瞰图　　　　图 4-7　武汉火车站鸟瞰图

3. 重庆国际博览中心项目

重庆国际博览中心位于悦来国际会展城，是悦来国际会展城的核心组成部分。悦来国际会展城智慧管理系统（图 4-8）功能涵盖海绵城市、屋顶光伏、储能系统、智能充电桩等物联大数据，通过"电热氢储水"集成技术及相关工程，建立由电网、热网、气网组成的能源输送网络以及终端用户系统，推动建筑能效检测和节能改造，将国际博览中心作为小型综合能源体，实现能源的统一管理，提升了综合能效，促进清洁能源消纳，减少碳排放。

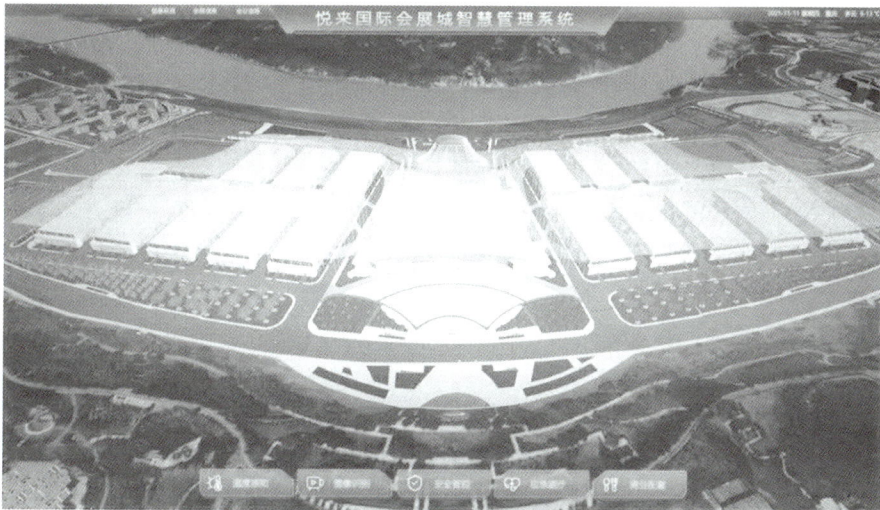

图 4-8　悦来国际会展城智慧管理系统首页界面
（图片来源：重庆悦来投资集团有限公司）

重庆国际博览中心总建筑面积 60 万 m^2，接待逾千万人次。重庆悦来国际数字会展城智慧管理系统采用数字孪生技术，建立等比三维数字模型，把重庆国际博览中心进行虚拟数字还原，为大型会展经济和峰会活动提供可靠的运营流程管理、安全预警管理、节能低碳运营、信息智能决策等高效解决方案，提升了重庆国际博览中心独具禀赋的智能化运营水平。

智慧低碳管理系统运用 IoT＋大数据系统，实现智能化的节能、减碳策略。结合展厅内的智能摄像头和服务机器人，对活动期间的人流、车流进行监测和数据交叉分析，根据人流潮汐和人群密集度数据生成可视化热力图进行运营管理；在两者基础上通过智能技术实现通风、照明的柔性调节，为展馆的布（撤）展施工和会展期间节省能耗、节省管理人力，降低碳排放。

4.3　城市综合能源系统低碳化管理

传统能源服务诞生于 20 世纪 70 年代中期的美国，主要针对已建项目的节能改造、节能设备推广等。基于分布式能源的能源服务，诞生 20 世纪 70 年代末期的美国，以新建项目居多，推广热电联供、光伏、热泵、生物质等可再生能源，与传统能源服务相比其融资额度更大，商业模式更加灵活。随着互联网、大数据、云计算等技术出现，融合清洁能源与可再生能源的区域微电网技术的新型综合能源服务模式诞生。综合能源服务对提升能源利用效率和实现可再生能源规模化开发具有重要支撑作用，基于互联网、大数据、AI、数字孪生等技术，可以实现能效监测与诊断、节能改造、电能质量提升等服务。

4.3.1　城市综合能源系统

城市能源系统是指在城市能源生产、传输和消费等环节中，实现电力、气能、热能、冷能和氢能等多种能源互济互补和高效利用的物理耦合网络。通过对城市能源系统中各类型能源系统进行整体协调、配合、优化的低碳管理，不仅可以满足低碳性和环保性的要求，提高能源供给的安全性和可靠性，还能实现能源利用的高效性和城市能源系统规划运行的经济性。

对综合能源系统自身来说，受多种能源形式在产－配－储－用全过程中深度耦合的影响，其运行特征将与传统独立能源系统显著不同，并体现出多物理系统耦合、多时间尺度动态特性关联、强非线性和不确定性等混杂特征，导致综合能源系统的规划设计、能量管理、检修维护等问题十分复杂，必须依赖于对系统运行状态和特性的深层次理解和掌控。此时，多源量测的融合、系统特性的分析、发展态势的预测、控制决策的优化等都需要在数字空间中更加高效地完成。一种 AI 与数字孪生支持下的城市综合能源系统如图4-9所示。

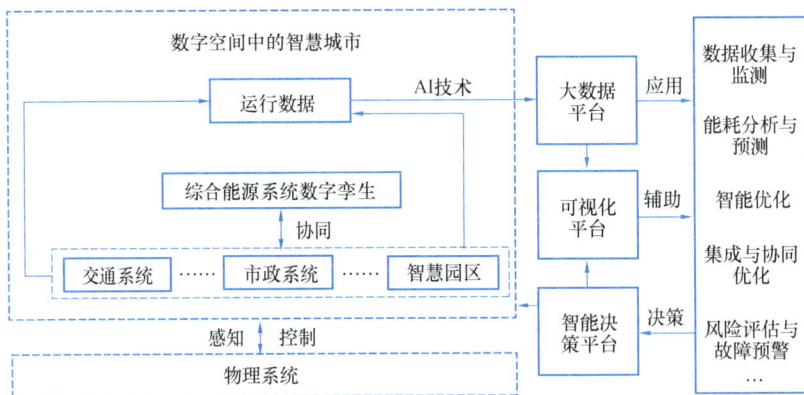

图 4-9　AI 与数字孪生支持下的城市综合能源系统

1. 数据收集与监测

城市综合能源系统需要大量的实时数据来进行分析和优化。传感器和智能计量设备可用于收集能源供应、传输和使用的数据，这些数据包括能源消耗、设备运行状态、环境因素等。传感器网络可以安装在能源系统的各个关键位置，收集能源供应和消耗的实时数据，例如电力网络、供暖和制冷系统、照明设备等。这些传感器可以监测能源系统的运行状态、能源使用情况、能源效率等，可用于数据处理和分析，从而提供有关能源系统性能的洞察。同时，人工智能可以结合物联网技术，实现对各种设备和系统的数据采集。例如，智能电表可以收集每个用户的用电数据，并将其发送到中央数据库。这些数据可以用于分析用户的能源消耗模式，帮助制定更有效的能源管理策略。

2. 能耗分析与预测

能源预测大致可分为超短期、短期、中期和长期负荷预测。如果预测持续时间少于一小时，则称为超短期负荷预测。一小时到一周的预测范围被认为是短期负荷预测。中期负荷预测通常持续一周到一年，主要目的是事前规划、维护和调度负载。持续一年以上的长期负荷预测旨在实现对未来能源需求的预测，从而可以长期了解能源消耗，以制定、规划和起草国民经济方面的有效政策。使用数字孪生进行能源预测的好处是平台运行得更快，能够提供新能源部门的数字孪生方法，提供检查基准能量的时间维度，使用数据驱动的大规模模型快速完成在线分析工作等。

能源负荷与价格、政策、天气等多种影响因素相关，难以建立精确的数学模型，阻碍了传统的负荷预测方法获得令人满意的结果。AI 在分析过程中无须建立对象的精确模型，能以数据驱动的方式较好地拟合负荷与其影响因素之间的非线性关系，因此被用于能源负荷预测。例如在天然气负荷预测方面，考虑节假日因素和天气因素，可以采用最小二乘支持向量机进行天然气日负荷预测，并采用差分进化算法对最小二乘支持向量机的参数进行寻优，提升预测精度。尽管采用人工智能进行负荷预测得到了较好的性能，但直接使用深度学习等方法时也存在一些新问题：可用于训练的负荷数据量通常会远小于模型中的参数量，容易出现过拟合。为解决这些问题，需要从时间维度和空间维度扩展负荷数据集，通过数据集的多样性消除单一负荷数据的不确定性，提高预测精度。此外，由于人工智能方法在预测过程中并未建立明确的系统模型，模型的黑盒本质存在计算失败的风险。

3. 智能优化与决策支持

在数据收集之后，人工智能和数字孪生可以利用这些数据进行分析和建模。AI 算法可以对大规模数据进行处理和分析，提取有用的信息和模式，基于数据模型和算法，AI可以识别潜在的能源效率改进点，这包括能源供应和需求的调整、设备的控制策略优化以及碳排放的减少方案。通过深度学习和机器学习技术，AI 可以预测能源需求、优化能源供应链、识别能源浪费和潜在的节能措施等。

数字孪生是一种基于实时数据和物理模型的虚拟模拟，它可以构建起物理世界和数字空间的双向沟通渠道。通过整合实时数据和历史数据，可以模拟城市综合能源系统的运行情况，并进行各种情景分析和优化，它还可以将能源系统划分为各个组件，并为每个组件建立相应的模型。例如，可以建立电力网络模型、供暖和制冷系统模型、光伏发电模型等。这些模型可以考虑各种因素，如能源供应、能源消耗、传输损失等，以提供准确的模拟结果。人工智能和数字孪生还可以提供决策支持，帮助决策者制定合理的能源管理策略。基于大数据分析和模型预测，它们可以为决策者提供不同的能源管理方案，并评估其对能源效率、经济成本和碳排放的影响。这使决策者能够作出明智的决策，实现可持续的能源发展目标。

4. 能源系统集成与协同优化

城市综合能源系统涉及多种能源形式和设施的集成。目前，能源系统的大多数优化都是基于特定的稳态模型来实现的。然而，实际系统中多种能源的转换和消耗特性与环境、系统运行状况等因素密切相关，很难用简单的模型来描述。AI 和数字孪生技术可以帮助实现不同能源系统的协同优化，例如电力网络、热能网络和交通能源系统之间的协调和优化，这有助于提高整体能源效率和系统的可靠性。

AI与数字孪生技术整合能源组件模型和数据，构建综合系统模型，助力深入分析组件间相互作用，挖掘系统优化空间，促成能源系统的协同管理和优化升级。AI算法识别系统瓶颈与冲突，提出改进措施；数字孪生技术则通过模拟多种策略，评估其对系统性能影响，输出最优协同方案。

城市综合能源系统内，各组件与用户间能源交互及灵活性管理需求日增，在电气化交通、市政、智能园区等多领域的消费活动日益增长，显著增强了消费端对综合能源系统的影响，因此迫切需要从生产至消费的全链条高效优化管理。以电动汽车为例，随着电动汽车的普及，能源网将与交通网实现紧密的耦合。交通系统将通过影响电动汽车充电需求分布，进而影响电力系统；反之，电力系统将通过影响充电站的服务能力和价格，影响电动汽车的出行行为，继而影响交通系统。人工智能和数字孪生可以通过建模和数据分析，优化能源交互和灵活性管理。在能源供需调节方面，机器学习的聚类、分类技术利于分析用能行为、异常监测及负荷评估，结合价格、需求预测和天气信息进行智能调度，为综合能源系统的定价策略与结构优化提供理论依据，促进供需双方灵活互动，实现能源平衡。同时，数字孪生技术通过模拟不同的交互与灵活性管理策略，评估其系统性能与能源效率，推荐最优策略方案。

城市综合能源系统的能源低碳管理往往涉及多个目标，如能源效率、经济性和环境可持续性。AI和数字孪生可以实现多目标优化，通过对多个目标进行建模和分析，可以生成一系列最优解，形成帕累托最优解的曲线，决策者可以基于这个曲线进行决策，根据实际需求和偏好选择最合适的能源管理方案。

除此之外，人工智能和数字孪生还可以支持城市综合能源系统的实时调度和响应。通过实时数据的监测和分析，AI可以识别和预测能源需求的变化，例如人口增长、季节性变化和特殊事件的影响。基于这些预测，能源系统能够执行智能能源需求响应策略，通过灵活调整能源供应和需求侧管理，以适应需求变化，减少能源浪费和过度消耗。数字孪生则可以模拟不同调度策略的效果，评估其对能源系统性能的影响，并提供最佳的调度决策。这有助于实现能源系统的灵活性和响应能力，提高能源效率和碳排放的控制。

5. 风险评估与故障预警

运行维护环节是影响综合能源系统运行成本、能效与可靠性的重要因素。在现阶段，对综合能源系统运行风险诊断能力仍有不足，尤其是对城市地下电、气、热管线的状态监测更为困难。因此，定期检查仍然是能源系统运维的主要方式。然而，这往往难以找到系统运维成本与安全可靠水平之间的最佳平衡点，甚至可能导致严重故障损失。随着运行时间的推移，综合能源系统的行为特征可能受多方面因素影响而改变，其中既包括系统设备维护、更新、替换、增减等显性因素，也包括设备老化、管网阻塞、能效变化等隐性因素。

AI与数字孪生技术在风险评估中发挥核心作用，依托历史数据与专家知识设定能源组件的关键风险指标，如供应的可靠性、安全及稳定性，并借助模型予以量化评估，为风险管理提供数据支撑。AI分析大量数据，识别风险因素与模式，通过机器学习揭示数据规律，预测风险事件，助力决策者预判应对，降低事故概率。二者合作生成的风险评估报告综合反映能源系统风险全貌，含潜在风险、等级及管理建议，引导策略制定与应急准备。

在运营期间，实时监控、异常检测和故障处理对于系统的风险管控至关重要。数字孪生伴随系统全寿命期，同步捕捉并反映系统动态变化，通过与实时数据对比，能及早察觉异常，预警潜在故障，为预防性维护创造条件。一旦故障出现，AI 与数字孪生即刻介入诊断并指导修复，AI 的深度学习能力加速故障定位与原因分析，提效故障处理流程。此外，通过对已发生故障的深入分析，可提炼经验构建故障知识库，持续优化 AI 故障模型，不仅能提升未来故障预测与处理的精确度，亦缩短停机时间，强化系统的韧性与可持续运作能力。

4.3.2 城市能源系统低碳化典型应用场景

在当下的研究和实践过程中，众多城市基础设施低碳化管理领域的研究者和实践者通过持续不断的努力，已经成功研发和探索了多项智能化解决方案，包括人工智能和数字孪生技术等。这些智能化解决方案被广泛应用于不同基础设施的运维需求，已逐渐走出了实验室，进入工程实践和市场推广的阶段。尽管实践案例仍相对有限，但城市基础设施低碳化管理领域的巨大潜力逐渐显现，展示出产业化发展的可观前景。本节深入研究了城市能源系统领域的创新应用，在实践中选择了一些代表性的场景，重点展示了人工智能和数字孪生等新技术在基础设施运维中的作用。结合当前技术发展的主要方向和趋势，探讨城市能源系统低碳化管理领域未来的发展前景。

1. 能源互联网数字孪生系统

能源互联网是以电力系统为核心，利用可再生能源发电技术、信息技术，融合电力网络、天然气网络、供热/冷网络等多能源网以及电气交通网形成的能源互联共享网络。数字孪生是融合物联网技术、通信技术、大数据分析技术和高性能计算技术的先进仿真分析技术，有助于解决当前能源互联网发展面临的技术问题。例如，由清华大学研究团队研发的 CloudIEPS（Cloud-based Integrated Energy Planning Studio）是一款面向综合能源系统规划的基于数字孪生技术云平台（图 4-10），采用多能源网络能量流计算和优化内核支撑综合能源系统规划设计。用户可根据需求灵活地调整系统能量的梯级利用形式，从而实现综合能源系统的可视化建模、智能化设备配置、全寿命期运行优化和综合效益评价，辅

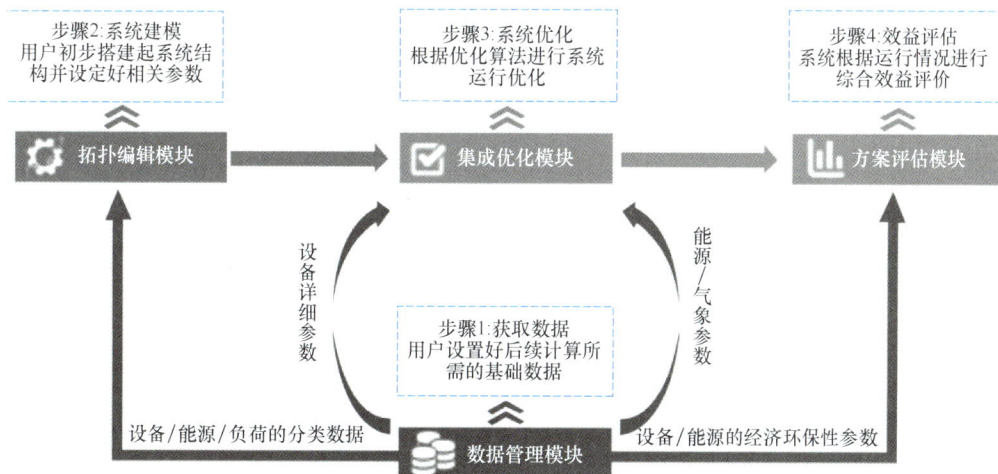

图 4-10 CloudIEPS 的功能模块

助用户实现综合能源系统方案的规划设计。

兰考县是全国首个农村能源革命试点建设示范县，目前已经实现了兰考农村资源能源化、用能低碳化、能源智慧化、发展普惠化转型，驱动乡村振兴。但随着试点规模的扩大，兰考能源互联网系统的源网荷储协同运行面临越发复杂的问题。一是分布式能源数量急速增加，电网已难以直接进行大规模的管理和调控，亟需通过技术手段降低控制对象的规模；二是可再生能源发电量占全社会用电量的比例提升至71%，2021年3月，兰考有60%的时间段已实现了全清洁能源供应，但电网面临新能源消纳与管控的压力，需降低不确定性的影响，增加资源的可调度性；三是在源、荷、储地理分布散、运行差异大，时空匹配度较差，优化协调运行难度大，需进一步提高源荷储与电网的协调调度能力。

针对上述问题，国家电网在兰考县研发和部署"基于数字孪生的能源互联网协调优化仿真系统"，基于"知识＋数据"驱动的建模技术对兰考电网物理系统和运行场景进行数字化构建，并构建"设备-集群-节点-虚拟发电厂"的多层级分布式资源协调调控架构、复杂调控场景下多时态决策推演模型、大数据驱动的运行场景预测分析算法、人机决策在线交互等数字孪生支撑技术，实现运行状态预测、潮流动态可视、分布式设备集群调控潜力评估、设备状态监测与远程控制、多类型调控任务协调、多时态调控决策推演等功能。

县域能源互联网数字孪生系统采用了"知识＋数据"驱动的建模技术，实现了对分布式设备的基础参数、运行特性和可调特性的全面数字化表达。该孪生系统能够实时监控和感知分布式光伏、储能、电动汽车和空调等设备，同时基于设备的物理模型机理和实时运行数据，能够辨识出反映设备运行和可调特性的关键参数。此外，系统还能对这些参数进行分析，以预测设备的运行状态。此功能可对多类型分布式设备的接入位置、基础参数、当前运行特性和未来运行轨迹进行数字化的可视化呈现，便于调度人员更为直观地感受设备运行情况。

数字孪生系统基于分布式设备的数字化模型，按照"分布式设备-设备集群-电网节点-县域虚拟发电厂"多层级架构，实现能源互联网接入设备调控潜力的多级聚合与评估，并提供调控能力参数的可视化展示。同时，数字孪生系统可根据电网实际调控需求，实现"县域虚拟发电厂-电网节点-设备集群-分布式设备"调控指令的逐级自动优化并基于物联网操控技术，实现对分布式设备运行状态的远程控制。

项目根据兰考能源互联网当前实际运行的真实数据，基于全要素数字化建模技术，构建出特性与真实系统高精度相似的虚拟孪生体。孪生体通过内嵌智能优化算法，可模拟出未来时段内能源互联网的运行场景，并在线推演出不同调控策略的实际运行结果。孪生体的推演结果可直接作为实际调控指令，作用于真实系统，进而实现分布式设备高渗透接入下能源互联网的高质量调控决策。数字孪生系统内嵌AI算法，可实现高渗透率分布式设备接入下的能源互联网新能源和负荷超短期和短期预测。孪生系统对于历史运行数据具备自我学习和更新能力，可根据能源互联网系统实际运行数据，在系统后台对深度神经网络参数进行自我学习和更新，从而确保算法在持续变化的电网运行场景下仍具有良好的预测能力。

在以新能源为主体的新型电力系统建设背景下，企业构建了区域能源互联网的数字孪生系统，实现兰考县3363个台区下新能源和负荷数据的接入、感知和利用。孪生体的多时态仿真推演技术为调度人员的决策提供了模拟和试验的沙盘，和传统电力系统优化方法相比，数字孪生的平行推演，能够更准确地预知未来场景，推演准确率达 95％以上，进而确保了决策的高效可行，保障了整县光伏建设下的电力系统安全运行。灵活的孪生注册机制可支持调度人员构建未来的假设场景并进行模拟和分析，为能源互联网规划建设提供参考。数字孪生系统的建设，提升了兰考电网的智能化水平，实现了分布式设备的友好接纳，新能源的消纳水平提升至 100％。目前已构建风电、光伏电站孪生体 20 个、10MW 储能电站孪生体 1 个、电动汽车充电站孪生体 16 个、低压分布式光伏孪生体 3686 个、虚拟电厂孪生聚合体 304 个，完成数字孪生体对电网物理实体运行工况的精准映射，实现实时发电机组出力、累计发电量以及单台发电机组运行情况的实时监测，支撑全县能源协调优化运行，通过孪生体注册机制实现县域电网孪生化管理。项目成果为保障城市电力系统安全，促进系统低碳节能运行提供支撑，也为实现"双碳"目标提供了助力。

2. "数字孪生"智能电网

数字孪生电网首先对电力网络中的智能设备进行数据采集，随后建立电网的数字孪生模型，实现对电网运行状态的实时感知，进而对电网的健康状态进行评估和预测（如异常监测、薄弱环节分析、灾害预警等）。例如，上海交通大学研究团队通过潮流方程（有导纳信息）和数据驱动（无导纳信息）两种驱动模式进行对比，分析验证了数字孪生电网的可行性，证明了当机理模型存在不足时，数据驱动模式仍能得到满足实际运行需求的结果，对数字孪生电网的可行性开展了有益探索。相应数字孪生电力系统（Power System Digital Twin，PSDT）的框架设计图如图 4-11 所示。

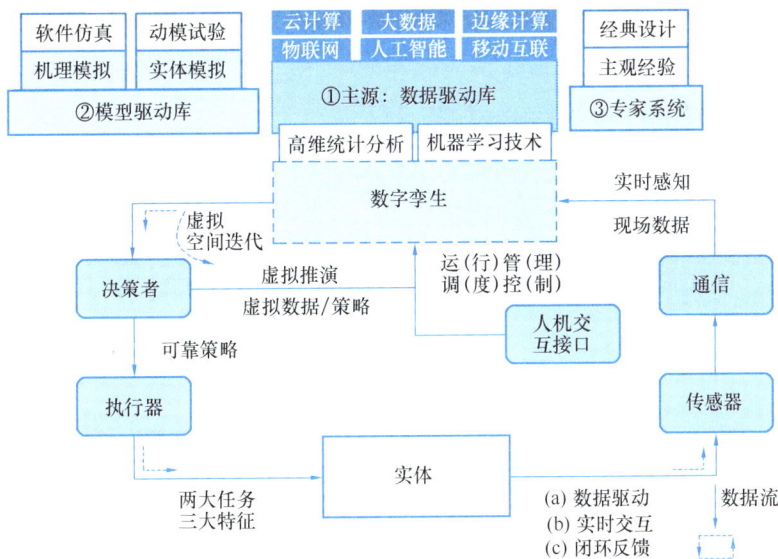

图 4-11 数字孪生电网框架设计图

2023 年，杭州供电公司在 22.3km^2 泛亚运区域内，以环亚运村电网为核心，用输电线路、地下电缆将 22kV 世纪变电站、110kV 亚运村变电站、500kV 乔涌线和乔潮线、亚运村地下电力管廊串联起来，将能源互联网物理系统实时完整映射为数据，打造输、变、配电网设备全要素数字孪生电网。数字孪生电网将实际电网设备与数字模型相结合，通过实时采集、分析和处理数据，对电网运行状态进行优化控制，实现泛亚运区域电网设备全息数字化呈现。数字孪生电网融合北斗通信、人工智能等技术，可实现从电网建设、巡检到故障处理的全周期、全方位、全流程数字化管控，提高电网的安全性、可靠性和经济性，促进电力运维管理数字化转型。

这是国内首次建成覆盖整个区域性电网、涵盖输、变、配全要素的数字孪生电网，实现了整个亚运村88万千伏安容量的主干电网的全息数字化呈现，建成的杭州亚运村地下综合管廊"数字孪生"的三维可视化模型如图4-12所示。

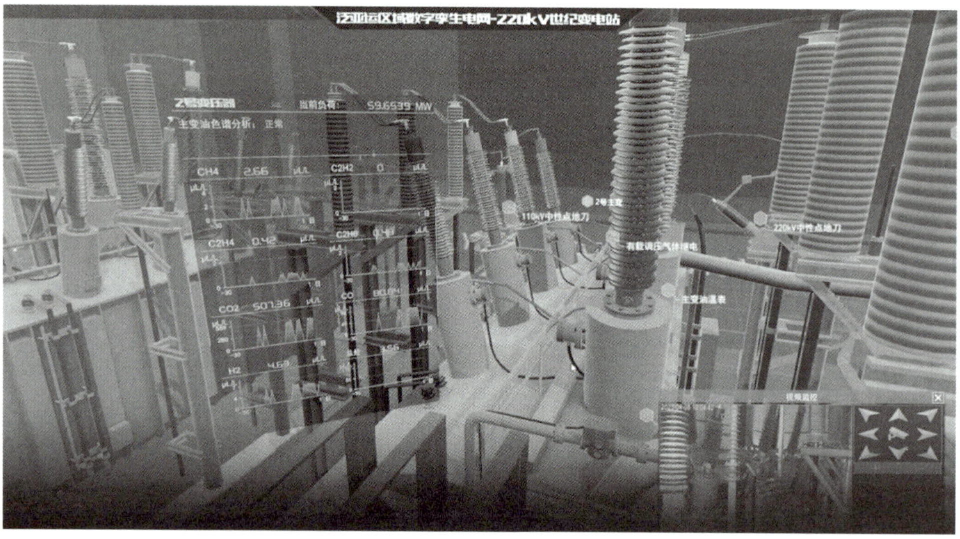

图4-12　杭州亚运村地下综合管廊"数字孪生"的三维可视化模型
（图片来源：新华社相关报道）

随着"数字孪生"电网建成应用，从前要靠一个团队高频次巡检才能完成的工作，如今通过数字孪生系统的全景监视与自主巡检功能，采用基于空间坐标位置和人工智能分析的算法，巡检工作人员与摄像机、机器人等高效配合，足不出户便可对异常信号重点标识、形成清单，清晰掌握待巡检电网周边全貌和现场工况，可实现24小时不间断设备巡检。

"数字孪生"电网的定位精度达到厘米级，让庞大复杂的电网设备及细节都能够被看见，运维人员不用再像以往一样重复往返现场，工作更加高效。当作业开始时，"数字孪生"系统将会立即激活远程安全智能管控功能，将工作人员的位置映射到变电站三维场景中，实时反映现场人员行动轨迹，以及与带电设备的距离，确保现场人员作业安全。

杭州亚运会召开前夕这张"数字孪生"电网将发挥六大功能，实现电网设备全景实时监控、计划作业远程踏勘、电网设备自主巡检、设备操作一键确认、现场安全智慧管控和人员远程实景培训，从而全面提升电网设备运维水平。

3. 城市可再生能源系统

城市可再生能源系统是实现城市能源系统低碳化的重要途径之一。通过充分利用太阳能、风能、水能等可再生资源，城市可以显著减少对化石燃料的依赖，降低碳排放，提高能源利用效率。这些系统不仅有助于实现可持续发展目标，还能提升城市的环境质量和居民的生活水平。一个具体的案例是位于苏格兰的奥克尼群岛虚拟能源系统。奥克尼群岛因其丰富的风能和海洋能源而闻名，奥克尼群岛位于苏格兰北部地区沿海和大西洋的交汇处，由约 70 个岛屿组成，总面积 990km²，只有 20 个岛屿有人居住，风能和潮汐能资源非常丰富。该地区开发了一个创新的虚拟能源系统，该系统通过一个集中的管理平台协调各种可再生能源资源，旨在此地创建一个"智能能源岛"（图 4-13），展示未来的能源系统，减少并最终消除对化石燃料的需求。这个系统不仅整合了风力发电机和潮流能发电设备，还引入了先进的电池存储技术来平衡供需。此外，该系统使用智能网格技术来优化能源的分配和使用，确保能源供应的高效性和可靠性，以数字化方式将分布式和间歇性可再生能源发电与现实需求联系起来，将当地电力、运输和热力网络连接成一个可控的总体系统，通过软件平台可实现智能监控，在发电高峰期充电，在需求高峰期放电。

图 4-13　奥克尼群岛上的变电站和氢气加工厂

该项目的核心是灵活的能量平衡技术。例如，该项目包含了：500 组民用电池、100 组商用和大型电池组、200 个车联网充电桩、600 辆新型电动汽车、电动公交车和电动自行车综合交通系统、100 个灵活的加热系统和工业规模氢燃料电池。Solo Energy 将为该项目提供其自身的 FlexiGrid 软件平台，从而实现灵活的监控和灵活的控制，以便在本地可再生能源发电高峰期提高负荷，并在需求高峰时释放储存的能源。

奥克尼的虚拟能源系统有效地展示了可再生能源技术如何支持一个地区的能源自给自足，同时提升能源系统的环境可持续性。该系统不仅减少了对外部能源的依赖，还显著降低了能源生产的碳足迹，为全球能源系统的低碳转型提供了一个值得借鉴的模范。

4.3.3　未来展望

在碳达峰碳中和的大背景下，基础设施能源低碳管理有望迎来蓬勃发展。首先，随着可再生能源技术的不断进步和成本的降低，未来基础设施能源管理将更加侧重于整合可再生能源，太阳能和风能等可再生能源将在基础设施中得到更广泛的应用，以替代传统的化石燃料能源。这将有助于减少温室气体排放，并推动低碳经济的发展。与此同时，基础设施领域将加速电气化和能源转型。随着电动汽车的普及和基础设施充电设施的建设，基础设施能源也将向清洁、可再生能源的转型，如采用地热能、生物质能等，这将有助于实现基础设施运维低碳化的目标。

随着数字化时代的到来，基础设施能源低碳管理领域也面临着数字化转型，利用互联网、AI 和数字孪生等技术，通过智能监测系统、传感器和数据分析，实时了解能源的使用情况，识别能源浪费和低效环节，并通过自动化控制和优化算法进行调整和改进，最大程度地提高能源利用效率。通过精确监测和智能分析碳排放情况，识别高碳排放的环节，并制定相应的减排策略，包括能源效率改进、碳捕集与储存技术应用等，以降低基础设施能源的碳排放量。

新技术的应用给能源行业带来了新的业态（图 4-14），然而，在标准规范方面，目前已实施的针对综合能源服务业务需求的标准总体数量不足，同时零碎分布在电、热、冷、气等各种单一能源领域，而且由于不同能源领域标准分别挂靠在不同的标委会，难以统筹考虑。在综合能源服务领域，关于各个环节相应的评估、评价类标准均考虑不足，无法满足未来综合能源服务大规模开展的需要。虽然综合能源领域的具体设备层面相关标准较为成熟，但是关于系统集成应用、平台方面的标准欠缺，学术界、工程界在相关概念、边界及应用方式方面尚未统一，亟需针对综合能源服务业务需求，形成实用化的企业标准体系，解决标准缺失、滞后、交叉重复等问题，因此，亟需补充我国在相关领域的空白和不足，并制定相关的国家性标准，加强我国综合能源服务标准体系建设。

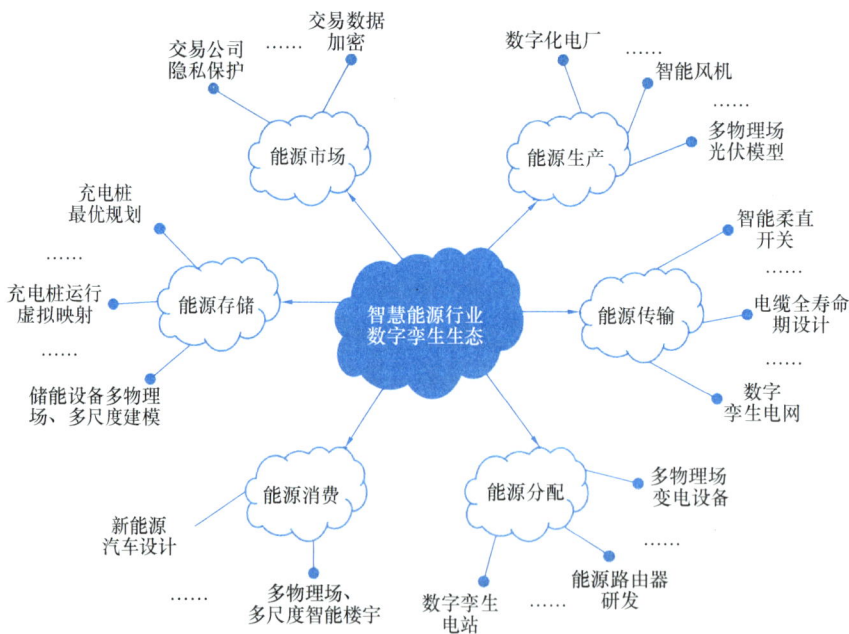

图 4-14　智慧能源行业的数字孪生技术生态圈

一个领域的转型和发展离不开政府的支持和经济激励措施，政府可以通过制定相关政策和法规，鼓励基础设施采用清洁能源技术、推动节能减排措施的实施，并提供经济激励措施，以促进低碳技术的应用和市场发展。同时可以鼓励绿色金融和投资，这将为基础设施低碳管理提供资金支持和推动力。金融机构和投资者越来越关注可持续发展和低碳经济，通过向低碳基础设施项目提供融资和投资，有效推动其发展和应用。

另外，社会接受和管理决策的重要性不可忽视。基础设施管理需要得到社会各界的支持和参与，公众意识的提高和教育的推广对于能源节约和环境保护至关重要。此外，有效的管理决策和协调也是成功的关键因素，需要跨部门、跨行业的合作和协同努力，例如，城市规划、建筑设计、交通规划等领域需要整合能源管理的思维和方法，实现协同效应和整体优化。

复习思考题

1. 为什么建设低碳城市对实现碳达峰和碳中和目标至关重要？请结合中国当前的城镇化进程和碳排放现状进行分析。

2. 如何利用智能技术和大数据分析提高城市能源管理的效率？讨论智能技术和大数据分析在监控、调度和维护城市基础设施中的具体应用。

3. 数字孪生技术在城市综合能源系统中的应用有哪些具体案例？请列举并描述数字孪生技术在能源系统优化和决策支持中的具体应用实例。

4. 跨部门与跨领域合作在能源低碳管理中的挑战和解决策略是什么？请讨论跨部门与跨领域合作面临的主要挑战，并提出可能的解决策略。

资产管理与价值工程

知识图谱

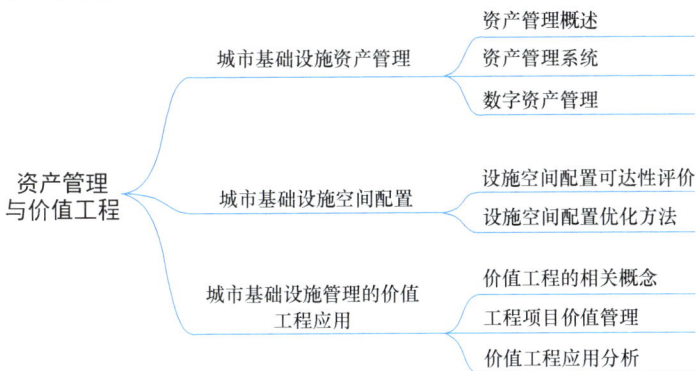

		资产管理概述
	城市基础设施资产管理	资产管理系统
		数字资产管理
资产管理与价值工程	城市基础设施空间配置	设施空间配置可达性评价
		设施空间配置优化方法
	城市基础设施管理的价值工程应用	价值工程的相关概念
		工程项目价值管理
		价值工程应用分析

本章要点

知识点1. 资产管理的基本概念及其范畴。

知识点2. 城市基础设施空间配置的评价与优化方法。

知识点3. 价值工程的概念。

知识点4. 价值工程的应用分析及其实际应用。

学习目标

（1）掌握资产管理和价值工程的概念。

（2）了解城市基础设施资产管理系统以及新兴技术在相关领域的潜在应用。

（3）掌握城市基础设施资产管理的策略与方法，理解如何实现基础设施资产的高效利用和维护。

（4）掌握价值工程在基础设施管理中的作用。

（5）了解价值工程在工程项目设计与实施中的应用。

城市基础设施是城市经济与社会发展的支撑系统和承载体，涵盖了道路、桥梁、供水系统、供电网络、通信设施及公共交通等领域，为生产和生活直接提供服务。城市基础设施的存在和发展，有助于优化生产结构、充分利用资源，从而带来显著的宏观经济效益，推动城市经济的高效运行和社会的协同发展。

然而，城市基础设施建设存在投资大、利润微薄、资金回收缓慢等经济特点，容易导致资金短缺中断、收益回报确定、运营成本上升等风险。因此，针对城市基础设施的经济成本运维管理必不可少。只有制定科学有效的规划和管理策略，确保基础设施项目的可持续性和经济效益，城市基础设施才能为城市经济发展和社会进步提供可靠的支持与服务。

总体而言，基础设施资产管理是在城市基础设施运维全过程中，实现资金管控和经济成本降低的目标，从而推动城市基础设施的长远可持续发展的重要手段。本章围绕基础设施资产管理、基础设施空间配置、价值工程及其在基础设施管理中的应用等方面内容，对资产管理进行了详细阐述。

5.1 城市基础设施资产管理

5.1.1 资产管理概述

资产管理发展历程可以追溯到 20 世纪 80 年代。这一时期，资产管理的概念在企业管理领域兴起，主要涉及金融和房地产行业。随着时间的推移，资产管理理念逐渐扩展到包括城市基础设施在内的公共和私人资产，即基础设施资产管理。《资产管理 综述、原则和术语》GB/T 33172—2016 给出了资产管理的定义：组织利用资产实现价值的协作活动。《2030 年可持续发展议程》中指出："有效的资产管理有助于使城市和人类住区具有包容性、安全性、复原力和可持续性"。

资产的价值，包括资产的经济价值、社会价值、环境价值和文化价值。资产管理致力于最大化资产的价值，以满足城市发展的需求。联合国经济和社会事务部指出，基础设施资产管理可提高中央和地方政府可持续、包容性发展的能力。基础设施资产管理需要在整个寿命期和更广泛的资产组合中系统地管理资产，它确保基础设施方面的初始公共投资不会被浪费，并确保这些投资能够持续提供服务。G Balzer 在《基础设施系统的资产管理》中提出：资产管理的目标是利用综合标准的规范来确保基础设施的最佳开发和维护。

城市基础设施运维中的资产管理核心在于对资产全寿命期的有效管理，包括规划、采购、部署、使用、维护、更新直至报废的全过程。资产管理的核心目标是优化资产利用率，降低运营成本，并确保业务连续性和安全性。近年来，随着新兴技术的兴起，针对不同的资产管理主体与对象，开发数字化资产管理系统对基础设施资产进行高效的管理已成为趋势。相关技术与产品的应用将不断推动基础设施从被动运维向主动服务、从成本控制向价值增值的转型。

1. 资产管理主体

"资产运维管理"描述了与维持和添加现有基础设施相关的整个流程的所有活动，而"资产管理人员"仅负责以下"资产管理人员"中提到的活动。公用事业技术设施的开发、管理和优化是通过一个决策过程来进行的，这个决策过程涉及一个模型，其中有三个主要参与者扮演以下角色，包括资产所有者、资产管理人员和服务提供者，即所谓的角色模型。

资产所有者设定了质量、可接受风险、供应可靠性、资产实质（即工厂相对于其使用寿命部分的总价值）和融资的基本要求，从而可以确定基本策略。资产所有者也是监管机构的联系主体，必须进行监管管理。因此，资产所有者管理资产管理器并批准不同网格级别的总体预算。

资产管理人员根据资产所有者指定的需求定义技术策略，主要是在系统开发、投资和维护领域。因此，资产管理人员负责将资产所有者的指导方针实现到工作计划中，以满足已定义的目标。资产管理人员确定必要的措施，并根据其任务范围内的技术标准安排其实现。最后，资产管理人员必须建立适当的行动来控制资金的使用和供应的可靠性，以确定措施的有效性，并在政策和标准需要时进行纠正。

因此，资产管理人员的角色是为以下问题找到最佳解决方案：可接受的业务风险、所需的系统可用性和系统的融资可持续性，他委托服务提供者进行操作实现。服务提供商代表资产管理公司执行与处理系统操作和实施项目有关的所有服务。服务提供者代表资产管理人执行涉及系统操作和项目实现的所有服务。

2000 年，Cigre 工作小组就利益相关者在决策过程中的责任（如上所述），在 16 家公司中进行了相关调查。调查结果如图 5-1 所示。从图中可以看出哪一方参与了各种任务（得分在 0 到 100% 之间），并且有可能多个当事方参与同一任务。资产所有者的作用主要体现在确定政策和财务目标（预算和收入）。服务提供者的职责是分为内部和外部的服务提供者和资产工作者。

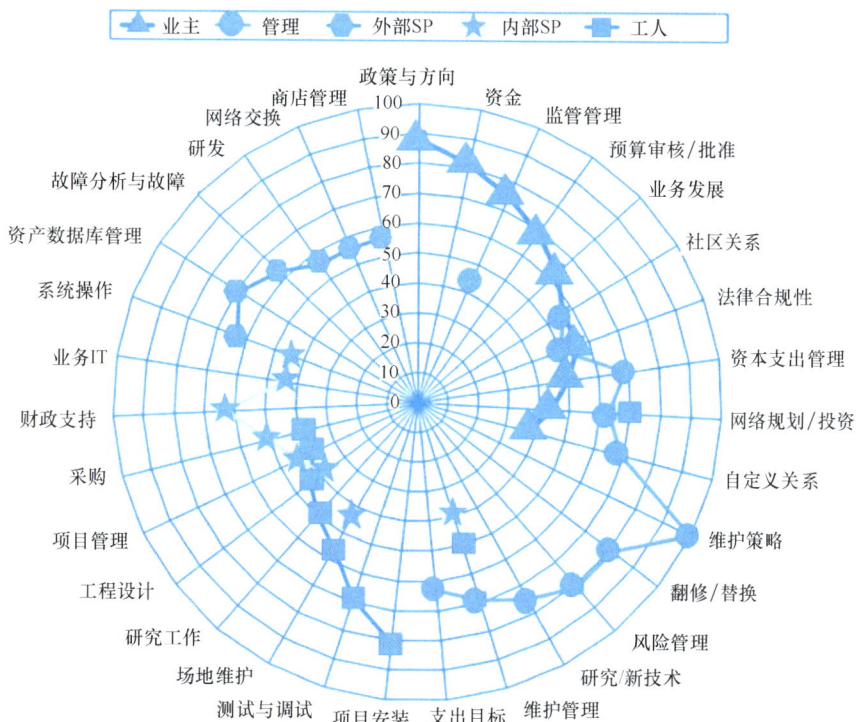

图 5-1 资产管理的任务分工

根据资产管理领域的职责,可以构建一个"资产管理流程金字塔"(图 5-2)。该金字塔不仅展示了决策过程,还体现了为此目的所需的信息流。通过对不同公司的调查,发现一些活动领域可以与特定的角色(资产所有者、资产管理人员和服务提供者)相关联,而其他活动领域则根据特定的公司结构,与多个角色存在交叉。虽然有关设备状况的信息流是从公司的底层到高层,但决策过程却以相反的顺序应用。资产管理人员在资产所有者和服务提供者之间的接口上承担协调和实现任务,因此在信息处理和决策处理之间具有中心功能。

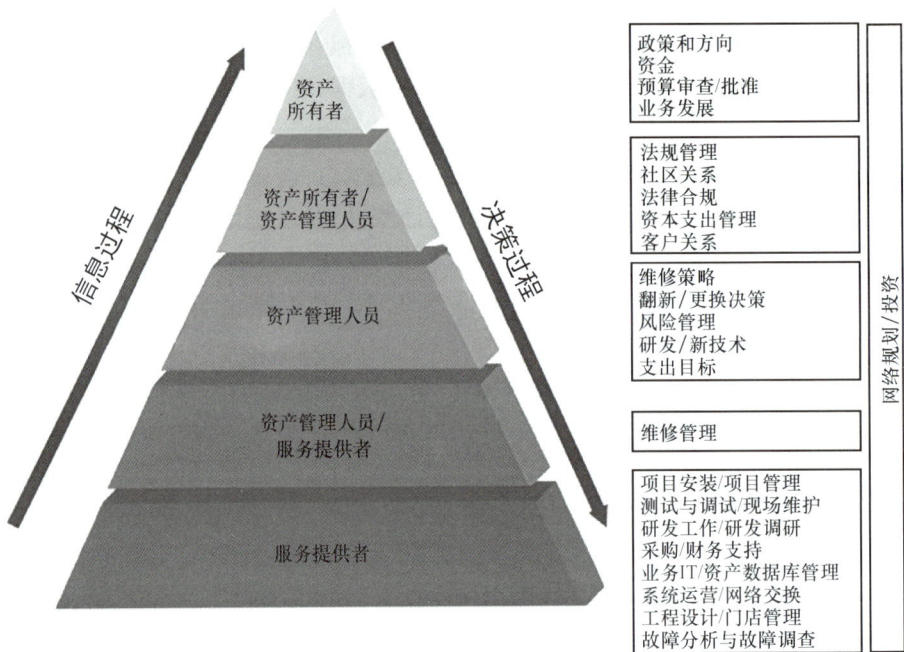

图 5-2 资产管理流程金字塔

2. 资产管理对象

从系统的角度开展对设施的运维管理,主要分为设施运作管理、资产全寿命期管理、数据信息管理、安全风险管理、环保与可持续性管理等。具体内容如下:

(1)设施运作管理

这是资产管理的核心对象,主要表现为向居民和工作人员提供安全舒适的建筑系统环境和正常工作的设备,包括城市的道路、桥梁、隧道、供排水系统、电力网络系统、公共交通设施等。

(2)资产全寿命期管理

资产管理涵盖资产的全寿命期,从规划和设计阶段到建设、运营、维护、更新和退役阶段。它考虑资产的整个使用过程,并确保资产在其寿命期内能够持续运行和提供价值。

(3)数据信息管理

资产管理依赖于有效的数据和信息管理,包括资产台账、维护记录、性能数据等。这些数据和信息用于支持决策制定、资源配置和优化资产管理的过程。

(4)安全风险管理

资产运维考虑到资产面临的各种风险,如自然灾害、技术故障、设备老化等。它通过风险评估和风险管理策略来降低风险，并确保资产的可靠性和安全性。

（5）环保与可持续性管理

环保包括景观维护，场地绿化，地面保养等，可持续性在此基础上，以实现城市基础设施的可持续发展为目标。它关注资源的有效利用、环境保护和社会责任，以实现经济、环境和社会的可持续性。

5.1.2 资产管理系统

1. 系统总体需求

目前，随着我国经济的发展和社会建设的不断进步，基础设施建设项目已基本完成，基础设施资产的管理需求日益增长，信息技术的发展和管理科学的进步，为基础设施资产的信息管理提供了技术支持。

建立基础设施资产管理数据库的终极目标是能够快速、方便准确地查询各种相关资料，从而使管理者的工作效率提高、用户查询快捷。例如地理信息系统不仅具有对空间和属性数据的采集、输入、输出、编辑、存储、空间分析、查询检索等功能，而且可为系统用户进行预测分析、规划管理等多种功能。由此可见，好的资产管理系统应满足上述的系统需求，且能够大大提升资产管理的水平。

在高速公路的资产管理实践应用中，可以通过将信息技术与相关理论结合，建立合适的高速公路资产管理系统。对于高速公路资产管理系统的建立，采用地理信息系统平台共享，充分发挥其强大的图形显示功能，以用户操作舒适、直观为宗旨，实现系统便捷查询、道路信息系统分析等功能，针对不同的使用群体对系统设置分权限管理，以保障系统的独立安全性，从而为改善公路管理方式，提高高速公路运行效率提供技术支持。

2. 功能设计

资产管理系统各模块主要实现功能如图5-3所示，其中，各模块具体的功能如下：

（1）数据录入模块。数据录入模块包括电子地图的读入、图层检查、图层设置、地图漫游、添加标签文字、地图导出等功能；此外实现资产的静、动态数据的采集录入，可根据资产的实际特点和管理部门的具体情况选择合适的设备。

（2）管理模块。管理模块包括系统、用户管理和信息管理模块。系统管理主要是指系统备份服务器参数配置等；用户管理主要指用户注册及使用权限分配等；信息管理主要指对空间数据和属性数据的录入、统计、分析、处理、维护及更新等。

（3）系统综合优化分析模块及资金分配和管理模块。两模块相辅相成，从网络级层面实现对各类资产的清核与评估、性能评价、性能预测、需求分析、各资产间和资产内的综合优化和排序等；从项目级层面实现实施项目的时间和空间分布的综合分析，完成年度大中修项目具体实施计划和中长期规划项目具体实施计划的制定等。

（4）图表报告模块。专题图生成指根据底层的属性数据，设置专题图生成选项，动态生成各类专题图，实现专题图的导出；图表报告生成指对路产性能、评价及投资维护计划等数据，利用直方图、饼形图、条形图等分析统计，生成水晶报表（包括年度大中修计划报告、中长期规划报告、年度项目具体实施计划报告和中长期规划项目具体实施计划报告等），提供图表的输出和打印功能。

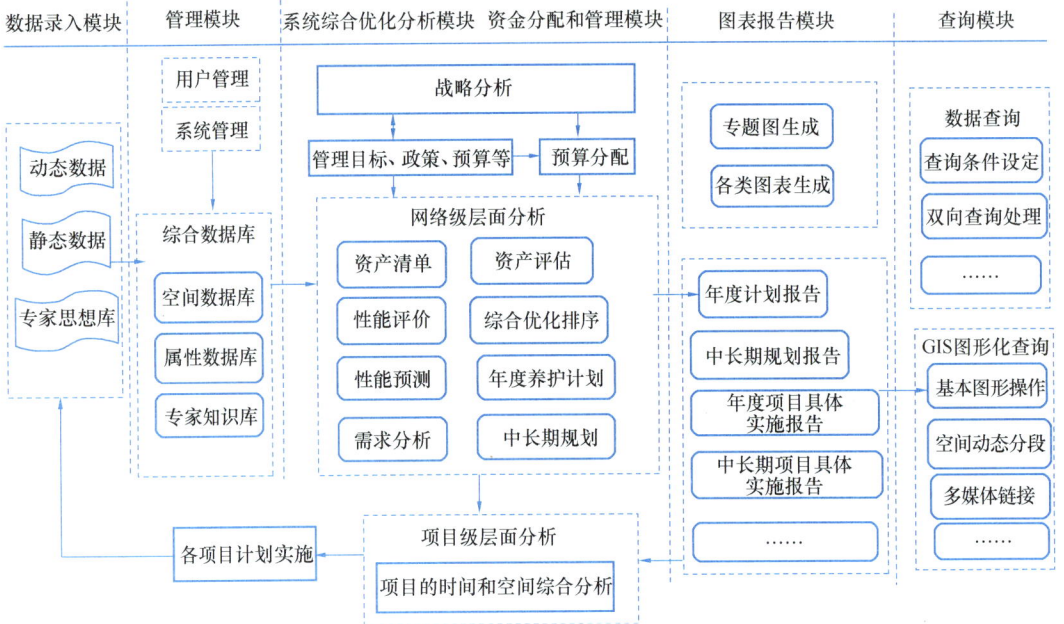

图 5-3　资产管理系统功能设计

（5）查询模块。数据查询与 GIS 图形化查。查询设定：对要的数据类别进行设定，对空间数据和属性数据实现系统双向同步查询。GIS 图形化查询，主要实现基本图形操作功能（无级缩放、平滑漫游、鹰眼显示及信息疏密效果协同校正等）；空间态分段，依据属性相近聚类查询；多媒体链接允许在相应的设施图像特征上添加多媒体信息，如视频、音频、图像及文本，进行屏幕查询时，可同时获取和使用。

3. 系统开发方式

开发基于 GIS 的资产管理系统属于应用型 GIS 的开发，一般此类开发有三种实现方式：独立开发、单纯二次开发及集成式二次开发。可利用单纯二次开发实现了电子地图制备与路段自动划分等功能。集成二次开发集二者所长，不仅能提高应用系统的开发效率，而且具有更好的外观效果，更强大的数据库功能，可靠性好，易于移植，便于维护。系统开发时可依据实际情况进行选择。

4. 系统开发平台

目前，GIS 开发平台软件，国外有 Arc/Info、MapInfo、GenaMap、Intergraph 等，国内有 MapGIS，GeoStar，ViewGIS 等。这些商业软件大多能实现目前基于 GIS 的资产管理所需要的功能。Mapinfo Professional 及 MapX 汉化程度高，空间和属性数据查询统计功能较强、操作方便、技术特点鲜明，是系统开发平台的不错选择。

5. 系统体系及网络结构

目前常见的有 C/S（客户端/服务器）与 B/S（浏览器/服务器）两种模式，在系统的开发工作中可综合考虑。将大部分业务逻辑以 Web Service 的形式部署在系统应用服务器，供客户端程序调用，对于 GIS 查询支持则建议采用 C/S 架构，将信息缓存在本地，根据需要更新系统管理的数据，充分发挥 C/S 模式所具备的优势。

5.1.3 数字资产管理

基础设施的全寿命期经济运维管理是一项复杂而综合的任务，它要求在管理实践中兼顾经济、技术、环境和社会等多方面因素。随着物联网（IoT）、大数据分析和人工智能（AI）等前沿技术的发展，基础设施经济运维管理的智能化程度和效率显著提高。这些技术的应用使得实时数据收集和分析成为可能，从而帮助决策者迅速识别潜在问题，优化管理决策，提升维护与运营的有效性。全寿命期成本管理不仅是保障城市基础设施工程质量和经济效益的关键环节，还是实现可持续发展的基础。因此，从全寿命期成本管理的核心内涵出发，深入研究如何有效整合现有的智能化技术，显得尤为重要。本节内容将聚焦于基础设施全寿命期成本管理的核心理念，分析其面临的难点与挑战，并探讨相关技术应用未来的发展方向，以期推动基础设施管理领域的持续进步。

在城市基础设施领域，数字资产管理正日益成为提升城市运营效率和服务质量的关键因素。随着城市化进程的加快，传统基础设施面临着日益增长的维护与管理压力，资产分散、责任不清和不合规风险等问题层出不穷。

数字化转型为城市基础设施的管理提供了新的机遇。在这一过程中，城市各类基础设施（如道路、桥梁、水利设施、公共交通等）的数据规模和复杂性显著增加，如何有效整合和管理这些资产成为城市管理者的重点挑战。尤其是在涉及多方参与者（如政府部门、承包商和公众）的复杂环境下，资产管理责任的模糊性可能导致资源浪费和管理风险。

借助现代数字技术（如物联网、大数据、人工智能等），城市管理者能够实现对基础设施的全面监测与实时管理。城市利用先进技术，对基础设施进行数字化转型，从而推动资产管理的智能化：

（1）物联网（IoT）技术的应用：通过在基础设施中部署传感器，可以实时收集数据，如桥梁的振动、道路的交通流量、水管的压力等，这些数据提供了实时的基础设施运行状态；传感器采集到的数据通过无线网络传输到中央管理系统，实现数据的实时更新和共享，确保可以随时掌握最新信息。可以通过物联网平台远程监控和控制基础设施的运行状态，及时响应突发事件，提高城市管理的灵活性和应急反应能力。

（2）大数据分析：将来自不同来源的数据进行整合，包括传感器数据、历史维护记录、气象数据等，从而构建全面的数据基础。通过多源异构融合等数据分析技术，发现基础设施运行中的规律和趋势，预测未来的维护需求和潜在风险，帮助决策者制定更科学的维护计划。基于分析结果，制定优化的维护和管理策略，提高资产的使用效率和寿命，实现精细化管理。

（3）人工智能（AI）：利用机器学习算法，对基础设施数据进行实时分析，自动识别异常情况和潜在故障。通过模型预测基础设施的故障概率，提前安排维护工作，避免突发性故障造成的损失，从而提升基础设施的可靠性和安全性。基于 AI 算法优化资源调度，确保维护工作高效进行，减少资源浪费，提高运营效率。

（4）云计算：提供了强大的数据存储和处理能力，可以存储海量数据并进行快速处理，满足智慧城市对大数据处理的需求。管理者可以通过云平台随时随地访问资产管理系统，获取实时数据和分析结果，提升管理的便捷性和灵活性。云平台支持多方协同工作，不同部门可以共享数据和资源，共同提高管理效率，实现信息的无缝对接和协同管理。

为推动数字资产管理的有效实施，城市应坚持"统筹规划、同步建设、同步运营"的理念。这意味着，在数字化转型初期，必须优先解决基础设施资产的有序管理与维护保障问题。这包括建立清晰的责任体系、强化合规管理，以及优化资源配置，以确保数字化资产管理在实际运营中的顺利进行。

业务提升和技术进步与核心数字资产的打造密不可分，在数字化转型过程中有效建设和盘活数字化资产，结合资产全寿命期的理念充分保障数据资产安全，可以驱动资产管理的创新式优化提升，为设施空间配置提供理论依据。数字化资产管理可以促进基础设施完善数据保护措施，建设高可信数据资产安全标准体系，提高城市设施管理中在各种数据资产安全场景的解决能力，促进管理者更好地进行资产盘点梳理，集成整合甚至开放合作、提高运维管理能力。

与此同时，拥有大量数字资产、面临网络空间安全合规监管压力、处于数字化转型阶段的资产管理者需要关注自身的数字化资产安全风险。应采取相应的管理和技术措施，管控数据资产的挖掘、使用和共享，加强数据资产风险监测，构筑数据安全治理防线，完善自身数据安全组织运营，履行数据资产安全保护义务：

（1）安全性挑战与防护措施

物联网资产管理面临着诸多安全性挑战，如设备安全、网络安全、数据安全等。为了保障物联网资产管理的安全性，需要采取一系列防护措施，如加强设备的物理安全、使用加密技术保护数据传输、建立严格的数据访问控制等。

（2）数据隐私保护

物联网资产管理涉及大量的个人和组织数据，如何保护这些数据的隐私是一个重要的问题。为了保障数据隐私，需要采取一系列措施，如加密存储和传输数据、建立严格的数据访问和使用规范、加强用户教育和意识提升等。

（3）技术标准与互操作性

物联网资产管理涉及多种设备和系统之间的互操作性，因此需要建立统一的技术标准和规范。这有助于确保不同设备和系统之间的兼容性和互操作性，从而提高物联网资产管理的效率和可靠性。

（4）人才培养与团队建设

物联网资产管理是一个跨学科的领域，需要具备丰富的技术和管理知识。因此，需要加强人才培养和团队建设，培养一支具备物联网技术、数据分析、安全管理等方面知识的专业团队，以支持物联网资产管理的顺利实施和持续发展。

5.2 城市基础设施空间配置

基础设施空间配置的核心在于高效规划和合理利用空间资源，以支持城市基础设施资产的最优运作和服务提供，进而直接影响资产的利用效率和长期价值。从宏观角度来看，基础设施的空间配置决策对资产的可达性、连通性和持续性具有深远影响。制定决策时必须综合考量环境保护、社会公平以及经济的可持续性，以保障基础设施的稳定运行和长期发展。空间配置不仅影响基础设施自身的性能，还对城市功能、居民生活质量和区域发展产生深远影响，由此可见，基础设施空间配置在资产管理中发挥着重要的作用。

5.2.1 设施空间配置可达性评价

设施空间配置可达性评价主要涉及两方面研究，一是可达性评价，二是公平性评价。城市服务设施可达性主要指从一个地方克服成本到达空间另一点的难易程度，用于衡量地理实体之间空间交互潜在强弱性。可达性分析有加权平均出行时间以及重力模型等指标。

1. 加权平均出行时间

采用加权平均旅行时间分析时间可达性对全域的影响，表示从城市群某点到达其他所有城市的最短出行时间的平均水平，从时间成本节约的角度显示出可达性的变动情况，利用节点发展优势度进行加权，以权衡城市规模和发展水平对可达性格局产生的影响。因此，数值越小，表示该城市与其他城市联系越紧密，交通服务充足，乘客出行便利程度高，反之则越低。

2. 重力模型

重力模型能够表示网络内时间、空间上的阻碍力与网络节点相互作用力对节点可达性产生的影响，用于表示节点发展过程中的潜在优势度，利用阻抗函数（时间）来衡量原点区域 o 和目的地区域 d 之间的空间分离程度，并采用幂函数的形式。数值大小与 od 之间的空间效果呈正相关，作用强度和本身经济能力呈正相关，数值越大，可达性越好。

城市服务设施的公平性指与社会地位无关，每人均能被公平享受资源服务。城市服务设施的可达性和公平性均强调资源分布的差异性，但其切入点不同，前者反映不同区域、不同群体克服成本接近资源的难易程度，它的分布特征是影响公平性的重要因素之一，而后者是从供给和需求的角度强调不同区域、不同群体获取资源的差异性。可达性为公平性研究奠定基础，而公平性是对可达性的延伸。

在北京市养老服务设施供需空间配置评价研究[①]中，作者通过设施空间配置可达性评价探讨了养老服务设施布局的合理性。文献中的案例分析表明，可达性评价是评估设施布局与居民需求匹配度的重要工具。通过引入两步移动搜寻法（Two-step Floating Catchment Area Method，2SFCA），研究分析了不同区域老年人口对养老设施的服务可达性，进而发现城市中心区与边缘区之间存在较大差异。中心城区由于设施密集，老年人口获得服务的可达性较高；而在边缘区域，由于设施稀缺且交通不便，老年人口面临服务供给不足的问题。文献进一步指出，通过优化设施配置和提升交通便利性，可以有效改善这些区域的服务供需不平衡现象。通过该方法的应用，研究提出了差异化的优化策略，例如在设施稀缺的区域增设服务点，或通过交通设施的改善提高设施的可达性，从而提升养老服务资源的整体利用效率。这为城市规划者提供了在布局养老设施时的有力参考。

在实际应用中，可达性和公平性评价往往是相辅相成的。可达性分析提供了定量的基础数据，而公平性评价则通过社会经济分析确保资源分配的合理性和包容性。这两者的结合能够有效支持设施空间配置的优化，为城市规划者和决策者提供科学的依据，以提升城市服务的整体效能和居民生活的公平性。

---

① 林雷，刘黎明．北京市养老服务设施供需空间配置评价研究［J］．数理统计与管理，2020，39（6）：1022-1031.

5.2.2 设施空间配置优化方法

从概念设计视角，设施配置空间优化过程可看作 3 种空间域的转换，即地理空间域、决策空间域和目标空间域，适用于各种城市基础设施，包括：教育、文体、卫生、商业、饮食、服务和行政经济管理等。地理空间域是指居民日常生活的物理空间，涉及居民区、已建离散设施及已建交通路网条件等。决策空间域是指通过对地理空间问题定义和测度而得到的求解空间，其中居民区抽象为需求点，已建离散设施抽象为已建供给点，并根据实际城市规划条件、宜建、禁建条件而形成的待建候选点集合。目标空间域包括设施空间布局配置（layout allocation）及空间重定位（relocation），前者以规划新建设施位置和规模为目标，后者以对已建服务设施进行资源重新调度为目标。

1. 理论方法

公共服务设施的布局规划通常具有一定的规划期限，这就要求公共服务设施布局优化模型需要考虑未来一段时期内即规划期限内的设施布局问题，而不仅仅是当前时间截面下的情况，这是动态区位模型要求解的问题。在规划期限内，需求的变化是最关键的因素，因此在动态区位模型中，通常考虑未来多个时期的需求数量和分布情况，从而作出多个时期内的整体最优布局选择。

服务设施空间配置优化方法研究在不同学科具有不同的侧重点，城市规划学多运用定性的描述方法研究服务设施空间配置的现状问题和配套标准设置，以提出规划策略和建议；人文地理学科开展对公共服务设施优化布局的研究，主要通过运用 GIS 空间分析等定量方法，分析公共服务设施的区位选址布局情况。区位分配模型、公平性最大模型、多目标规划模型和动态区位模型等通常被认为是服务设施空间配置优化的主要方法。

经典的区位分配模型包括：P-中位模型（P-Median Problem）、位置集合覆盖模型（Location Set Covering Problem）、最大覆盖模型（Maximum Covering Location Problem）和 P-中心模型（P-Center Problem）。P-中位模型描述所有需求点到设施的平均权重距离最短是其目标。覆盖模型中的位置集合覆盖模型同时也被称作为完全覆盖模型，即是构建满足指定交通阻尼的最少服务设施数量（包括：时间、距离、交通模式）范围内的所有需求。最大覆盖模型是指在给定有限的新设施数量的情况下，最大的新设施数量能够满足所有的要求。P-中心模型描述在需求点全覆盖的情况下，需求点与设施之间的距离最小化。

随着空间公平性概念的提出，决策者可能希望实现全域内服务设施空间配置的公平性最大化，而使所有区域可达性达到均衡是理论条件下存在的，可以通过减小可达性之间的差异实现服务设施空间配置的公平，因此出现了服务设施空间配置公平性最大模型。而最大公平优化模型建立在公共服务设施空间可达性评价的基础之上，通过各需求点到设施可达性的差异最小化来衡量设施布局的公平性。

当在服务设施空间优化配置时，应该需要满足不同的规划目标，其中包括可达性、公平性、建设成本、居民的可获得性等，而不是仅满足其中的某一个目标，因此越来越多的学者开始关注多目标规划模型的研究，多个目标之间存在系统性的冲突、博弈，最佳方案存在于各目标最优解取舍过程中，如对于人口密集、分布不均的超大型城市而言，高密度人口区域，既需要考虑设施的可达性最大，也需要考虑服务的公平性，此外，随着房地价格攀升，建造新的服务设施成本也成为重要的制约因素之一。而对于卫星城、新城的居民而言，在满足交通出行范围内的有效服务设施，可提高在医疗服务等方面的保障。所以对于怎样实现超大型城市中的服务设施空间多目标优化配置问题，其属于复杂多目标问题，需要不断深入研究。现有的设施空间配置研究体系可以由图5-4描述。

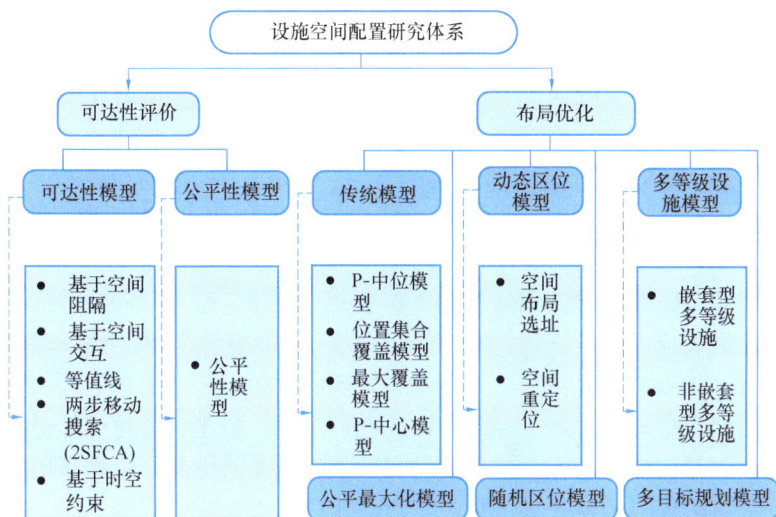

图5-4　设施空间配置研究体系

2. 数字化基础设施空间配置

在基础设施空间配置的过程中，我们可以通过数字化管理手段来实现优化空间使用效率。通过运用先进的信息技术和数据分析方法，集成 GIS、IoT、AI 等技术，实现基础设施资产的有效规划、部署和维护。数字化管理的核心在于收集、处理和分析与基础设施相关的大量数据，从而支持更明智的决策制定。基础设施空间配置关键数字化技术及其应用介绍如下：

（1）GIS：GIS 是优化空间使用效率的关键工具，能够提供基础设施资产的精确地理位置信息。它支持空间分析，帮助规划者识别最佳设施布局方案，分析基础设施之间的互动关系，以及预测潜在的冲突或瓶颈。

（2）IoT 技术：IoT 技术通过在基础设施上部署传感器和智能设备，实时收集关于使用状况、性能和环境变化的数据。这些数据对于监测基础设施的运行效率、维护需求和空间使用情况至关重要。

（3）AI：利用大数据和 AI 技术对收集到的大量数据进行分析，可以识别使用模式和趋势，预测需求变化，从而为基础设施的空间配置和资源分配提供科学依据。

（4）数字孪生技术：通过创建基础设施的虚拟副本，即数字孪生，能够在虚拟环境中模拟和测试不同的空间配置方案，评估其对流量、服务质量和环境影响的潜在效果，以优化决策。

（5）云计算和协作平台：使用云计算提供的数据存储和处理能力，以及在线协作平台，可以促进跨部门和跨地区的信息共享和协同工作，加速决策过程，并提高项目管理的效率。

（6）可视化工具：利用可视化工具将复杂的数据和分析结果转化为直观的图形和地图，帮助决策者和公众更好地理解空间配置方案的影响。

上述技术的具体应用可以通过一个简单的案例加以说明：假设一个城市计划扩建公共交通网络，通过 GIS 和数字孪生技术，规划者可以在虚拟环境中模拟不同的轨道线路和站点布局，评估它们对城市交通流、居民出行便利性和环境的影响。同时，结合 IoT 传感器收集的实时交通数据和 AI 分析，可以优化站点位置和服务时间表，以提高整个网络的空间使用效率和服务质量。通过云平台和可视化工具，项目团队和公众可以实时访问项目信息，参与讨论和反馈，确保方案的透明性和社会接受度。

5.3 城市基础设施管理的价值工程应用

基础设施是承载社会生产与居民生活的实际载体，而工程建设是实现城市基础设施物质化的具体手段。基础设施建设和运维涉及多个参与主体，基于不同利益诉求各参与方总是追求本方利益最大化，使设施效益发挥受限；此外，由于工程的特性，基础设施从立项到报废，其质量、成本、效益都处于一个动态发展的过程，各方追求的局部利益和基础设施服务于人类社会的全局利益产生冲突。在此背景下，价值工程通过功能与成本的协同分析，为解决多方利益博弈、平衡全寿命期动态效益提供了科学路径。本节内容将从价值工程的相关概念、工程项目价值管理、价值工程应用分析方面展开讨论。

5.3.1 价值工程的相关概念

1. 城市基础设施全寿命期成本构成

良好的资源投入策略将充分发挥基础设施作用，促进社会发展产生社会效益，而不良管控将给社会带来负担，这种负担带来额外的社会使用成本。社会使用成本一方面是由建设资金的沉没成本与机会成本带来的，另一方面则是设施未能预期发挥作用而对发展产生的阻碍，其承担者为当地社会全体成员，影响所辐射社会的生产活动。而运营成本主要受项目功能、规模影响，承担者是项目建设主体，影响着项目收支与运营情况。在城市基础设施智能运维中，基础设施的全寿命期成本包含智能传感器、数据分析系统和其他高科技设备的投入。这些资源的有效利用能最大化基础设施的功能和效益，带来社会和经济效益。然而，不良的管理会导致资源浪费和高昂的社会使用成本。将智能传感器、物联网（IoT）和大数据分析等关键共性技术纳入全寿命期成本管理，发挥这些技术在实时监控和预测性维护中的作用，不仅能降低运营和维护成本，还能提高基础设施的可靠性和效能。

2. 基于功能需求分析的基础设施优化配置

基础设施功能性聚焦两大维度，一是需求匹配度，即对城市居民的需求在特定资源约束条件下的满足程度；二是规模适配性，即根据服务的覆盖范围，确定设施规模确保其功能得到有效承载与发挥。二者相互依存，确保功能供给与空间需求的动态平衡。功能需求差异对项目成本影响巨大，复杂的功能需求导致建设与运营维护成本上升；功能需求一定时，若投入更多资源在建设中进行精细施工，提高工程耐用性和可维护性，将降低维护运营成本。对基础设施来说，错误的功能分析造成的功能过溢或不足，反而将增加全周期成本。单一的建造期资源投入管控已经不足，运用动态规划原理，将相应的价值理论和资源投入策略与基础设施项目全寿命期各阶段联系，从功能分析出发，可得出最佳的资源投入策略。智能传感器、物联网（IoT）和大数据分析技术的应用，使得功能需求分析更加精准，从而指导资源投入策略。利用大数据和 AI 技术来进行功能需求分析，使基础设施的功能设计更精准，满足不断变化的社会需求。智能系统还能动态调整功能，使得基础设施更具适应性。

3. 价值工程的定义

麦尔斯对价值工程的定义为"价值工程是一个完整的系统，用来鉴别和处理在建筑、工序或服务工作中那些不起作用却增加成本或工作量的因素。这个系统运用各种现有的技术、知识和技能，有效地鉴别对用户需要和要求并无贡献的成本，来帮助改进建筑、工序或服务。"原美国价值工程师协会副主席马蒂（J. Marty）对于价值工程的定义是，"价值工程是有组织的努力，使建筑系统或服务工作达到合适的价值，以最低的费用提供必要的功能。"

我国价值工程国家标准《价值工程 第 1 部分：基本术语》GB/T 8223.1—2009 中定义"价值工程是通过各相关领域的协作，对所研究对象的功能与费用进行系统分析，不断创新，旨在提高研究对象价值的思想方法和管理技术。"价值工程是协调功能与成本的过程，基础设施中功能指导成本，功能分析在规划期就须完成，成本控制则贯穿项目全周期。在城市基础设施的建设与运维中，价值工程利用先进的技术和创新方法，以系统化的方式进行功能与成本的优化，实现更精准的资源配置和成本控制。城市基础设施的价值工程需要综合考虑智能技术的应用和管理，确保项目全周期的效益最大化。

4. 价值工程与资产管理的区别与联系

资产管理和价值工程在城市基础设施运维管理中有着不同的侧重点。资产管理主要关注基础设施的整个寿命期，从规划、建设到维护和报废，目标是通过系统化的方法优化资产的购置、使用、维护和更新过程。其核心在于数据驱动的决策支持，通过持续监控资产的健康状态和运行情况，进行科学的风险管理，确保资产的长期效能和价值最大化。资产管理强调长期经济效益和服务水平的平衡，通过科学的资源配置和管理策略，实现基础设施的高效运维。

相比之下，价值工程更注重在特定功能和成本之间的关系，通过系统化的分析和创新方法，优化设计和实施策略，提高项目或系统的整体价值。在城市基础设施运维管理中，价值工程通过详细的功能和成本评估，提出优化和改进方案，旨在以最低的成本实现所需的功能。其核心在于功能分析和成本效益的优化，强调通过创新和最佳实践，降低运营成本，提高设施效能和可靠性。价值工程注重短期内的成本控制和效能提升，助力实现经济性和可持续性的最佳平衡。

价值工程在城市基础设施运维管理中的重要性体现在多个方面。首先，通过详细的功能和成本分析，价值工程能够识别并消除不必要的开支，降低运维成本。这对于财政压力较大的城市尤为重要，有助于实现更高效的资金使用。其次，价值工程通过优化功能设计和实施方法，提高设施的整体效能和可靠性，延长其使用寿命。例如，引入先进的监控和维护技术，可以实现实时监控和预测性维护，减少故障发生率和维护成本。此外，价值工程鼓励创新和最佳实践的应用，推动新技术、新材料和新工艺在基础设施运维中的应用，提高设施性能和可持续性。例如，采用绿色建筑技术和可再生能源，可以降低能源消耗和环境影响，提升基础设施的可持续发展能力。最后，价值工程在确保基础设施满足功能需求的同时，注重实现经济性和可持续性的最佳平衡。通过优化设计和管理策略，减少资源消耗和环境污染，提高居民生活质量，推动城市的可持续发展。

综合来看，资产管理和价值工程各有侧重，互为补充，合理运用这两种方法可以显著提升城市基础设施的运维管理水平。资产管理通过系统化的全寿命期管理和数据驱动的决策支持，确保基础设施资产的长期高效运行和经济效益的最大化。而价值工程通过详细的功能和成本分析，提出优化和改进方案，以最低的成本实现所需的功能，提高设施的效能和可靠性。通过结合资产管理和价值工程的优势，可以实现基础设施的高效运维，推动城市的可持续发展，提高居民的生活质量。

5.3.2　工程项目价值管理

基础设施建设工程项目价值管理是一种以价值为导向的、有组织的创造性活动，它利用了管理学的基本原理和方法，同时以建设工程项目利益相关者的利益实现为目标，最终实现项目利益各方的共赢。通过将价值工程的理念与智能化技术相结合，我们能够最大化项目利益相关者的利益，提升项目各方的满意度。在这一过程中，智能化的应用主要表现在运用尖端信息技术和人工智能技术来优化项目管理的每个环节，这不仅包括项目规划、资源配置、风险控制、质量保证，还涵盖了利益相关者管理等多个方面。

在工程项目的价值智能化管理领域，管理智能化的基本逻辑在于通过全面分析和持续改进，发掘出精确的计算方法来解答管理问题，并将这些方法嵌入到计算机软件中，以实现自动化管理。这种策略的运用极大地提高了管理工作的精确性和效率，同时也增强了对变化的适应能力和解决复杂问题的能力。

1. 项目的价值

工程项目的价值具有多种含义，一个项目是否有价值，不能仅仅从过去的项目时间、质量和成本三者来考虑，或者说不能仅仅从这三者的实现程度来衡量项目的价值实现问题。这三者的成功与否只能作为评价项目管理成功的标准。而项目管理的成功并不代表项目实现了价值最大化，项目管理的失败也不代表该项目没有价值，因为项目的价值还要受到项目管理所不能控制的诸多因素（如环境、安全、客户满意度等）的影响。

项目的价值应该从广义的角度进行衡量，除了传统的时间、质量和成本之外，还应该考虑项目产品的效用、经营效益和项目的整体表现等。如建筑项目在规划时要考虑人文、环境、文化、技术、时间、经济、美学、安全等多方面的价值因素；住宅的价值要考虑可居住性、可持续性可适应性等因素；公路工程的价值要考虑技术可靠性、用户满意度、环境协调性等因素。这些因素有的可以量化，有的不能量化，且还随着时间等因素的变化而变化，由此可见，项目的价值受到多方面因素的动态影响。

在定义项目价值的过程中，要考虑到所有利益相关者尤其是关键利益相关者期望的实现程度，根据项目利益相关者期望的实现程度来衡量项目价值的大小。引入智能化手段，通过数据分析和智能化工具对项目价值进行全面评估。项目的成功不再仅仅取决于时间、质量和成本，而是通过智能系统对环境影响、客户满意度和社会效益进行综合评估。因此，可以认为，工程项目的价值的优化是指以最优的资源配置有效地实现项目利益相关者（特别是关键利益相关者）的需求。

2. 项目价值的管理

基础设施建设工程项目价值管理范围可包括工程项目全寿命期的各个阶段，如项目建议书、可行性研究、现场勘察、初步设计、技术设计、施工图设计、项目实施、生产运营、废弃处理等阶段（图 5-5），每个阶段都会对项目的价值造成影响。随着智能化技术的应用，项目的价值管理已从传统手段逐步转向数字化和智能化，这使得价值管理在每个阶段都更加高效和精准。

通常项目的价值规划阶段（包括项目建议书、可行性研究、现场勘察、初步设计、技术设计、施工图设计）对项目价值的影响是决定性的，因此该阶段也是价值管理介入实施的重要阶段，其服务成果基本上决定了工程价值系统的其他部分。通过智能决策支持系统、数字孪生、BIM（建筑信息模型）等工具，可以大幅提升对项目价值的预测和优化能力。智能系统能够实时分析利益相关者的需求，平衡利益冲突，最大化利益相关者的价值。这一阶段通过大数据、AI 分析和自动化调研工具，深入识别和分析项目利益相关者的需求，提供精准的价值规划方案。在该阶段要确定项目利益相关者价值内容、大小与传递方式，因此要进行大量的调研工作，在对项目利益相关者需求进行识别的基础上，平衡他们之间的利益冲突，实现利益相关者价值的最大化。

价值形成阶段（包括项目实施阶段）是价值规划成果的物化，形成价值实体。智能化施工技术、自动化设备和无人机等智能设备可以实现规划成果的高效物化，减少人为失误，提升施工效率和质量。通过物联网（IoT）设备实时监控施工过程，确保价值的有效落地和优化。

价值实现阶段（包括生产运营阶段）是组织通过工程的建设实现预定目标，给组织带来经营效益。智能化设施管理系统通过传感器网络、数据分析、预测性维护等技术手段，确保工程的长期效益，并实现对运营过程的智能化优化，进一步提升经济效益。

价值消失阶段（包括废弃处理阶段）是拆除报废项目并恢复场地和环境，为策划新项目提供可能。通过智能拆除技术和环境监测系统，可以高效完成项目的拆除和场地恢复，降低环境影响，并为未来新项目的策划提供可能性。同时，智能化系统可以记录并分析废弃处理过程中的数据，为未来项目提供宝贵的反馈和优化建议。

建设项目的四个价值阶段的价值管理范围如图 5-5 所示。

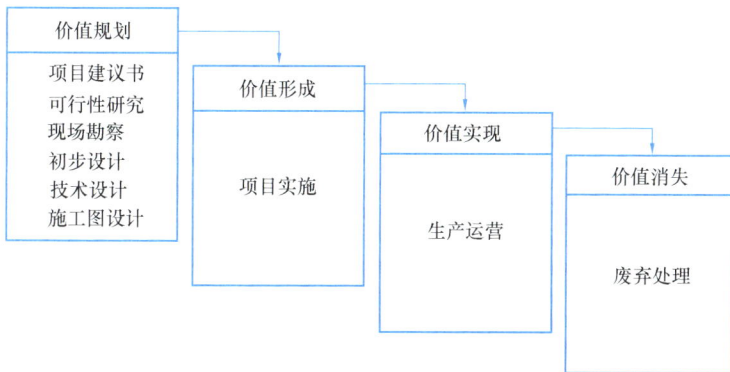

图 5-5　建设项目价值管理范围

5.3.3 价值工程应用分析

1. 实现功能智能优化

随着城市人口和产业的不断发展，城市基础设施建设的复杂性也日益增加。在这一背景下，功能规划的合理性变得尤为重要。如果功能分析和规划过于超前，脱离了实际需求，可能导致基础设施在运营中使用不足，功能承载力过剩，从而造成资源浪费。例如，一座设计过于宏大的交通枢纽，未能根据实际交通流量需求进行规划，结果大量空间和设施未能得到充分利用。相反，如果功能分析和规划过于保守，基础设施的功能承载力不足，则可能很快面临淘汰，无法满足日益增长的需求。

在这一思路下，价值工程强调对功能的动态认识，将功能优化的范围拓宽至基础设施所服务的社会领域，并考虑其长期发展。这种对功能的动态认识，有助于基础设施在寿命期内更好地适应不断变化的社会需求。价值工程通过智能功能和成本分析，优化设施设计和管理，提高效能和可靠性。例如，伦敦的 Crossrail 项目（现为伊丽莎白线）在规划阶段，通过对未来几十年交通需求的详细分析和预测，设计了能够适应长期发展的交通枢纽，从而实现了功能的优化。该项目通过克服预算超支和建设延期等挑战，最终成功提升了伦敦市中心的铁路运输能力，并显著促进了沿线地区的经济发展和住房建设。自 2022年 5 月开通以来，伊丽莎白线已服务超过 3.5 亿乘客，预计未来乘客量将持续增长，进一步证明了其在提高城市交通效率、推动经济增长和提升乘客体验方面的重大价值。这一项目的成功不仅为伦敦市民带来了实实在在的好处，也为全球城市基础设施的规划和运营提供了宝贵的经验和启示。

2. 有效控制成本

成本控制在基础设施项目的全寿命期中起着至关重要的作用。在价值工程的应用中，成本控制效果、控制成本量和控制阻力是成本控制的三个重要指标。这三者在项目的不同阶段展现出不同的变化趋势：

成本控制效果：指的是成本控制的成效性。在基础设施项目中，功能规划对成本具有直接的指导作用，因此在规划期进行成本控制的效果最佳。随着项目的推进，成本控制的效果逐渐降低。例如，在悉尼的 West Connex 高速公路项目中，通过在规划阶段进行详尽的成本效益分析，实现了显著的成本节约和高效的资源利用。

控制成本量：指的是成本控制所影响的具体金额。在基础设施项目中，运营期的成本通常最高，其次是建造期，规划期和报废处置期的成本相对较低。以美国波士顿的"大挖掘"项目为例，其初期规划阶段的投入相对较低，但由于规划和建造阶段未能有效控制成本，导致运营期成本大幅上升，最终超出了预算数十亿美元。

控制阻力：指的是成本控制过程中所面临的各方阻力。在规划期，由于参与方较少且无前期影响，控制阻力最小；在建造期，由于参与方众多且统筹难度大，控制阻力增加；在运营维护期，前期规划和施工结果已固定，可控空间大大减少，控制阻力最大。例如，在柏林的勃兰登堡机场项目中，由于建设过程中未能有效协调各方利益，导致项目推迟多年，费用超支，成为控制阻力增加的典型案例。

3. 优化管理控制过程

价值工程在管理与传统管理控制中存在显著区别，这些区别在表 5-1 中得以体现。传统的管理控制方式主要以成本为导向，尽管进行成本预估，但往往颗粒度不足，资金审计更多侧重于事后决算，工程活动也倾向于过程控制和事后控制。这种方法的缺陷在于缺乏对功能需求的前瞻性分析，导致无法充分实现资源的最优配置。

基于价值工程的管理方式，通过动态规划强化决策方的领导地位，注重事前控制中的功能分析，实施全寿命期的成本控制策略。在这种管理模式下，通过良好的资源投入策略，引导各参与方共同建设和优化基础设施项目。例如，在东京的羽田机场扩建项目中，通过价值工程的全面应用，实现了从规划到运营的全寿命期管理，确保了项目的高效实施和长期效益。

武汉国际博览中心的运维案例体现了价值工程在现代管理控制中的优势。该项目采用BIM技术进行节能材料、工艺和设施的一体化配置，通过构建绿色设计建模标准和节能规划评价方法，实现了低能耗的建筑设计。在施工过程中，利用BIM进行能耗实时测算和动态监控，优化施工方案，减少了能耗浪费。此外，项目还研发了高效一体化的分布式能源系统，提高了可再生能源的利用率，节能效果显著。武汉国际博览中心项目的成功实施，展示了价值工程在全寿命期成本控制和智能化管理方面的应用。通过事前的功能分析和决策，以及 AI 辅助的资源分配，项目不仅节约了大量投资，还实现了显著的经济效益和环境效益。这与东京羽田机场扩建项目类似，都是通过价值工程实现了从规划到运营的高效管理，确保了项目的长期成功和可持续发展。

基于价值工程的管理与传统管理控制的区别   表 5-1

区别	基于价值工程的管理	传统的管理思路
控制范围	全寿命期管理	工程事后决算控制
控制侧重点	事前控制	事后控制
控制方向	以功能为导向	以成本为导向

价值工程管理的优势在于其全寿命期的控制方法，通过对功能的动态分析和优化，确保基础设施在各个阶段都能够高效运行，满足社会发展的需求。在事前控制中，价值工程强调功能导向，通过科学合理地规划和设计，实现成本效益的最大化。同时，通过动态的成本控制和资源优化策略，能够在各个阶段有效应对不同的控制阻力和挑战，确保项目的顺利实施和长期效益。

4. 实现城市基础设施的经济性和可持续性

价值工程在确保城市基础设施满足功能需求的同时，注重经济性和可持续性的最佳平衡。通过智能优化设计和管理策略，减少资源消耗和环境污染，提高居民生活质量，推动城市可持续发展。

综上所述，价值工程在城市基础设施管理中发挥着关键作用，通过智能技术和系统化分析，实现设施效能和可靠性的提升，降低运维成本，推动技术创新和可持续发展。在智慧城市的背景下，结合资产管理和价值工程的方法，可以显著提升基础设施管理水平，推动城市的智能化和可持续发展。

复习思考题

1. 什么是资产管理？它在基础设施项目中有哪些具体应用？为什么重要？

2. 价值工程的核心理念是什么？如何通过功能分析和价值优化提高项目的性价比？

3. 资产管理有哪些主要策略和方法？如何通过资产评估和风险管理提高资产利用效率？

4. 价值工程在项目各阶段的具体应用有哪些？请结合实际案例说明。

5. 智能数字化技术如何助力资产管理和价值工程的实施？有哪些具体的应用场景和案例？

6. 请举例说明如何在实际项目中应用资产管理和价值工程，实现项目的经济性和可持续发展。

知识图谱

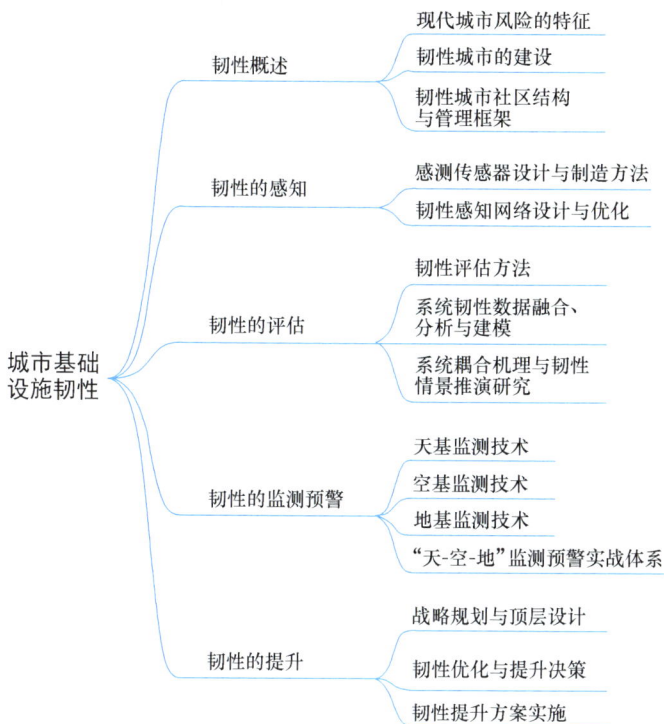

城市基础设施韧性
- 韧性概述
  - 现代城市风险的特征
  - 韧性城市的建设
  - 韧性城市社区结构与管理框架
- 韧性的感知
  - 感测传感器设计与制造方法
  - 韧性感知网络设计与优化
- 韧性的评估
  - 韧性评估方法
  - 系统韧性数据融合、分析与建模
  - 系统耦合机理与韧性情景推演研究
- 韧性的监测预警
  - 天基监测技术
  - 空基监测技术
  - 地基监测技术
  - "天-空-地"监测预警实战体系
- 韧性的提升
  - 战略规划与顶层设计
  - 韧性优化与提升决策
  - 韧性提升方案实施

本章要点

知识点1. 现代城市面临的风险与挑战以及城市基础设施韧性的概念。

知识点2. 城市基础设施韧性感知和监测技术的技术方法应用实例。

知识点3. 城市基础设施韧性评分析与评估方法。

知识点4. 城市"天-空-地"监测预警实战体系。

学习目标

（1）理解城市韧性的核心概念，识别城市运行中常见的风险类型。

（2）了解基础设施韧性感知的关键技术，包括传感器与感知网络的设计和优化方法。

（3）掌握城市基础设施韧性评分析与评估方法。

（4）了解城市监测预警技术，掌握"天-空-地"一体化监测体系的组成及其实际应用价值。

6

城市基础设施韧性

6.1　韧性概述

6.1.1　现代城市风险的特征

1. 城市风险呈现多发、重发的态势

随着社会的发展以及科技的进步，城市不再仅仅是物理空间上的聚集地，也逐渐成为信息流、资本流和人才流交汇的关键节点，展现出了前所未有的动态性和复杂性。城市除了具备基础的商业、交通、文化和教育等功能外，还衍生出了独特的功能特点。例如，北京作为中国的首都，其城市规划、发展战略和日常管理中深刻体现了其显著的政治职能。与之相比，上海作为我国的金融和对外开放中心，突出表现出其金融和贸易服务等特点。这些复杂且多样化的城市功能特征，为城市带来了新的挑战。

总体而言，现代城市的发展呈现出高度的集约化、智能化和全球化。集约化体现在空间的高效利用和功能的密集组合，使得居住、工作、休闲等多种功能在有限空间内共存。智能化则是通过信息技术的应用，提升城市管理的效率和精准度，实现资源优化配置和个性化服务。全球化使城市的发展、文化交流、经济活动和环境影响跨越国界。

2023年，全球城市容纳了全球56%的人口，创造了80%的GDP。城市化是衡量人类现代化发展和经济增长的重要且直接的指标，在未来的三十年，全球的城市化率将持续增长，预计到2050年将达到68%。在创造各项人类奇迹的同时，城市也成为了自然和人为灾害的承载者。城市化对资源及生态环境产生剧烈影响，而这种影响反过来又可能对城市化进程行成约束，产生一系列"城市病"问题。同时，城市暴露度和城市化水平存在一定的对应关系，人口越多、GDP越高、规模越大的城市暴露度越高，为城市安全管理带来挑战。在这样的背景下，城市安全面临着多重风险。城市安全风险主要可以分为自然灾害、事故灾难、公共卫生危机、社会安全危机、宏观风险五大类，如图6-1所示。各类城市风险，对城市运行以及居民生命财产安全造成了极大的威胁，严重威胁社会和谐与稳定。

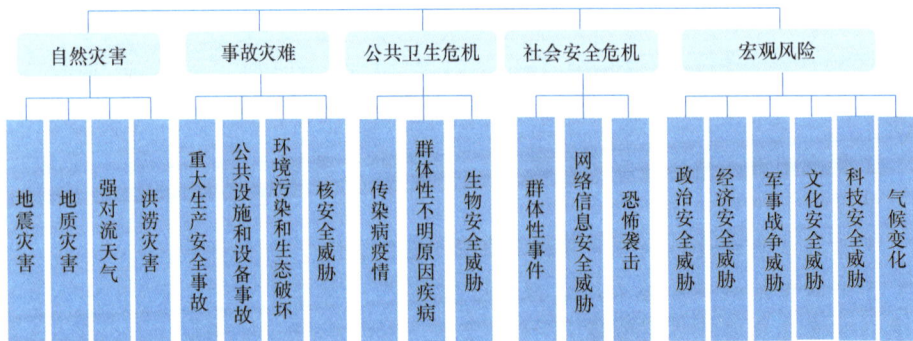

图 6-1　城市安全风险示意图

在诸多风险因素的影响下，城市风险呈现出了多发、重发的态势。例如，随着全球化和城市化的加速，世界范围内的自然灾害发生频次及其造成的经济损失均呈现出显著的上升趋势。据统计，截至2022年，全世界的自然灾害频次已达到400余次，如图6-2所示。

城市化进程中，大量人口和资产集中于城市，自然灾害一旦发生，造成的人员伤亡和经济损失极为惨重。此外，城市化过程往往伴随着生态环境的破坏和地表覆盖的改变，这可能增加了某些类型自然灾害的发生频率和强度，比如地表径流的增加会加剧洪水风险。

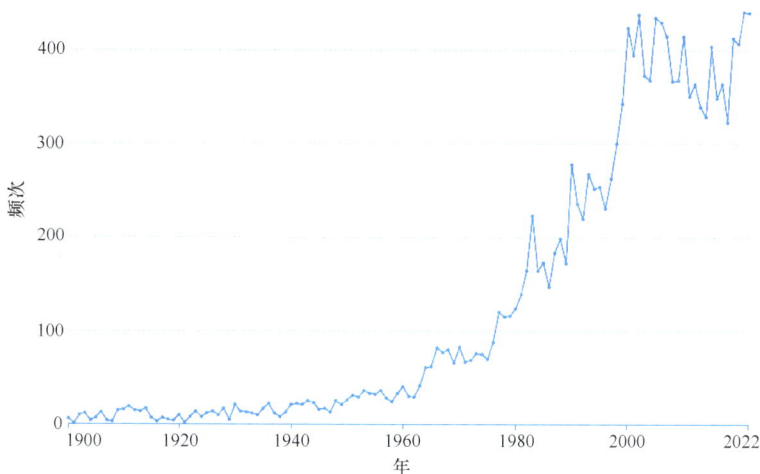

图 6-2　1900～2022 年世界自然灾害频次

近年来，我国自然灾害频发，造成了巨大的人员伤亡和经济损失。据统计，2012～2021 年间，我国自然灾害频次高达 250 余次，累积造成的经济损失达 2000 亿美元以上，如图 6-3 所示。其中，暴雨、特大暴雨持续时间和影响范围持续扩大，"百年一遇"甚至"千年一遇"的降雨事件屡次发生，如图 6-4 所示。2015 年，浙江台风"苏迪罗"百年一遇的降雨量导致洪水和山体滑坡，导致 158.4 万人受灾，倒塌房屋 223 间；2021 年，河南郑州发生"千年一遇"的暴雨灾害，事件共造成 302 人遇难，50 人失踪，直接经济损失为 1142.69 亿元。

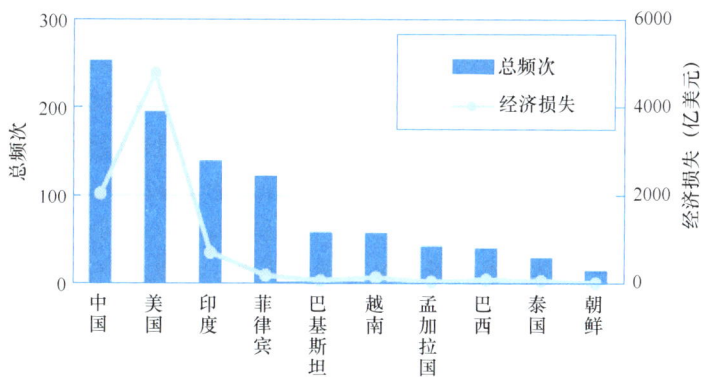

图 6-3　2012～2021 年各国自然灾害频次、经济损失统计
（图片来源：北京科技大学岳清瑞院士）

2. 传统风险呈现新变化的同时，新型风险不断涌现，城市风险耦合链生，相关作用机理复杂

传统风险在时间、空间、强度、机理和影响等方面均呈新的变化。从时间和空间的

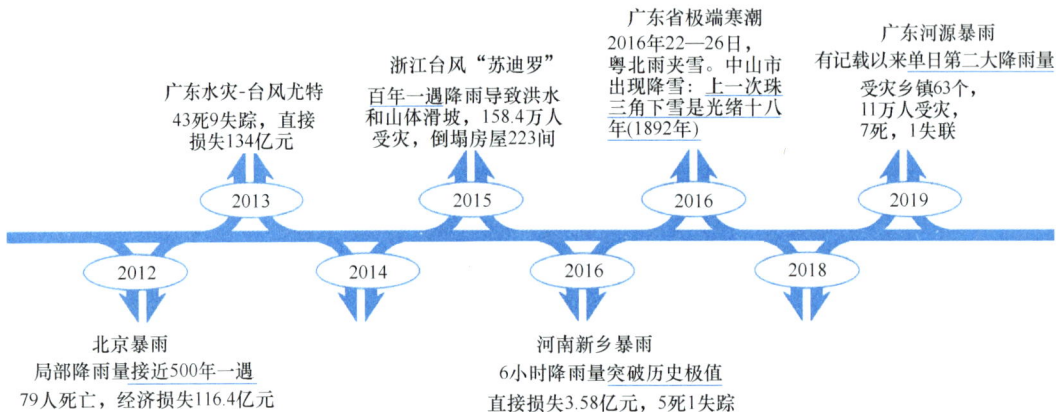

图 6-4　近年来百年一遇（或以上）常态化
（图片来源：北京科技大学岳清瑞院士）

角度来看，传统的城市安全风险（如自然灾害、社会安全事件等）发生的频率和分布正在变得更加复杂和不可预测。例如，2008 年中国南方地区经历了一场历史罕见的雨雪冰冻灾，在缺乏准备的情况下，出现大规模的停运、停电、停产等现象，造成了重大人员伤亡和经济损失。2016 年，广东极端寒潮致使珠三角地区一百三十余年来首次出现降雪。

在传统风险呈现新变化的同时，新技术、新设施、新业态的出现也使得新型风险不断涌现。例如，随着自动驾驶技术的发展与应用，无人驾驶逐渐成为可能，但同时也带来了新的安全风险隐患和伦理问题。2018 年，一台 Uber 自动驾驶汽车撞人致死，是全球第一例无人驾驶汽车导致行人死亡的案例。新设施的建设和运营同样带来了新型风险。2021年，北京光储充一体化项目因热失控发生火灾爆炸，造成了人员伤亡，直接财产损失达1660.81 万元。数字经济的快速发展带来了新业态，但同时也引发了数据安全、网络信息安全等问题。城市高度密集的人口推动了高层建筑广泛普及，但新风险也伴随而来。据统计，2022 年北京的电梯数量高达 28.4 万台，分析指出若在早高峰时间发生 8.0 级地震，将会有近 3 万人受困。与传统风险相比，新兴风险的不确定性更高，但已有研究对其认知程度仍然较低，难以准确评估其潜在影响。同时，在应对新型风险时也缺乏有效的应对策略和经验，如何高效地管控新型安全风险成为了一大挑战，且难以预测。

现代化城市是由交通、能源、信息、基础设施等多个子系统组成的复杂系统。当面临安全风险时，这些子系统不仅会直接受到影响，还可能引发一系列级联效应，从而影响整个城市系统。并且，各种风险在不同子系统会耦合链生，形成多种灾害链，导致城市风险的作用机理变得极其复杂。以台风为例：台风引起的暴雨能导致洪水、山体滑坡，由此引发道路冲毁、农田淹没、房屋坍塌、通信破坏、电力设施受损等后果；除此之外，伴随台风而来的风暴潮和狂风会导致海堤受损从而引发海水倒灌、交通阻塞、设施倾覆和船只翻沉等后果。

此外，还应该正确认识城市化和技术进步带来的"双刃剑效应"。一方面，技术进步提高了城市应对安全风险的能力；另一方面，新技术和复杂的城市系统也带来了新的安全风险。随着新兴风险的不断出现，我们面临着不确定的风险作用机制、耦合链生的灾害以及风险的放大效应，这些都对城市安全风险管理和应急响应提出了前所未有的挑战。

3. 城市风险因城而异

城市不是建筑的简单集合，是以人为核心的、由物理、社会、信息要素组成的"三度空间"。城市安全风险与地理位置、宏观环境等外部因素密切相关，也受到其功能定位、发展水平的影响。从城市功能的角度看，城市的核心功能是为城市里的人提供各类服务，包括行政服务、交通服务、金融服务、科创服务等。依据《全国主体功能区规划》，可将城市分为 6 大功能类型：行政中心城市、工业制造城市、文化旅游城市、贸易金融城市、高新科技城市、交通枢纽城市。

由于不同类型的城市承担着各自的功能和角色，其面临的风险特征也各有侧重。如行政中心城市（例如北京），作为政府机关的集中地，其风险特征主要体现在政治稳定和社会管理上。这类城市面临着维护政府形象、保障重大活动安全、防范群体性事件等风险，同时，由于行政资源的集中，也可能导致公共服务压力增大，如交通拥堵、住房紧张等问题。工业城市（例如唐山）以制造业为主导，面临的风险主要包括环境污染、安全生产事故、产业结构单一和资源枯竭等。工业生产过程中的排放和事故隐患对城市环境和居民健康构成威胁，而经济波动和产业转型困难则可能影响城市的长期发展。贸易金融城市（例如上海）作为经济活动的枢纽，风险特征主要体现在金融市场波动、商业信用风险、信息安全等方面。这类城市需要防范金融风险传导、商业欺诈行为以及网络攻击，以维护金融市场稳定和商业秩序。高新科技城市（例如合肥）以高新技术产业为核心，风险特征包括技术创新风险、人才流失风险、市场竞争风险等。这类城市需要不断推动科技创新，同时防范技术迭代带来的产业波动和人才竞争压力。交通枢纽城市（例如郑州）承担着重要的物流和人流集散功能，面临的风险主要有交通拥堵、交通事故、物流安全等。此外，交通枢纽城市还需应对极端天气、自然灾害等对交通设施的影响，确保城市交通的畅通和安全。文化旅游城市（例如西安）以丰富的文化和旅游资源为特色，风险特征包括文化遗产保护、旅游安全、生态环境破坏等。这类城市需要平衡旅游业发展与文化遗产、自然环境的保护，防止过度开发和破坏性建设。

不同城市功能面临着特有的安全风险，而在现实生活中，城市往往是经济、政治、文化等多方面功能高度集中的地区，通常拥有较多的人口和较为完善的基础设施系统，通常具备以上两类及以上城市功能，也因此面临更加复杂多样的安全风险。综合城市是集多种功能于一体的复杂城市系统，其风险特征更为多元和复杂。综合城市面临的风险包括城市规模扩张带来的管理难题、社会治安问题、环境污染、资源紧张、经济波动等。具有多种功能的城市的安全风险可能横跨自然灾害、事故灾难、公共卫生和社会安全四大领域，传统风险与新型风险兼具，城市功能的综合也带来风险耦合与风险传递特征。

根据不同类型城市在安全风险和资源环境方面所面临的不同问题和挑战，采取差异化的城镇建设模式和适应性的安全韧性提升技术，因地制宜地引导不同城市实现可持续发展，以保障我国城市的整体安全与均衡发展。根据各城市的城市性质（职能），对其在规划建设、运行管理和经济社会领域存在的共有风险特征，以及特有灾害风险进行梳理。需针对不同主导功能的城市，制定安全韧性城市建设和规划策略时需结合其灾害风险特征，从"多城一策"向"一城一策"转变。

6.1.2 韧性城市的建设

"韧性"（resilience）一词来源于拉丁文"resilio"（re = back 回去，silio = to leap 跳），即"回跳的动作"。起初，韧性被物理学家用来形容材料在塑性变形和破裂过程中吸收能量的能力，即材料受到使其发生形变的外力时抵抗折断（破坏）的能力。1973 年，Holing 首次将韧性的观念应用于生态系统研究，描述它为生态系统在经历干扰后，回归稳定状态的能力。随后，"韧性"这个术语不再局限于物理学领域，而是扩散到了其他科学领域，涵盖了生态韧性、经济韧性、城市韧性、社会韧性等多个方面，如图 6-5 所示。

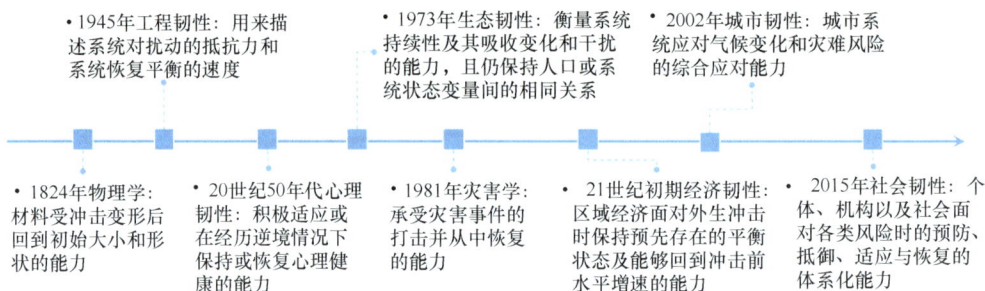

- 1945年工程韧性：用来描述系统对扰动的抵抗力和系统恢复平衡的速度
- 1973年生态韧性：衡量系统持续性及其吸收变化和干扰的能力，且仍保持人口或系统状态变量间的相同关系
- 2002年城市韧性：城市系统应对气候变化和灾难风险的综合应对能力

- 1824年物理学：材料受冲击变形后回到初始大小和形状的能力
- 20世纪50年代心理韧性：积极适应或在经历逆境情况下保持或恢复心理健康的能力
- 1981年灾害学：承受灾害事件的打击并从中恢复的能力
- 21世纪初期经济韧性：区域经济面对外生冲击时保持预先存在的平衡状态及能够回到冲击前水平增速的能力
- 2015年社会韧性：个体、机构以及社会面对各类风险时的预防、抵御、适应与恢复的体系化能力

图 6-5 "韧性"概念的发展
（图片来源：南京水利科学研究院张建云院士）

"韧性城市"是指城市或城市系统能够化解和抵御外界的冲击，保持其主要特征和功能不受明显影响，并能够快速恢复。这一概念强调了城市在面对不确定环境时的适应性和韧性。具体来说，当灾害发生时，韧性城市能够承受冲击，迅速应对并恢复，确保城市功能的正常运行。同时，韧性城市通过适应未来风险，提升了应对可能灾害的能力。城市韧性在于其面对不同强度冲击所作出的响应：对于轻微冲击，城市能有效吸收并减轻其影响；在中度冲击情况下，城市具备消减冲击带来的后果的能力；而在遭遇重大冲击时，城市不仅能够承受挑战，还能迅速恢复正常状态。这种适应能力和恢复力是建设韧性城市的重要目标，有助于降低灾害风险和保护城市居民的生命财产安全。

韧性的相关要素通常可以用"4R"理论来概括：①鲁棒性（Robustness），代表了抵抗冲击的能力；②迅速性（Rapidity），代表了恢复的速度；③资源性（Resourcefulness），代表了调配与利用资源实现抵抗、适应、恢复的能力；④冗余性（Redundancy），代表了通过额外或备用资源来维持城市韧性的能力。根据在面对外部冲击时城市功能的变化，可以韧性理论分为四个阶段，即：①准备阶段，即城市抵御外部扰动时要做的准备，包括过去"安全"方面的准备，以及现在"恢复"方面的准备；②抵抗阶段，即扰动时系统维持系统的功能，是通常理解的"安全"的概念；③恢复阶段，韧性的核心是恢复及怎么更快地恢复；④适应阶段，是为下一次灾害做准备。不同阶段的城市功能水平 $Q(t)$ 变化情况如图 6-6 所示。

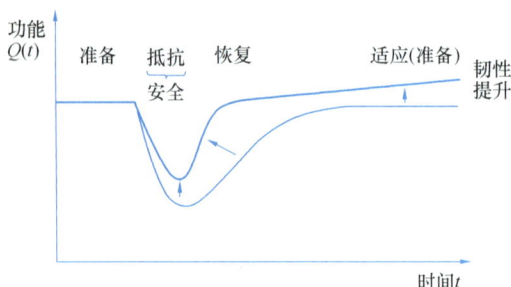

图 6-6 城市韧性曲线与城市安全风险的四个阶段

在灾害频发的当下保证城市的安全与稳定是城市建设与管理的重要任务之一。中央城市工作会议明确指出了城市安全将成为我国新型城镇化过程中面临的重要问题，理应放在城市发展的第一位。2020年4月，中央财经委员会第七次会议上重要讲话中强调"打造宜居城市、韧性城市、智能城市，建立高质量的城市生态系统和安全系统"。这标志着韧性城市这一重要理念从学术层面的讨论上升为国家战略之一。党的二十大报告也再次强调了"坚持人民城市人民建、人民城市为人民，提高城市规划、建设、治理水平，加快转变超大特大城市发展方式，实施城市更新行动，加强城市基础设施建设，打造宜居、韧性、智慧城市"。2023年国家领导在多次考察中指出："全面推进韧性城市建设，有效提升防灾减灾救灾能力"，并在上海首次提出"全面推进韧性安全城市建设"。

我国城市发展具有突出的"四高"特征，即城市人口密度高、城市财富集中度高、国家核心聚集度高、关键系统耦联度高。第七次人口普查数据显示，我国城镇常住人口占总人口比重为63.89%，三大城市群仅占全国5.2%的土地面积，却聚集了25.0%的人口，并贡献了41.5%的GDP。这一现象表明，我国的政治、经济、科技、国防等国家安全的核心要素高度集中于城市区域。同时，城市中的工程、社会、信息、生态等关键系统之间高度耦联，安全风险的传导效应显著，形成了复杂的风险网络。剖析过往的城市安全事件不难发现，其演变发展过程涉及多种要素非线性交互耦合，空间上集聚性和异质性共存，时间上突发性和周期性交织，表现出明显的系统性和复杂性。城市安全涉及领域广、致因繁杂，单一学科或基于单灾种、个体微观视角的安全基础理论，在解释城市安全问题的本质和原因时存在局限性。因此，需要立足不同视域，打破学科边界，在安全基础理论、技术、工程等方面进行突破，提出体系化的解决方案。韧性城市强调通过系统性、动态性和多尺度协同的策略，提升城市对各类风险的抵御能力、适应能力及快速恢复能力。其核心在于将城市视为一个复杂的巨系统，通过整合多学科理论、跨领域技术及社会-生态-工程技术的协同作用，构建能够应对不确定性和多重冲击的弹性框架。

相较于传统安全管理模式，韧性城市突破了"灾后应急""单灾种防控"的局限，转向"预防-适应-恢复-提升"的全周期治理模式。它不仅关注单一灾害的应对，更注重城市系统在多重压力下的动态平衡与功能延续，例如通过优化空间布局降低风险集聚、利用智能监测技术实现风险预警、建立跨部门协作机制强化响应效率，以及通过社区参与提升公众适应能力。因此，韧性城市建设被视为解决城市安全风险问题的重要途径，为复杂城市系统的可持续发展提供了理论与实践的双重支撑。近年来，国际上已经开展了一系列关于韧性城市构建的研究与实践，旨在借鉴成功经验，提升城市面对各种安全风险的应对能力和恢复能力。这些研究为我国韧性城市的建设提供了宝贵的理论支持和实践启示，有助于在未来更好地应对复杂的城市安全挑战。

1. 城市韧性指标评价体系

奥雅纳（Arup）与洛克菲勒基金（Rockefeller Foundation）会于2014年共同发布城市韧性指标（City Resilience Index，CRI），它提供了一个具有全球适用性的韧性综合评价指标体系，该体系根据156个问题的回答进行评估，得到了52个子指标，如图6-7所示。该指标可操作性强，易于使用，为城市韧性的韧性评价提供了一个全面的框架，已在世界范围内得到了广泛的使用。但其在指标评分、标准设定等方面可能主观性较强，仅能评估"现状"，不适用多样灾害场景的韧性评判以及韧性提升规划与措施的评价。

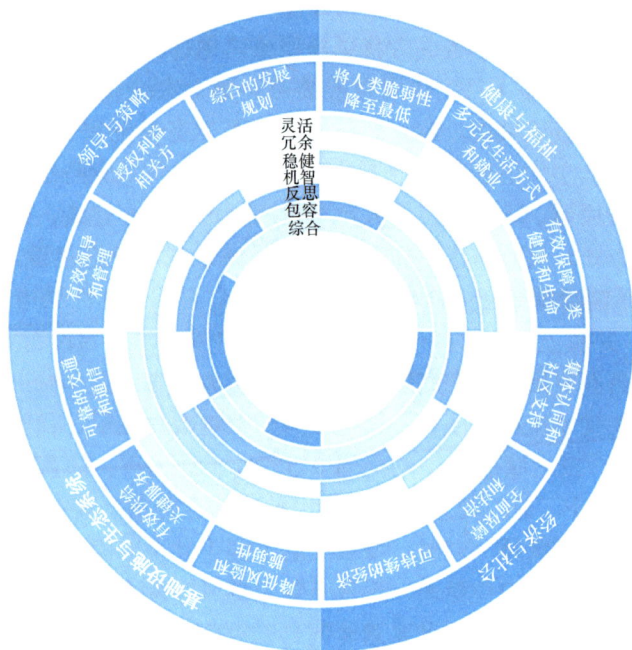

图 6-7　城市韧性指标 City Resilience Index
（图片来源：ARUP & Rockefeller Foundation，2014）

《可持续城市和社区——韧性城市指标》ISO 37123：2019 是由国际标准化组织（International Organization for Standardization，ISO）于 2019 年发布的标准，它定义了城市韧性指标的定义和方法，提供了一个可以在全球范围内广泛应用的韧性评估框架。该标准提供了 12 个类别的韧性指标，适用于城市、自治市或地方政府对城市韧性的衡量。与 CRI 相比，ISO 37123：2019 更侧重于定义用于衡量城市韧性的指标，但可能缺乏根据特定城市背景进行个性化定制的灵活性。

2. 国际城市韧性倡议与计划

"城市韧性计划"（City Resilience Program，CRP）是世界银行和全球减灾与恢复设施（GFDRR）的合作项目，旨在增加城市韧性领域的融资并帮助韧性投资规划，已于 2017 年 6 月启动。该计划提供了可靠的技术支持与多元化的融资渠道，在风险评估、城市规划、基础设施韧性、数据和信息获取以及监测等方面提供了支持。除此之外，CRP 还提供了全球化的合作网络以及综合性的规划方法，在全球建立沟通网络，允许各个城市分享知识、经验和实践，促进合作和学习。

"2030 年城市韧性计划"（MCR2030）是一个始于 2020 年的全球倡议，汇集了各利益相关方（包括政府、国际组织、专家和企业等），旨在通过加强中央政府与地方政府联系，确保战略一致与规划可持续，在不同规划发展阶段提供相应技术支持，到 2030 年使城市更具包容性、安全性、韧性和可持续性。该计划为利益相关者提供了清晰的规划体系（包含结构化的三阶段规划路线及关键时间点），灵活指导城市在不同阶段的韧性实践行动。除此之外，MCR2030 还涵盖了协同化的政策框架以及多维度的规划支持，致力于推进全球协作，促进实现全面、可持续性的韧性城市发展。

除了上述在韧性城市领域内开展的行动与计划外,洛克菲勒基金会还于2013年发起了著名的"100个韧性城市与韧性城市网络计划",旨在帮助世界各地城市更加具有韧性地应对21世纪不断增长的物理、社会和经济上的挑战,代表性城市包括了纽约、巴黎、罗马、德阳、黄石等国内外城市。该计划得到了清华大学、世界银行、联合国人居署等众多平台合作伙伴的支持。在"100个韧性城市计划"经历了六年的成功实践后,2020年洛克菲勒基金会在其基础上启动了韧性城市网络计划,目标是进一步提升全球范围内的城市韧性。

3. 韧性城市建设实践

目前,在全球范围内已有许多城市已经开始实施一系列策略和措施以提高城市韧性,包括纽约、伦敦和东京等。这些措施包括但不限于建立城市韧性组织与管理体系、提出城市韧性规划、建设基础设施、推动智能化与信息化技术的应用。例如,纽约市政府为了更好地应对城市面临的安全风险与挑战,设立"城市韧性建设办公室""应对气候变化城市委员会"等机构。在规划方面,纽约于2013年提出10年的韧性城市建设项目清单,2015年发布气候韧性建设计划《"一个纽约"规划》,着手对老化的基础设施体系改造和升级。伦敦建立了一套以"伦敦韧性峰会"为核心,7个不同机构在内的城市风险管理组织体系。此外,伦敦出台了《管理风险和增强韧性》(2011年)、《伦敦韧性战略》(2020年)、《伦敦规划》(2021年)等,重点提升抗洪水、干旱等风险的能力。

在技术方面,依托"伦敦数据存储中心",通过模型分析和预测城市发展的未来趋势,提供决策信息,帮助城市提高韧性水平。日本于2013年制定了《国土强韧化基本法》,以法律形式规定国土强韧化基本计划和地域计划的编制内容及流程。东京市于2016年出台了《东京都国土强韧化地域规划》,全方位推进灾前预防和灾后恢复策略。在城市建设方面,东京施行分区建设,每个区域都有相对独立的能源、供水、通信、医疗设施,积极加强灾害信息系统与共享信息网络建设,并重点关注城市风险脆弱性评估和紧急救援物资的储存保障。这些举措不仅提高了城市韧性,还提供了全球城市治理的经验,为城市提供了应对当今复杂挑战的新思路。

4. 我国城镇韧性建设面临的挑战

我国基础设施规模大、类型多、关联密,安全问题牵一发而动全身。基础设施的安全与风险管理对于维护城镇安全、平稳运行而言至关重要。电力、道路、建筑、桥梁、供水等城市基础设施系统支撑着城市的正常运转,满足了城市居民的社会需求。随着技术的发展和城市化的推进,城市基础设施系统与人们的交互变得日益复杂,共同构成了一个融合了社会和技术要素的复杂系统,即社会-技术系统,如图6-8所示。因此,目前我国韧性城市建设主要面临以下四个方面的挑战:

(1)管理机制有待健全。部分地区防灾减灾管理体系条块分割严重,韧性城镇的规划、建设、运营缺乏统一组织体系,韧性管理统筹协调能力需要进一步强化。面对这样的挑战,应该尽快建立健全城镇韧性与防灾减灾管理体制和高效的城镇韧性领导机制,明确韧性城镇建设主体责任,形成各方联动、协同配合的城镇韧性统一管理格局。

(2)灾后恢复重建能力有待加强。当前韧性城镇的建设仍以防灾为主,应急预案未能前瞻性考虑灾后恢复阶段,对灾后恢复重建以及风险适应能力关注不足。面对这个挑战,应在现有应急预案基础上强化灾后恢复重建与灾害适应的内容,形成面向韧性全过程的城镇韧性减灾预案,进一步细化预案条目,提高减灾预案可操作性。

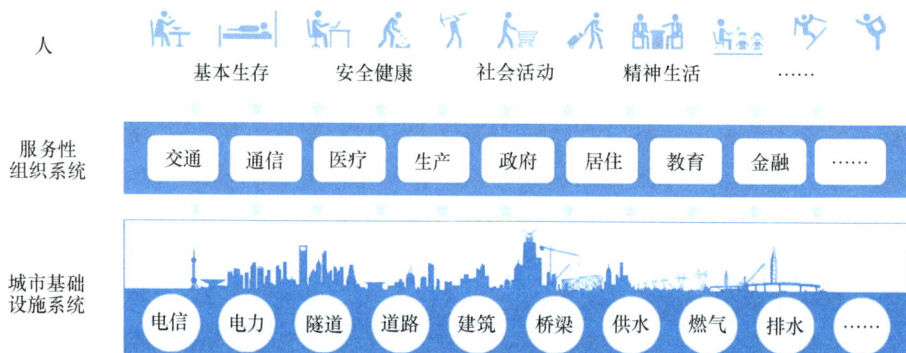

图 6-8   城市基础设施系统与社会、人相互作用

（3）城镇韧性管控水平有待提升。我国城镇安全风险监测网络尚不成熟，对系统关联性、复杂性的理解不够深入，防灾减灾资源投入与分配效率较低，也缺少有效评估城镇韧性的科学工具。应加强城镇安全风险监测预警网络建设，健全灾害事故信息互联互通机制，提高重大安全风险精准识别与超前预警能力。除此之外，应开展城镇系统安全风险跨系统跨维度传播机制等基础理论研究，研发城镇灾后功能仿真推演技术，建立情景驱动的韧性评估技术以及考虑资源约束的韧性提升技术。

（4）城镇社区韧性素质有待提高。社区等基层组织对于灾害韧性的理解不够深入，灾害事故响应与处置能力仍然较差。广大民众的防灾减灾意识不足，缺乏相应专业知识与技能。应进一步推进城镇韧性知识纳入国民教育体系，强化国民的全方位应灾能力。同时，也要强化社区等基层组织的灾害韧性管理素养，建设专业性强的基层应急管理队伍。

6.1.3   韧性城市社区结构与管理框架

我国城市韧性管控工作中存在重技术、轻管理的现象，亟需一套系统的城市基础设施系统韧性管理理论与方法。基于三度空间的视角，城市可以被分为物理空间、社会空间、信息空间。物理基础设施支撑着城市的服务功能，满足了城市的社会需求，并在与人交互中形成了更加复杂的社会-技术系统；人类活动行为形成社会空间，规划在很长一段时期以来侧重于物理空间，但随着社会发展、人的需求变化，人变得越来越重要此外城市生活的沟通（特别是社会生活、经济生活）主要在信息空间中完成的。社区是城市的细胞，是对城市概念的继承、发展和实施。具体而言，社区是由一系列责任、活动和相互关系组成的复杂生态系统，包括了社区成员、社会机构与建成环境等多个子系统。城市社区的韧性会受到三度空间中各系统及其相互作用的影响。

因此，基于"三度空间下的系统"理论框架及《面向建筑群落和基础设施系统的韧性社区规划指南》（The Community Resilience Planning Guide，CRPG）的指导，本节定义了城市韧性社区的结构模型，如图 6-9 所示。该城市韧性社区结构模型具有独特的"一核两壳"结构，形象、清晰地展现了建筑环境、社会机构和社区成员之间的互动关系。"两壳"中最外层表示了社区中基础设施系统类型（即建筑环境）及其关联关系，包括建筑系统、交通系统、电力系统、给水排水系统、燃气系统、通信系统、供暖系统等；中间层表示社区中主要社会机构类型（即社会结构）及其关联关系，包括家庭、经济、政府、医疗、文化、公益、教育、媒体等；"一核"指社区成员。每一层级如同保护与滋养的外壳，对内层发挥着不可或缺的支持和守护作用。"一核两壳"还描述了环境会通过其多元系统向社会机构输送必要的物质、能量与信息资源，而社会机构则转而为社区成员提供经济资源、公共服务等以期全面满足居民多样化需求的特殊联系。

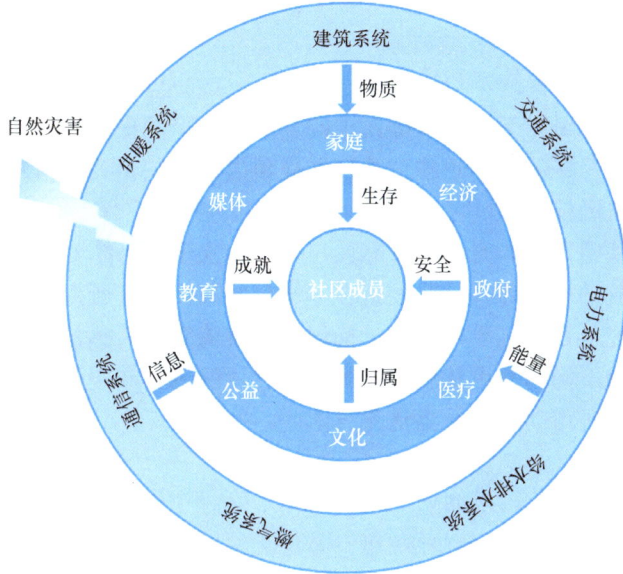

图 6-9　城市韧性社区结构

针对韧性社区的特殊"一核两壳"结构，需进一步明确城市社区韧性管理框架。该管理框架以城市社区韧性系统功能的感知、韧性的评估、监测与预警以及韧性的提升四个模块为核心，如图 6-10 所示。"功能"通常可理解为任何结构化实体或系统在内外部相互作用中展现的特性和能力，体现为一种能够对其他对象施加影响的力量。在城市韧性系统中，每一个社区子系统（即社区成员、社会机构与建筑环境）不仅履行其特定职责，同时也为其他子系统的有效运作提供必要的支撑，形成了一个相辅相成的循环体系，其最终目标都是确保社区成员的多元需求得到充分满足。基于上述韧性管理框架，可以深化对社区

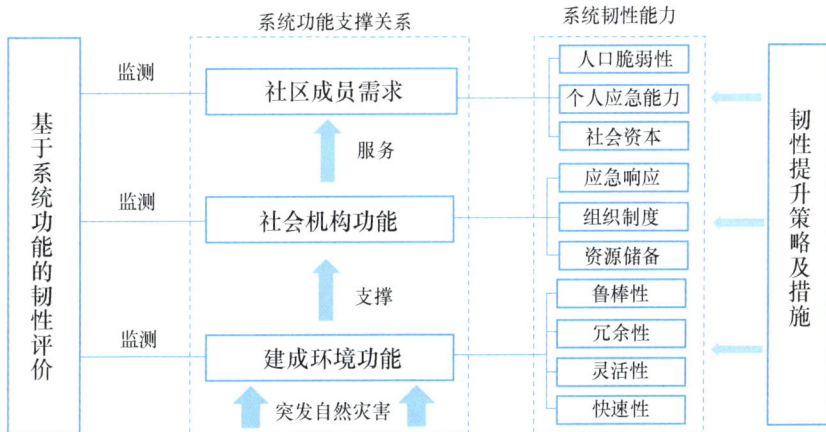

图 6-10　城市社区韧性管理框架

韧性本质的理解，还为评估与提升社区在面对外部冲击时的适应、恢复能力提供了新的视角和工具。此外，通过分析子系统间的相互依赖与协同作用，城市规划者与管理者还能够更加精准地识别潜在的脆弱点，优化资源配置，从而增强整个社区的韧性，使之在面对自然灾害、经济波动或是社会变迁等挑战时能够迅速恢复，实现可持续发展。

6.2 韧性的感知

本章后续的章节将聚焦于城市基础设施的安全与风险管理，结合当前城市快速发展过程中在灾害防护方面存在的实际问题，从韧性视角出发介绍相关城市基础设施安全与风险防护的基本理论与关键技术。

为了确保城市基础设施的安全和可靠性，城市引入了各种感知设备，例如传感器、视频监控、无人机与航拍成像等。这些设备在本教材的第2章有所提及。在本节中，将依托前沿科技与已有研究项目的成果与实践，探讨基础设施感测传感器在实际城市环境中的应用。下文介绍了几种不同的城市基础设施监测传感器的设计和制造方法，以及对应的城市基础设施的韧性感知网络的设计及其优化方法。

6.2.1 感测传感器设计与制造方法

鉴于多数城市基础设施位于户外环境，布设无线网络传感器节点经常面临严峻的工作条件。因此，开发出能够适应基础设施特殊要求的新一代传感器技术迫在眉睫。为了满足这一需求，研发者需要深入理解基础设施感测的独特属性及具体需求，全面考虑传输物质（气体、液体及半流体）的物理化学特性，确保传感器在设计、生产和加工过程中能够精确贴合这些要求，从而实现对关键参数的准确且高效地监测。在本节中，通过综合设计与生产多样化的基础设施系统感测传感器，引入了泛在微能量采集技术，可有效解决城市基础设施传感器部署中的能源供给难题，大大提升了系统的自主性和持久性。此外，针对城市基础设施感测的特有需求，设计并开发了一系列多类别传感器，支持精准捕获目标参数，强化了基础设施监控的精确度与效能。

1. 泛在微能量收集技术实现无源供电

稳定的能源供给可保障传感器在户外长时间作业。泛在微能量收集技术项目研发了一种创新的能量收集系统，该系统综合性地集成了能量采集、管理和无线通信三大模块，旨在有效利用环境中的自然能源（如光能与热能），以支持基础设施的智能感知设备正常作业。能量采集模块通过太阳能电池板、温差发电片及压电悬臂梁等设备，分别捕捉太阳光、温度差及振动产生的能量，并将其转换为电能。多样化的能量输入随后被送入能量管理模块。该模块核心采用 BQ25570 芯片，负责高效整合并调节这些能量，确保输出为稳定的直流电，以满足后续无线通信模块的需求。为克服不同能量采集装置间存在的阻抗不匹配问题，系统设计中采用了先进的匹配电路技术，保障了能量转换与传输的高效与稳定性，从而为整个系统提供了可靠的电能供应。能量管理模块不仅能直接为超级电容器或锂电池充电，还能通过升压模块提升电压，以适应无线通信模块的电源要求。系统中的微控制器单元（MCU）负责处理来自传感器的数据，将其封装后，经 TXD 接口传输至 HC-05 蓝牙通信模块，实现了与诸如智能手机等外部蓝牙设备的无缝无线连接。该系统的工作流程，完整地展示了从能量捕获到数据传输的全过程，其可行性和效率已通过实验测试得到验证。系统的工作流程图如图 6-11 所示。

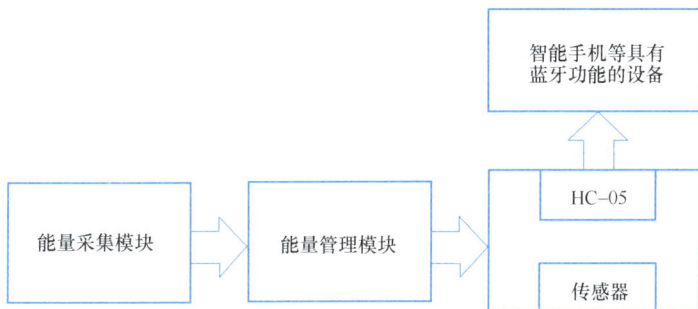

图 6-11　系统工作流程图

具体而言，针对太阳能、温度差及振动能这三种典型环境能量，设计并实现了定制化的采集装置：针对光能采集，配置了两块规格一致的多晶太阳能电池板，尺寸为 60mm×60mm，工作电压设定为 2V，工作电流为 150mA，通过中间串联 1N4007 整流二极管，有效阻止了电流反向流动，确保系统稳定。针对热能采集，则采用 TEP1-126T200 温差发电片，其安装于平滑表面，两面分别施加导热硅脂，冷面紧接散热片，以此优化热传导，保持高效发电。而在振动能的收集中，鉴于 PZT-5 压电陶瓷的脆弱性，特别设计了一种结构，采用 80mm×60mm×0.5mm 的铜质底座与 60mm×20mm×0.2mm 的 PZT-5 压电陶瓷层叠，增强了其承受冲击的能力，确保了振动到电能的高效转换。以上三种能量采集装置的实物图，图 6-12 所示。

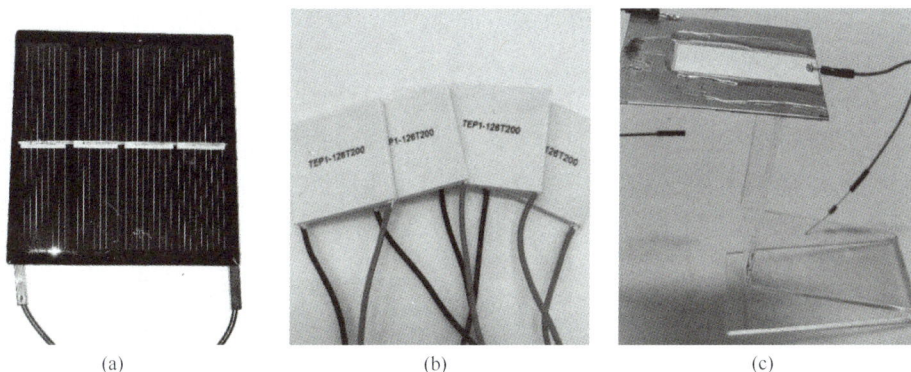

(a)　　　　　　　　　　(b)　　　　　　　　　　(c)

图 6-12　三种能量采集装置实物图

(a) 多晶太阳能电池板；(b) 温差发电片；(c) 压电悬臂梁

其次，利用 BQ25570 对能量采集装置采集到的多种能量进行管理，将能量储存到超级电容及锂电池中为负载供电。此外，为解决三种能量采集装置之间的阻抗不匹配问题，实现了采集装置稳定供电。为了减少系统的能量损失，实现对三种环境能源的同时收集使用，研究使用了电源切换电路，其核心是有单通道 2：1 多路复用器电子的 TS5A3154 芯片。这一设计使得系统能够智能地同时从三种不同的环境能源中收集能量，实现了环境能源的高效协同利用，不仅提升了系统能效，还显著增强了其在复杂环境下的适应性和续航能力。

最后，通过构建一套无线通信模块，可验证上述各项模块的功能性能。该模块基于STC89C52单片机为核心，整合了温度、光照度及火焰感应功能，具体配置如下：温度传感部分采用DS18B20芯片，采用紧凑的TO-92三引脚封装，仅通过单一通信接口便能与单片机交换温度数据，其测量范围广泛，覆盖了−55℃～+125℃。光照度传感部分则利用GY-302模块，搭载ROHM公司原装BH1750FVI芯片，可精确实时测量0～65535lx的光照强度，内置16位ADC直接输出数字信号，简化了校准步骤与复杂计算。火焰检测则依靠YL-38传感器，能敏感捕捉110nm至760nm波段的火焰光谱，有效探测距离约为1m，通过调节电位器可预设报警阈值，支持数字与模拟双重输出模式。

2. 无源供电的感测传感器节点

在实际的应用中，可能需对城市基础设施中的气体成分、液体状态、温湿度等关键参数进行监测，因此需定制开发不同类别的传感器。项目团队设计并制造了几种高度敏感的传感器节点，如基于定向碳纳米管的微纳气体传感器、基于泡沫微纳金属材料的液质传感器，具体构造如下：

（1）气相传感器

在微纳气敏芯片设计与制作过程中，需要制备微纳敏感材料，利用精密的氧化铝模板工艺定向生长碳纳米管，通过超声波技术去除冗余部分，随后实施钨化表面处理，显著增强了材料的耐久性和工作稳定性。经过深入探究影响性能的关键因素，优化传感器的封装技术，使之适应城市基础设施监测的特殊环境，确保了传感器在宽温湿度范围内可靠工作，提高了稳定性和使用寿命。该用于六氟化硫气体监测的微纳气敏传感器，传感器结构紧凑，监测系统集成了气室、传感器阵列、信号采集系统及气源，展现出了高灵敏度、低成本、易用性和良好的重复性，极具实用价值。

（2）液相传感器

在液相监测方面，推出了基于泡沫微纳金属材料的液质传感器，可实现对管道液体成分的即时监测，且强化了传感器的自我修复功能，延长了使用寿命并提升了监测精度。通过电镜技术对泡沫铜/碳纳米管复合材料的物理化学特性进行表征，据此优化了材料配方。监测系统配置了泡沫铜工作电极、铂辅助电极及银/氯化银参比电极，与微型监测系统相连，电极浸入待测液中，实现了高效精准的监测过程。

（3）其他传感器

除上述两类传感器外，项目还开发了基于声表面波（SAW）技术的高分子Nafion膜湿度传感器，为基础设施监测提供了高集成度和高灵敏度的湿度感知监测方案。此外，项目综合考虑了监测体系的需求，纳入了位移传感器、加速度传感器、温度传感器等辅助传感器，形成了多元化的感知监测网络，全方位提升了基础设施的监测能力和安全水平。

6.2.2　韧性感知网络设计与优化

在上一节感测传感器技术创新的基础上，项目研究团队对基础设施韧性的无线传感网络进行了设计与优化。首先，网络设计融入了泛在能量收集技术，确保无线感知节点的无源供能与高效数据汇总传输。随后，构建了云端数据感测平台，不仅实现数据的大规模存储，还通过大数据分析提升设施安全管理的智能化水平。最终，实施网络优化策略，有效减少了网络工作能耗并加速了数据传输进程，确保信息的及时性与准确性。这一系列的设计与优化措施为后续的模型建立及数据分析奠定了坚实基础，提供了丰富的感知数据资源。

1. 韧性感测平台构建

首先，采用泛在能量收集技术实现无源供电，构建无线传感器网络实现各节点数据汇总传输。其次，搭建数据感测云平台实现数据云端存储。最后，优化了无线传感网络，降低了无线传感网络的能耗。本部分将采集到的基础设施数据传输至云平台，为后续的建模分析提供感知数据。

需要在已有传感器节点的基础上，通过感知网络的构建形成基于泛在微能量装置的基础设施无线感测平台，来收集、传输、整合和存储大量的感知数据。为此，团队开发了城市基础设施的感测平台，该平台主要由感知层、网关层、平台层和业务层组成，如图6-13所示。通过将泛在微能量收集技术应用于无线传感网络节点中，从而基于ZigBee自组网技术构建了无线感知网络。通过前端与后端系统的构建，实现了多源数据的存储和交互等功能，并将数据生动形象地可视化呈现给用户。

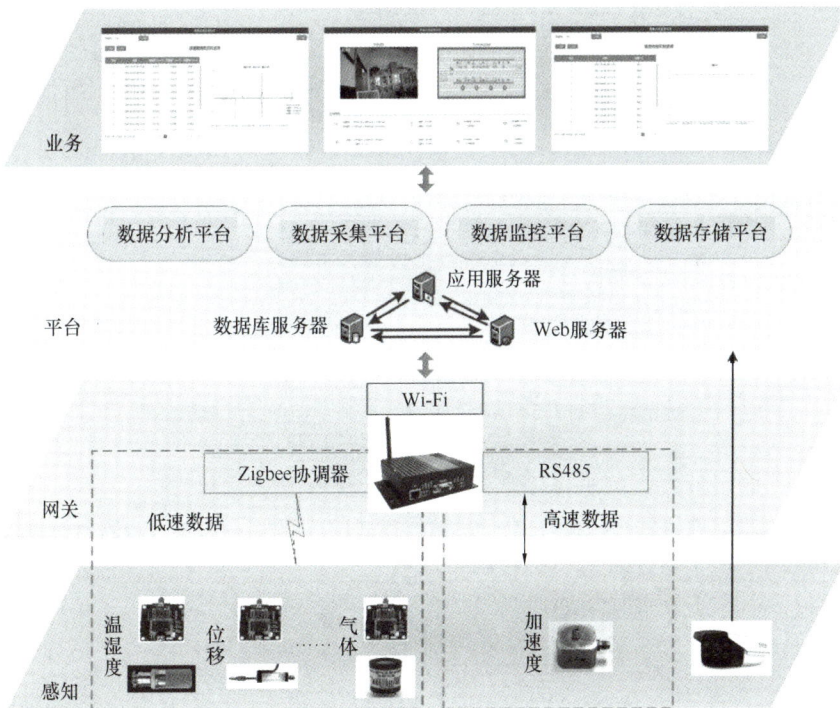

图 6-13　城市基础设施系统的感测平台结构

（1）数据感知：基于泛在微能量技术应用的无源传感器节点

基于 6.2.1 节的泛在微能量收集技术，在传感器感知节点处实现了无源供电与实时监测。感知节点按照节点数据传输速率分为低速节点和高速节点。采用 ZigBee 自组网方式实现了数据的无线传输。实现了基础设施系统低速数据的采集和测量（如风速、温湿度、位移、气体浓度等）。此外，通过间歇式测量实现了加速度等高速数据的测量，采用

RS485 方式实现了数据的远距离稳定传输。

（2）数据汇总、传输：基于无线自组网技术应用的感测平台网关

在网关端，将感知端的基础设施数据融合汇总，基于无线网络将数据上传至系统信息监测平台。低速数据由 ZigBee 核心电路实现位移、温湿度、气体浓度等低速数据的接入网关侧，高速数据采用 RS485 通信电路传输至网关侧，最后由 Wi-Fi 电路实现数据至云平台的无线传输。感测平台网关的功能为将感知节点获取的数据传输至云平台。由于网关进行数据汇总需要实时供电，项目研究团队通过结合泛在微能量收集技术，利用 ZigBee 节点增加光伏能量收集电路，将微光及日照灯能量等光能存储在节点的锂电池中。包括感知节点和网关两个部分的无线感测平台硬件如图 6-14 所示。

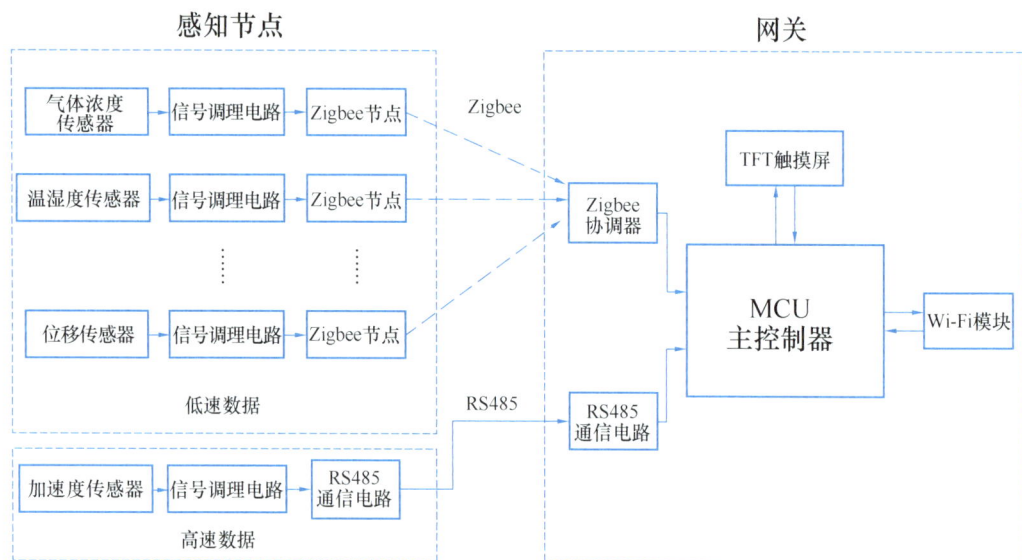

图 6-14　无线感测平台硬件框图

（3）数据存储、分析：信息感测平台系统云平台

在平台层，通过业务层系统的上传 Web 端实现了数据的存储、分析等功能。云平台后端采用技术栈实现了系统构建、数据存储以及数据交互等功能，系统后台与下位机网关采用非阻塞模式（NIO）交互，增加了系统鲁棒性。前端通过 websocket 长连接将服务器中的数据，风速、温湿度、加速度等存储到前端 Vuex 数据库中，将监控视频信息传输给监控图像。Vuex 数据在通过整合处理之后，分发到前端页面中，分别展示当前参数的核心数据、动态曲线与实时表格，相关云平台系统架构图如图 6-15 所示。

（4）基础设施应用：信息感测平台场景示范

平台搭建完成后，以地下综合管廊及高校园区作为实际应用案例，通过系统聚合界面生动展示了信息感测平台在不同场景下的应用成效，如图 6-16 所示。相关案例的应用实践验证了平台的实用性和可靠性，为城市基础设施的智能化管理提供了示范。

2. 无线无源感知网络优化

本节在上节构建的无线感测平台之基础上，深入挖掘并实施了无线传感网络的优化策

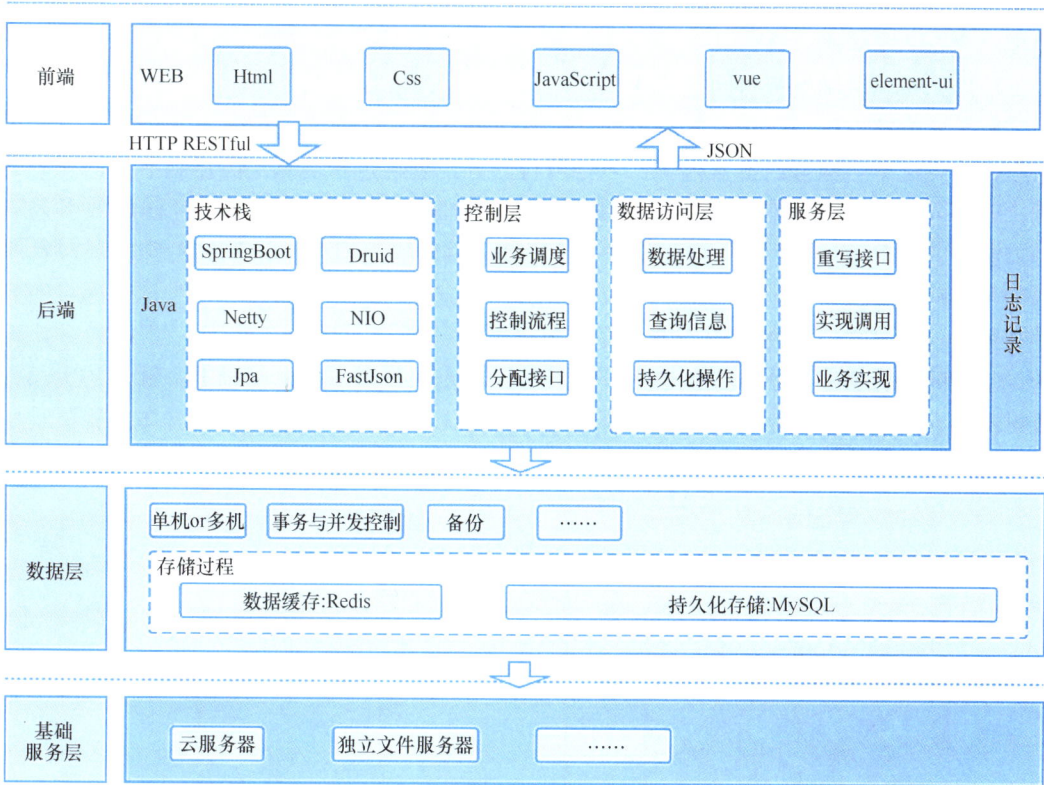

图 6-15　云平台系统架构

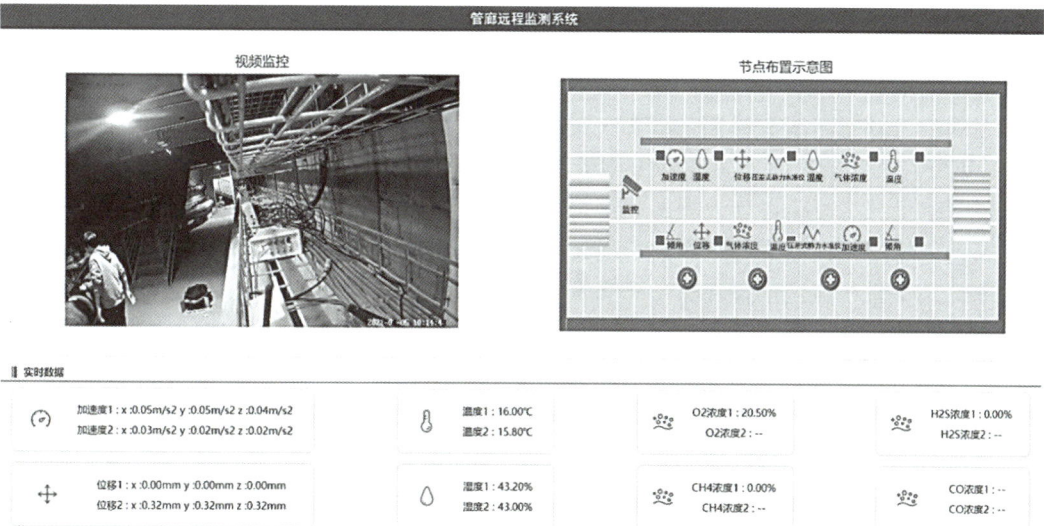

图 6-16　信息感测平台聚合界面

略，旨在减少能耗，增强数据传输的效能。针对网络覆盖不全、邻近节点识别困难以及数据融合精确度不足等挑战，本节提出了一系列创新解决方案，并展示了优化后的网络表现。

（1）无线感测网络覆盖问题优化

鉴于城市基础设施结构的复杂多样性，并更好地服务于未来智能化监控管理，需要进一步优化无线感测网络的覆盖范围。一种可行的方案是通过聚类算法改良和节点部署策略优化，提升无线传感网络（WSN）路由协议在三维复杂空间的表现。通过创新地引入一种节能型三维 WSN 聚类路由协议改进方案，使得网络更适应基础设施的特殊布局，具体的优化思路为在节点部署策略上，采取了双层优化方法。首先，通过对三维球形网络的数学特征进行精确建模，并明确 WSN 部署环境的具体要求；随后，利用三维 k 重覆盖理论，将空间划分为多个小立方体单元，完成首层节点的部署。在此基础上，针对初次部署后可能存在的监测盲区，采取补充部署策略，确保无遗漏的二重覆盖，其具体部署模式如图 6-17 所示。

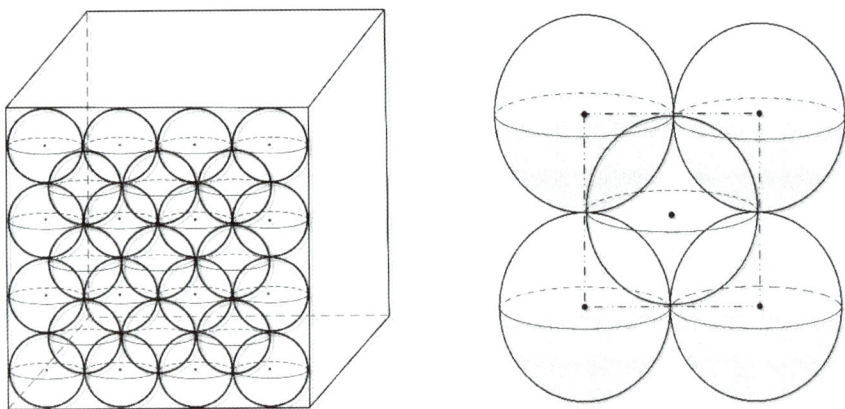

图 6-17　节点两重部署策略示意图

优化结果显示，基于蜂窝网格的 1-覆盖策略在提高网络覆盖率方面表现出色，而均匀节点部署与蜂窝网格 2-覆盖策略则在信息完整性上达到 100％，综合评估表明蜂窝网格 2-覆盖策略在平衡冗余度与完整性方面最为优越。通过实践验证，所提出的聚类方法革新与增强型节点部署策略，有效缓解了网络结构不均导致的通信距离不一问题，显著减少了部分簇内节点过早耗尽能量衰亡的情况，从而延长了整个 WSN 的寿命期并提升了能量利用效率。这一系列优化不仅确保了感知网络的稳定性和长期运行能力，还为城市基础设施的智能感知监测打下坚实的通信基础。

（2）无线感测网络邻居节点辨识

无线无源感知网络优化的另一个重要方面是邻居节点的辨识问题，为了解决该问题并提升网络效率，研究团队开发了一种创新的多级异构路由协议。此协议不仅显著提升了无源感知网络的运行寿命，还实现了网络各区域间能量消耗的均衡分配。基于节点的能源储备与地理位置信息，提出了异构节点设计方案，采用三角形布局的中继转发机制作为簇间通信的核心策略。与标准节点相比，中继节点装备了更高容量的电源，赋予了其频繁数据采样和高效转发簇头信息的能力，极大地增强了网络的传输效能。此外，引入的远程混合集群路由协议采用了多样化簇头的组织形式，进一步丰富了网络的层次结构和适应性。

在实际网络部署中，为应对节点性能的异质性，项目采用了自适应性邻居估计与优化（AGNES）与基于簇数量优化的节能分簇路由协议。该协议细致考虑了簇的数量对时间调度的影响，以及节点残余能量和地理位置对节点休眠策略的调节作用，实现了智能化的节点休眠管理，如图 6-18 所示。相关项目的实验结果证明，这种改进的节点异构化策略显著增强了无线传感网络（WSN）的聚类效率和整体生存周期。

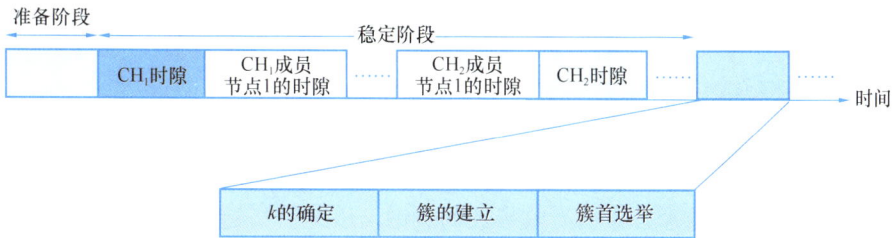

图 6-18　协议时序分配示意图

（3）无线感测网络连通问题优化

无线感测网络的连通性是确保网络稳定运行和有效数据传输的基础。在大规模、动态变化的环境中，优化无线感测网络的连通性面临诸多挑战，包括节点分布不均、能量限制、环境干扰等。常见的优化策略包括：拓扑控制、动态频率分配、多跳通信与链路冗余等。在城市基础设施无线感知网络的建设项目中，研究团队构建了一种自适应的能耗的分配方案，在能量最小化的同时控制总能量消耗。结合城市基础设施的工程需求与 WSN 性能两方面要求，对跳跃距离和跳跃次数作出了综合最优选择。

首先，基于多跳传输模型将相互连接的基础设施抽象成一个监控区域，平均分为 m 段，分别命名为 m_1，m_2，m_3，……，m_i，……，m_j 子单元，如图 6-19 所示。其次，基于节点均匀分布假设，进一步优化了信息转发次数与转发距离，量化分析二者与能耗间的相互关系，从而达到自适应性调整的目的。此外，分析了不同工作模式下的能量阈值设定及模式切换策略，将协议运行分阶段管理，每个阶段设定各异的簇头竞选最低能量门槛和节点休眠阈值。实验结果证实，改进后的自适应 WSN 路由协议显著提升了网络性能。

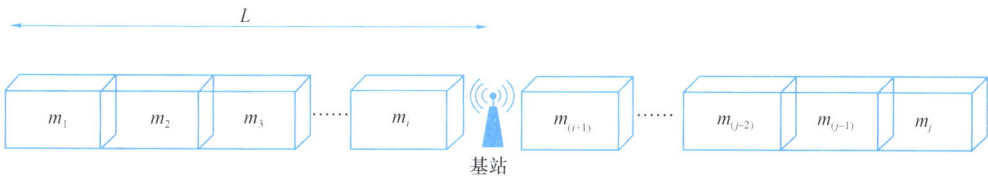

图 6-19　模型抽象示意图

（4）无线感测网络数据精准融合

无线感测网络数据精准融合指的是在复杂的基础设施监测系统中，将来自不同类型的传感器节点、不同位置的大量异构数据进行有效整合、处理与分析，以获取更准确、全面的监控信息和决策支持的过程。这一过程对于提高基础设施管理的效率和智能化水平至关重要。为了实现数据的精准融合，研究团队提出了基于传感器信息交互时效性的信道盲交会算法，提升了系统中信息交互的韧性，实现了时隙对齐、确保交会和降低交会时间的目标。首先，将异步非对称时隙通信序列视为时隙对称通信序列进行交会动作的可行性进行证明，其次，结合综合管廊监测中使用的通信硬件参数，即使两个节点的时隙边界之间存在任意漂移，也可以确保有限时间内存在必要重叠，也就是说两个节点必在信道上对齐。在序列长度设计时，根据考虑素数互质的思路，设计由子序列构成的 A（发射端）与 B（接收端）序列，确保 A 和 B 序列在周期内交会。在子序列设计时，由于序列 A 和 B 是由若干个按照一定逻辑顺序的子序列拼接而成，能够降低交会的时间。

6.3   韧性的评估

本节在前文 6.1 节和 6.2 节阐述的基础设施感测技术及韧性感知网络的铺垫上，进一步深入探讨了如何有效处理并分析所收集到的数据，以评估基础设施的韧性状况。本节内容围绕城市基础设施的数据整合、分析建模及系统耦合机理与韧性情景推演等方面展开，为基础设施的韧性管理提供了坚实的科学理论基础与技术支撑。

6.3.1   韧性评估方法

1. 城市社区系统性能指标分析方法

根据韧性的定义，社区的地震韧性可以通过两个方面来评估：一是考察震后社区子系统需求满足程度的变化；二是监测震后社区子系统功能的恢复情况。灾害情况下系统的韧性由其韧性能力决定，如建成环境的韧性由系统的鲁棒性、冗余性、资源性和快速性决定（4R 理论，见 6.1.2 节）。至于系统功能的量化指标，则可通过分析其他系统对该系统的依赖需求来确定，这样的需求分析框架在图 6-20 中得到了形象的展示，它有助于揭示系统间错综复杂的相互作用关系，为韧性评估提供更为全面的视角。

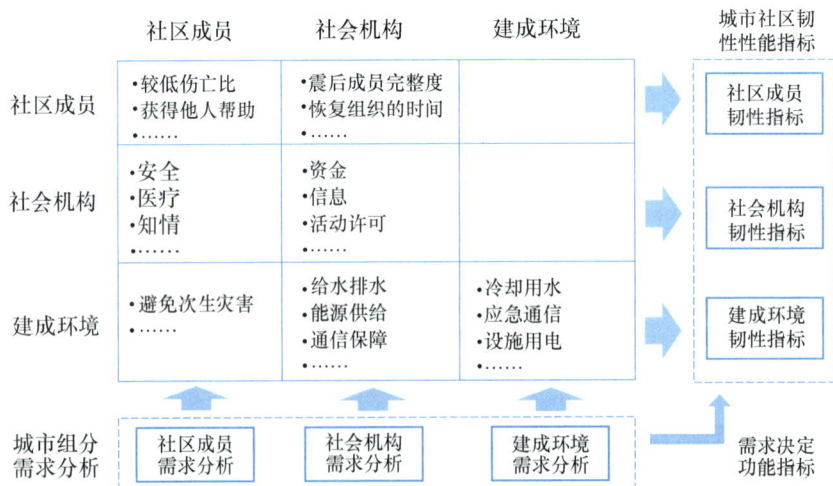

图 6-20   城市社区系统性能指标

2. 城市社区社会机构识别与建成环境韧性评价

依据 CRPG 所提出的分类框架，对城市背景下的建成环境内社会机构进行了系统的辨别归类，并进一步援引马斯洛需求层次理论，对各类社会机构在满足社区成员不同需求方面所扮演的角色进行了深入解析。研究发现，社区成员的多维度需求能够直接得益于以下八大类社会机构的有效服务与支持：家庭、政府管理机构、医疗卫生机构、教育与科研组织、新闻媒体、慈善与公益团体、文化服务提供者，以及经济活动主体。

在此基础上，韧性评价的构建采取了层次分析法（AHP）的逻辑，其核心目的聚焦于确保建成环境的功能性能够满足社区成员的期望与需求。值得注意的是，社会机构功能的强弱与效能，本质上是与其赖以生存的基础设施系统功能水平紧密相连的。图 6-21 映射了从基础设施到社会机构，再到社区需求的层层支撑逻辑。

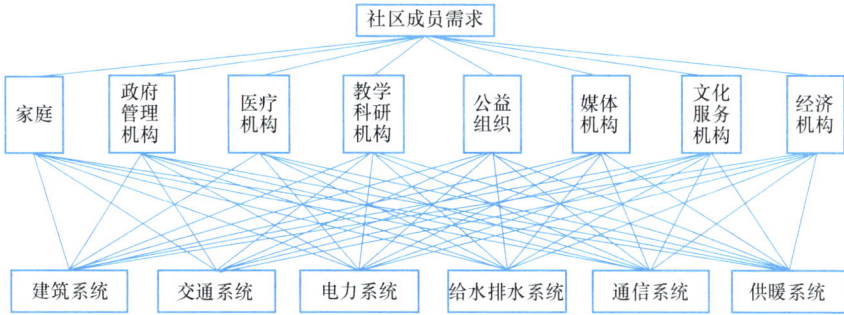

图 6-21　城市社区系统层次模型

基于上述层次模型，设计应用层次分析法（AHP）调研问卷。对每份专家问卷的每个判断矩阵分别计算特征向量和一致性系数，剔除一致性检验不合格的特征向量后求平均值并归一化，得到各指标权重系数。

3. 基础设施韧性评估模型

城市基础设施韧性的定量评估方法最初源于地震工程学领域。国外学者在对社区地震韧性的研究中提出，提升社区地震韧性可以通过提升社区基础设施（例如生命线工程等）应对地震灾害的能力来实现。基础设施面对灾害时所呈现的状态可以通过系统机能曲线的变化进行描述，如图 6-22 所示。

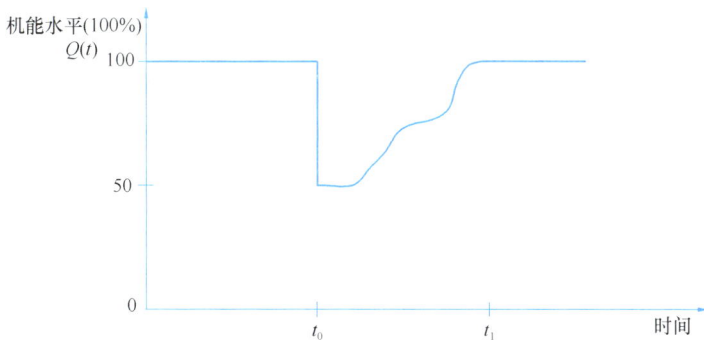

图 6-22　基础设施系统机能曲线

其中，Q 表示系统机能水平，$Q(t)$ 表示系统机能曲线，当灾害发生时，对基础设施发生破坏，$Q(t)$ 减小；随着有效应对措施的实施，系统逐渐恢复，$Q(t)$ 增加，直至恢复到正常水平。因此，基础设施的韧性 R 可以用式（6-1）的系统机能函数对时间求积分来表示。

$$R = \int_{t_0}^{t_1} \left[100 - Q(t)\right] \mathrm{d}t \tag{6-1}$$

随着研究的不断深入以及新一代人工智能技术的发展，不同学者对基础模型与方法不断进行改进与完善，提出了许多城市基础设施韧性评估新方法。

6.3.2　系统韧性数据融合、分析与建模

1. 基于泛在微能量技术和数据驱动的安全监测方法研究

基础设施振动源复杂多变，这对监测、分析和管理这些基础设施带来了巨大挑战。针对该类问题，本节首先应用前文介绍的泛在微能量技术和加速度感测节点优化网络，采集振动信号；然后利用基于深度学习的改进二次调节器（LQR）算法精确识别振动，提升震害预测效率。

（1）基于深度学习的改进 LQR 算法的精密仪器振动安全监测

首先应用泛在微能量加速度传感器采集振动信号。基于泛在微能量收集技术实现无源供电，结合加速度感测节点网络，采集工作环境中的典型振动，频率范围为 $0.17 \sim 100\mathrm{Hz}$，满足振动干扰频率需求。各类型振动数据总共采集约 1200 条，后续将这几种振动分别称为：施工振动、地铁振动、汽车流振动、风致振动，其数据数量比值约为 $2.5:1:3.5:5$。典型振动数据的时域图特征如图 6-23 所示。典型振动数据的时频域特性如图 6-24 所示。

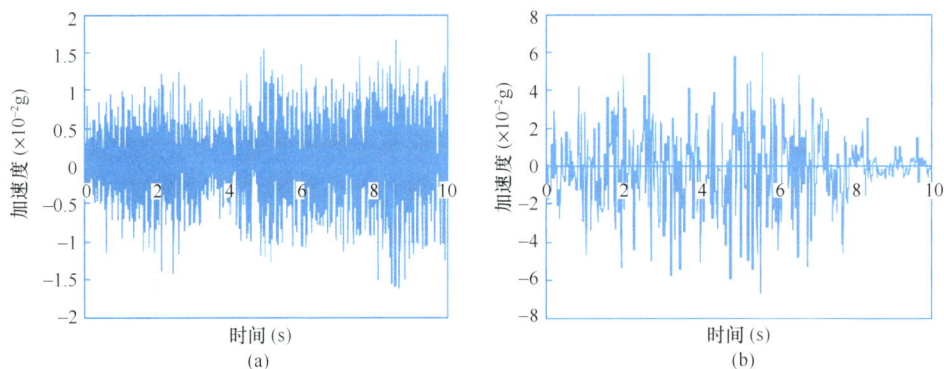

图 6-23　典型振动信号的时程对比
（a）典型施工振动；（b）典型地铁振动

随后，研究团队引入了遗传算法优化的 LQR 算法。该算法设计包含在线控制执行与离线数据驱动的优化训练两大部分。在线控制遵循经典的 LQR 算法逻辑，而离线部分则通过实测振动数据进行预训练，优化后的控制策略再反馈至在线控制环节，流程如图6-25所示。LQR 算法的性能取决于 Q 和 R 系数矩阵，经过参数精简研究发现其与 q/r 比率直接相关。继续通过遗传算法针对每种特定类型的振动输入进行 LQR 参数优化配置。优化后的结果显示，地铁振动、施工振动、汽车流振动和风致振动的最佳 q/r 值分别为 1.83×10^2、3.79×10^5、6.81×10^4 和 3.0×10^6。

最后，研究采取卷积神经网络（CNN）进行振动类型的识别，利用小波系数作为

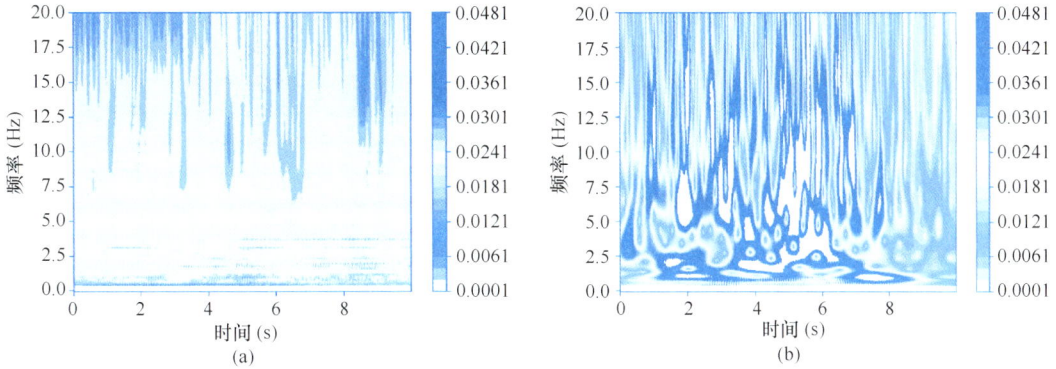

图 6-24　典型振动信号的时频域特征对比

(a) 典型施工振动；(b) 典型地铁振动

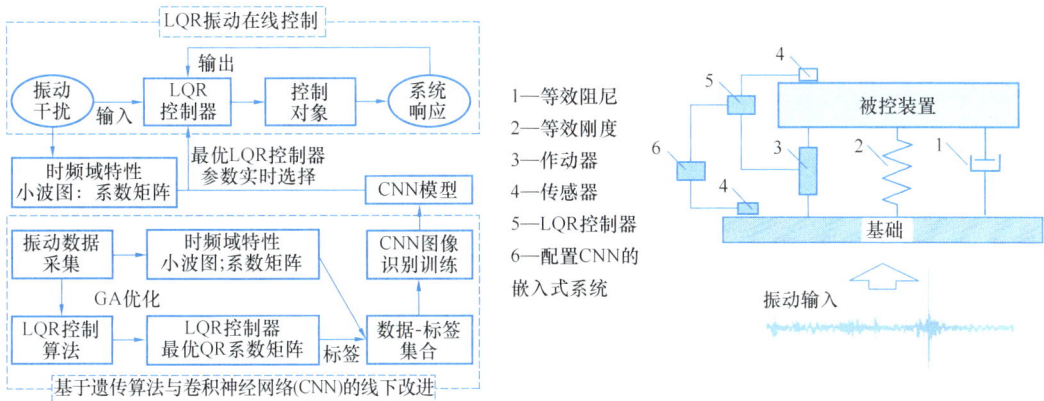

图 6-25　改进的 LQR 控制方法及系统

CNN 的输入特征，辅助 LQR 控制策略。振动数据被标记为四种类型（地铁振动、施工振动、车流振动、风致振动），每种类型对应一个优化过的 q/r 值。实验结果显示，这种结合深度学习的 LQR 改进方法在各种振动场景下均展现出优越的性能，证实了在适当调整控制器输出的情况下，该改进的 LQR 策略能显著提升振动控制的效果，确保基础设施的安全监测达到最优水平。

（2）基于大数据分析与数据挖掘的 AI 应急震害预测

研究团队提出了基于大数据分析与数据挖掘的 AI 应急震害预测，结合机器学习技术进一步提升震害预测的效率。

1）单体尺度：引入了一种基于多种地震动强度指标的应急震害预测模型。通过运用支持向量机、决策树等机器学习技术，该模型成功构建了高维度地震动指标与各类建筑震害结果之间的复杂映射模型，相比传统低维度指标，预测精度实现了显著提升。此外，研究还从高维度视阈对指标及其组合进行了优化筛选，具体研究方法如图 6-26 所示。地震动数据采自 K-NET 等公开强震数据库，而震害评估则依托团队自主研发的城市抗震弹塑性分析技术。

2）区域尺度：在个体建筑方法论基础上，针对区域尺度的需求，可以进行两项重要

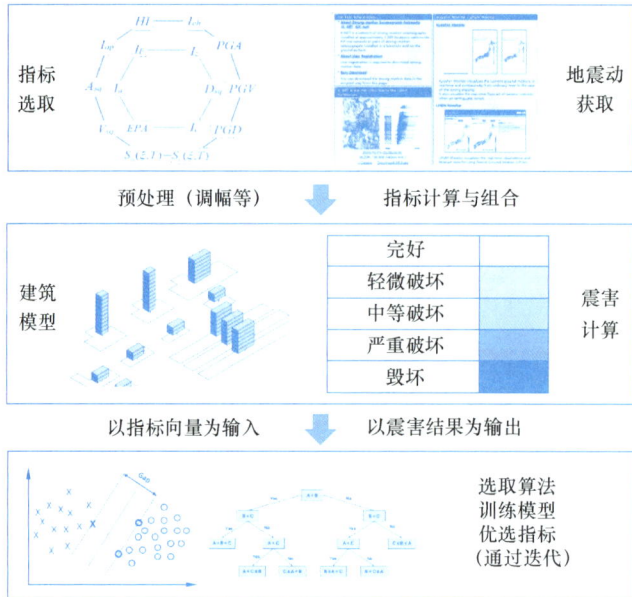

图 6-26　基于多元地震动强度指标的应急震害预测方法框架

改进。首先，引入了长短时记忆神经网络（LSTM），直接从地震动时序数据中提取特征，降低了对先验知识和传统地震动强度指标的依赖；其次，探索并确定了适用于区域的震害评估指标，替代了单一建筑的震害分级，以更好地适应区域应急预测的需求。

3）多尺度方法：为了进一步提升模型的效率与通用性，可以采用易于并行处理的卷积神经网络（CNN）替代 LSTM，利用地震动的小波时频图来表征地震动的复杂特性，完美匹配 CNN 的输入格式。通过深入分析网络结构等因素并进行实例验证，研究表明，该方法在单体建筑与区域尺度上均显示出优异的适用性和高效的预测能力。

通过应用上述方法，相关案例分析证实了该预测框架在确保预测精度接近复杂非线性时程分析的同时，预测效率得到了显著提升。最高效率提升可达 1500 倍以上，且能够实时更新震害预测结果。具体而言，针对一个三层钢筋混凝土框架建筑的测试案例，达到了 92.6％的预测准确率；例如，在清华大学校园内的一个包含 619 栋建筑物的真实场景模拟中，预测准确率高达 82.6％，充分展示了该技术在实际应用中的高效与可靠性。

2. 基于模型驱动的地震情境安全监测方法研究

本节内容探讨了基于模型驱动的地震情景安全监控技术，介绍了一种结合城市抗震弹塑性分析方法与强震台网提供的实际地震动数据的地震实时损失评估方案。

相关研究中方案的具体实施步骤如下：首先，利用强震台网资源，收集发生地震区域的实测地震动数据，以此为基础构建目标区域的地震动力场模型。随后，依据构建的建筑受灾体模型确定方法，详细记录并分析目标区域内所有建筑的受威胁情况。最后，借助城市抗震弹塑性分析技术，对地震对区域建筑结构的潜在破坏程度及人员可能遭受的加速度影响进行系统评估，其分析流程框架如图 6-27 所示。这一评估技术已成功集成在中国地震台网中心及四川省地震局的系统中，为国内外数百次地震的紧急灾害评估提供了有力支持。

3. 交通系统多因素耦合建模方法和韧性特性分析

在智慧城市建设的愿景下，物联网的集成与仿真优化技术对智能交通系统的策略改进至

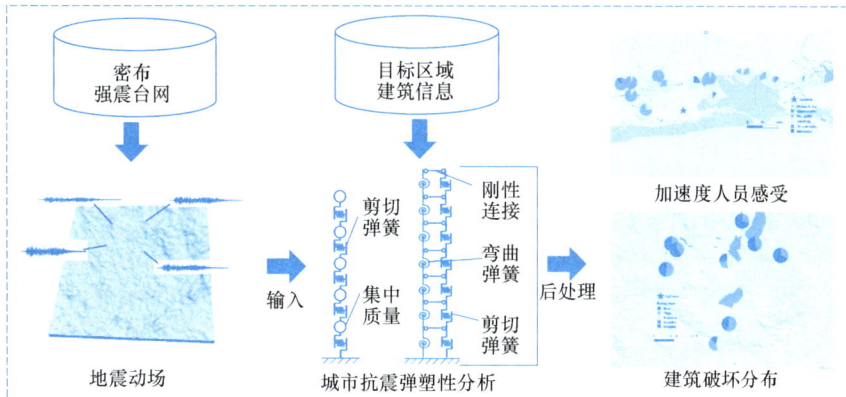

图 6-27　基于地震监测信息的实时震损评价方法分析框架

关重要，本节致力于探索实时交通管控与基础设施管理的建模技术，并深入分析其韧性特征。

（1）基于贝叶斯因果关系网的多因素耦合建模方法

在物理-信息融合场景下评估城市交通系统的韧性。城市道路系统在面临外部冲击时的韧性——快速吸收、即时适应及长期恢复能力，不仅与实体资源如人力物力紧密相关，也与信息物理系统的计算、通信及控制机制密不可分。图 6-28 呈现了考虑人、车、路、信息四个维度（4I）的耦合效应，揭示了在多种影响因子下城市交通系统的交互复杂性。

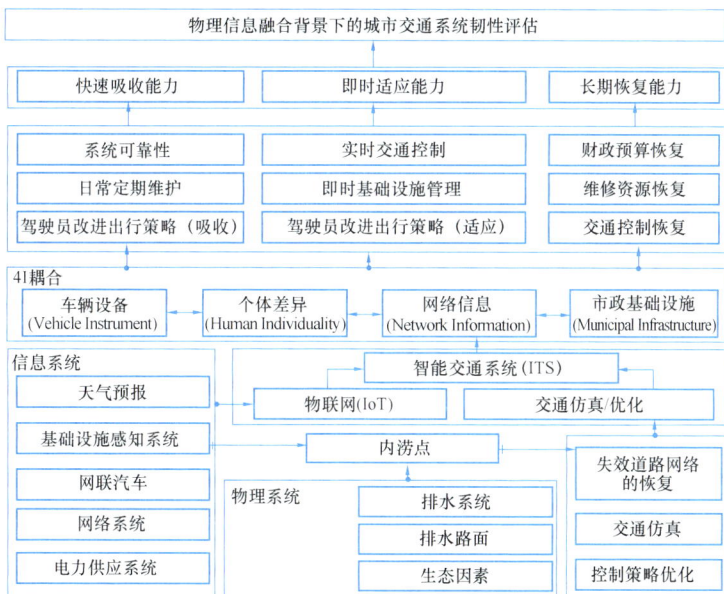

图 6-28　城市交通系统信息物理韧性的因果关系描述：4I 耦合

阶段 1：吸收阶段。遭遇极端天气如暴雨时，系统初始表现为通行能力减弱。此阶段，系统依靠自身维护措施（如日常维护、智能交通系统）进行初步抵抗，体现为自我吸收能力。阶段 2：适应阶段。随着积水导致道路无法通行，系统需通过外部介入进行调整，如政府迅速的基础设施干预措施和驾驶者灵活变道行为，该阶段可以反映系统的及时适应能力。阶段 3：长期恢复阶段。当大范围道路失效时，仅靠系统自吸纳或自发反应已不足以应对，可能导致连锁故障，系统进入瘫痪状态。此时则需要长期恢复措施的介入，相关的效果可以反映系统的长期恢复能力。

交通系统通常包含众多相互影响的因素，这些因素相互耦联，对交通系统的韧性产生影响。贝叶斯因果关系网利用图形模型来表达变量之间的因果关系，并结合贝叶斯统计原理来描述和分析系统中的不确定性和复杂性。所建立的贝叶斯因果关系网模型可以将城市的各相关部分视为一个有机整体，相关模型，通过建立、验证和分析模型进行跨部门的管理、投资或风险防范，经过建模后形成的贝叶斯因果关系网络如图 6-29 所示。

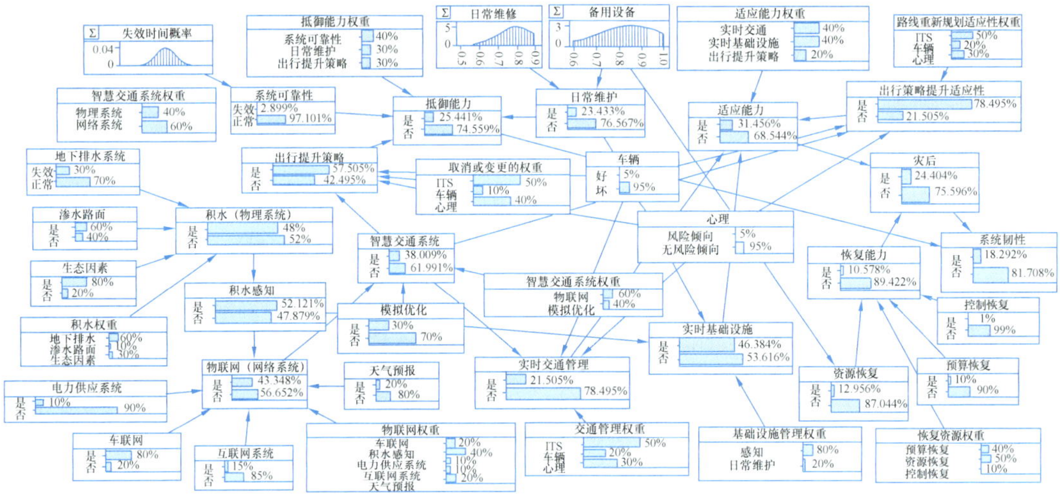

图 6-29　贝叶斯因果关系网建模型

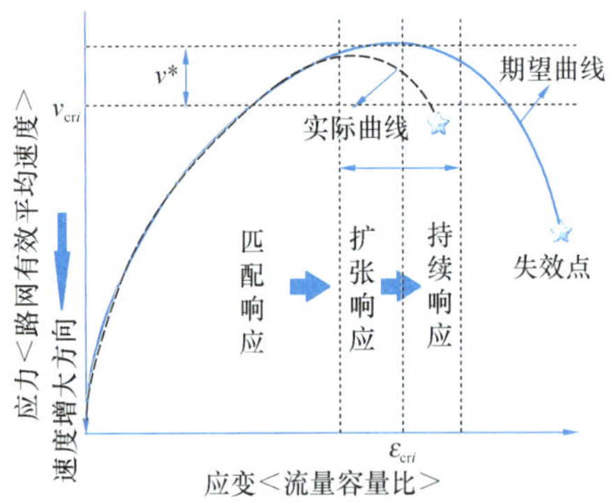

图 6-30　城市道路系统的韧性曲线（NRC）

（2）交通系统韧性特性分析

受到"应力-应变曲线"概念的启发，研究人员提出了城市交通系统的韧性曲线（NRC 曲线），用于描述系统在遭受外部扰动时的响应特性，如图 6-30 所示。该曲线将静态的韧性评估框架至动态提升视角。NRC 曲线描述了一个系统显式指标（路网的有效平均速度）与一个系统隐性指标（系统响应）间的关系，有助于帮助系统确定当前响应阶段，提供控制系统控制所需的设定点数值。

最终的宏观仿真分析结果展示了不同出行需求矩阵下系统的性能，当流量与容量比低于 0.4 时，路网平均有效速度近乎线性减小，超过该点后，下降趋势转为更为复杂的非线性模式，这也揭示了交通系统韧性在不同负载下的响应复杂性。

4. 基于 FLOWSIM 的在线交通仿真系统标定理论框架和模型

在前文基础设施韧性评估模型的建模方法基础上，本节介绍了相关研究项目运用算法，实现实时交通控制框架下的在线交通系统动态仿真功能的成果。

（1）基于泛在微能量技术和优化网络的振动传感监测路段流量

研究团队通过振动传感网推测部分路段的流量情况，基于自适应微调算法估计交通需求，结合 FLOWSIM 实现在线推断网络运行情况与潜在的事故发生点。通过应用 6.2.1 节所述的泛在微能量技术和 6.2.2 节的无源感知网络优化，利用振动传感器捕捉交通流量信息，之后与视频数据对比，验证振动传感技术在流量估算上的准确性。车辆行驶产生的道路微振动与地震波相似，通过加速度传感器记录这些振动信号，其振幅与车流量成正比。研究选取 512Hz 的采样频率来捕获路面的垂直加速度信号，并辅以视频数据测量车流密度和平均车速，确保流量估计的精确性。

（2）自适应微调算法（AFT）估计交通需求

AFT 算法的本质就是基于参数、测量值及目标函数建立的一个万能逼近器，该逼近器在下次迭代步时向系统提供新的可调参数。新的可调参数集合是在上步迭代得到的最优参数基础上的随机扰动值，并通过万能逼近器选取其中的最优项。AFT 算法泛化了 SP-SA 算法，通过动态迭代和在线学习非线性系统动态特性调整系统参数。

（3）基于 FLOWSIM 的在线交通仿真系统的推断与验证

研究团队利用 FLOWSIM 微观交通仿真软件，通过数据-模型-仿真决策三要素进行在线交通管理与控制。在线交通仿真是以实时估计的交通需求为输入，动态估计路网交通状态的方法。城市动态交通仿真平台 FLOWSIM 包括感知层、融合层、应用层和展现层。首先，研究团队利用基于大数据的时空存储技术，通过深度神经网络技术将这些数据进行跨域融合，获得在线交通仿真平台可识别与使用的标准化数据。其次，利用融合层和应用层基于拓扑的分解方法，将城市自适应地划分为小区域，在计算机集群的不同节点中单独计算后通过节点通信将结果合并，最后，展现层以二维和三维的形式真实再现交通场景。

5. 动态交通仿真标定模型和非线性状态空间模型的求解方法

本节探讨了利用状态空间模型对动态交通仿真校准模型进行建模的策略，并结合非线性递归贝叶斯滤波理论，介绍了在线交通仿真系统中状态空间模型的求解算法。动态交通仿真模型主要用于模拟和预测交通系统的动态行为，如车辆流动、交通拥堵、驾驶员行为等。而非线性状态空间模型常用于描述复杂系统（如动态交通系统）的状态随时间演化的非线性动力学行为。

（1）非线性动态交通系统的状态空间建模

状态空间模型能够很好地对随机线性或非线性系统进行建模，模型分为两部分：第一部分是状态方程，用来表示系统的状态向量不断演化的过程；第二部分是观测方程，用来表示观测向量同状态向量之间的数学关系。状态空间模型中的状态向量即为本模型中待标定参数向量，该参数包括交通供给端和需求端参数，主要有：自由流速度、路段通行能力等。观测向量指的是现实或者是交通仿真系统中的监测器所监测到的测量值，主要包括流量、速度等交通流参数。

（2）基于非线性贝叶斯滤波方法的非线性状态空间模型求解

针对上述状态空间模型，非线性贝叶斯滤波算法提供了一套有效的解决方案，该方法围绕预测与更新两大步骤展开。非线性状态空间模型的常用求解方法包括扩展卡尔曼滤波（EKF）、无迹变换卡尔曼滤波（UKF）、粒子滤波（PF）等，研究团队主要针对 EKF 和

UKF 进行了二次开发，提出了非线性状态空间模型的滤波求解算法。实验结果显示，EKF 与 UKF 均能有效地服务于动态交通分配（DTA）系统的校正任务，且 UKF 的表现更为优越，这与先前研究结论相符。两种算法在针对 FLOWSIM 的离线校准案例中，UKF 相较于 EKF 展现出更高的精确度。尤为重要的是，EKF 与 UKF 滤波算法相比的突出优势在于它能够有效应对非线性问题，从而为复杂动态交通系统校准提供了强有力的数学工具。

6. 基于城市韧性的城市洪涝预警系统建模与评估

对于城市基础设施在洪涝灾害场景下的建模分析与评估，相关项目研究采用雨水管理模型结合地理信息系统构建水力模型，通过基于广义韧性评估方法的排水管网系统韧性分析，依据韧性分析指导进行关键点位确认和洪涝模拟预测，通过先进的数学模型与仿真技术增强城市洪涝预警系统的韧性评估与优化干预策略。

（1）雨水管理模型结合地理信息系统构建水力模型

建立基于 SWMM 模型及 GIS 技术的城市雨洪预警模型，接入历史内涝数据，实现内涝的仿真推演和预测。利用数学模型加物理仿真模型来表征城市中的城市排水系统，特别关注其在面临极端天气事件时的响应与恢复能力。模型构建考虑排水系统结构的复杂性，包括地下管道网络、地表径流以及污水处理设施等关键组件。通过引入多目标优化和复杂网络理论，建立了能够反映系统状态变化的动态模型，该模型不仅涵盖了传统水力学特性，还融入了对未知威胁（如突发故障、极端气候事件）的适应性评价。

（2）基于广义韧性评估方法的排水管网系统韧性分析

研究城市排水管网运行状态信息表达与安全判识指标体系，分析不同尺度、不同量纲、不同特性的感知信息与运行安全状态的关联关系；研究信号时频分析、多源信息融合以及人工智能方法，建立地下水管网运行异常状态实时诊断与智能辨识模型与算法。采用广义韧性评估方法（GRAM），通过模拟各种潜在的系统失效模式，如管道断裂、堵塞或过载，来量化城市排水系统的韧性。通过构建系统"中间状态"响应曲线，考虑城市洪涝等级灾害耦合作用将韧性分解为多个贡献因子，包括处理能力和恢复时间等，从而实现对排水管网运行状态的实时诊断和智能辨识和对系统整体韧性的定量评估。此外，我们也会考虑城市洪涝等级灾害耦合作用下的模型。该分析方法能够揭示系统在不同压力水平下的脆弱点，为韧性提升策略的制定提供依据。

（3）依据韧性分析指导关键点位确认和洪涝模拟预测

基于韧性评估的结果，识别出系统中最易受洪涝影响的关键节点和薄弱环节。构建基于离散动态系统的排水管网级联失效风险传播模型，根据路网节点的内涝历史信息使用极致梯度提升算法（XGBoost）预测节点内涝风险。根据排水管道的水力仿真模型（SWMM）模拟信息结合管网的拓扑结构构建定向加权的排水管网复杂网络模型。在融合了负荷再分配模型和蒙特卡罗模型的优势，提出基于离散时间的风险传播预测模型。针对不同级别洪涝灾害，根据 CMIP5（气候预测）中不同 RCP（代表路径浓度）模拟气候变化，结合人口密度变化、排水管道老化情况和经济繁荣度发展情况，导入城市底层 CIM 数据，预测城市片区未来 80 年洪涝情境下的城市韧性局部回归模型变化。随后，利用高级仿真工具如 SWMM 模型，结合 GIS 技术与实时监测数据，对这些关键点位进行详尽的洪涝模拟预测。

6.3.3 系统耦合机理与韧性情景推演研究

1. 系统耦合建模与影响机理

本节论述了基础设施子系统的内部自我演化规律。首先，构建了基础设施系统的基本模型框架。其次，揭示了关联性对基础设施系统韧性的影响机理。最后，评估了异质性对关联基础设施跨系统失效传播的影响，从而支持基础设施系统的韧性提升。

（1）城市基础设施的网络系统耦合建模

城市基础设施系统的关联性在大幅提高系统整体效率的同时，也伴随着失效风险的积聚。系统间的关联关系可能导致跨系统的级联失效，进而产生全局性破坏效应。为了更好地研究基础设施之间的关联关系，相关研究项目系统地梳理了现有文献中定义的关联性类别，即物理关联、信息关联、地理关联和逻辑关联。在明确系统之间关联关系的基础上，本小节利用网络建模的方法构建基础设施系统的基本模型框架，构建的多层网络模型如图 6-31所示。

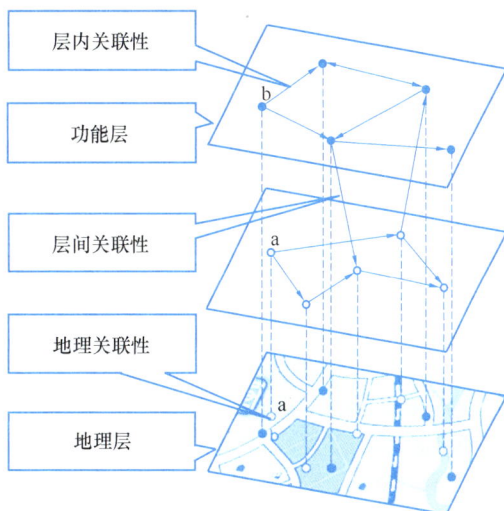

图 6-31 城市基础设施关联网络模型框架

（2）关联性对基础设施系统韧性的影响机理

研究团队采用了四种经典的复杂网络模型对关联基础设施系统进行建模，并模拟了其在台风灾害下抵御和恢复的过程，并在此过程中刻画了三种系统性能指标的变化情况，从而评估了基础设施系统的韧性水平。具体流程如图 6-32 所示。

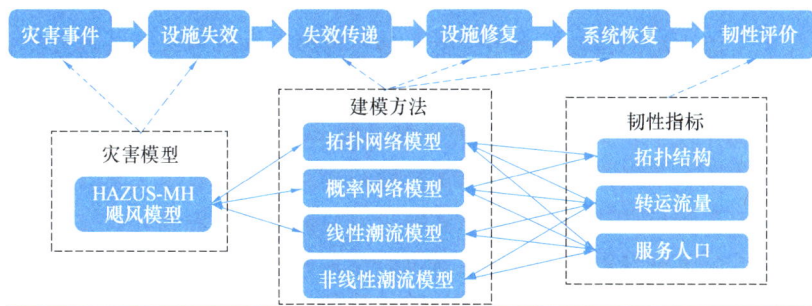

图 6-32 基础设施系统灾害模拟和韧性评估流程

为了深入理解极端气候事件对基础设施的影响，研究团队采用 HAZUS-MH 飓风模型，具体模拟了面临 17 级台风时的设施受损状况。针对关联性导致的失效传播及系统恢复机制，研究者运用复杂网络理论的工具箱建立模型，通过拓扑网络模型、概率网络模型、线性潮流模型和非线性潮流模型这四种典型假设情景，对失效链式反应进行了精密模拟。在考虑灾后恢复策略时，遵循了以人口服务优先的原则，即节点的修复优先级依据其所服务人群的数量来确定，体现了应急管理和恢复中的以人为本的思想。

（3）异质性对基础设施跨系统失效传播的影响

基于确定的人工潮流模型，本小节考虑了异质性从而对典型模型改进，提出了三种灾害影响评估指标：灾害传播时间、灾害传播规模以及灾害传播路径。以清华园内供水和供电系统展开案例研究，其网络拓扑结构如图 6-33 所示。

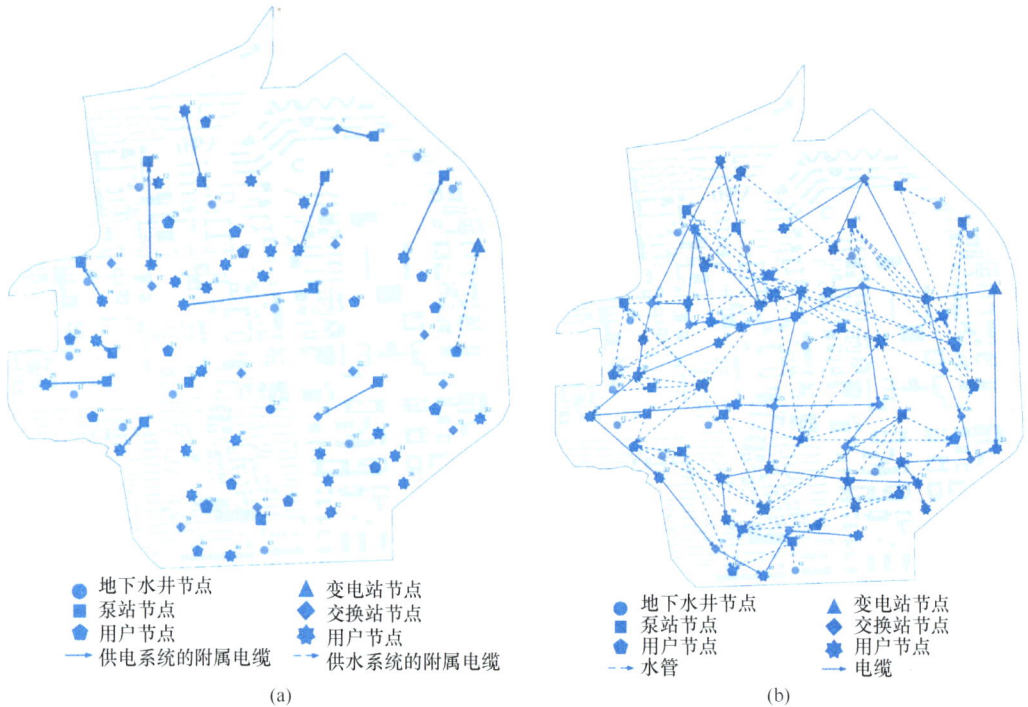

图 6-33　清华园水电关联系统拓扑与关联关系图
（a）拓扑图；（b）关联关系图

研究表明，不同组件的过载耐受敏感度及首要受损位置的变异，对跨系统失效模式具有显著性影响。通过主动调控敏感区域的耐受性与加强对关键位置的保护，可有效减轻系统受损的程度。相比之下，系统对灾害承受能力的差异性对跨系统失效的作用则不甚明显。敏感性分析揭示，增强系统的承受阈值能够适度减少损害程度。时效性与失效路径的分析进一步指出，关键位置的受损不仅是影响失效传播的关键因素，而且保护这些位置可有效维护系统核心部分的稳定；当考虑过载敏感性和关键位置损毁的联合作用时，对失效路径的预测准确性达到最高，强调了真实反映敏感性和损伤位点的重要性。

因此，关联基础设施系统内部的组成异质性，对跨系统故障的传播模式具有深远的影响。忽视这一异质性因素，可能导致灾害评估失准。鉴于此，研究与实践中亟需更为精确且适应性强的故障传播模型，该模型应当能够精确纳入不同关键基础设施系统（CIS）的特有异质性特征，以提升评估与预防措施的准确性和可靠性。

2. 韧性情景推演

（1）关键基础设施系统间的关联性对韧性的影响

在确定城市基础设施系统耦合建模与影响机理后，可以对城市基础设施韧性情景开展推演。本小节探讨了一种方法，即利用灾害发生至系统恢复至原有状态期间基础设施系统的累积性能，以此作为衡量韧性的指标，进而深入分析基础设施系统韧性随时间变化的特性。以中国浙江省某一城市作为研究实例，通过运用此模型，采用平均关键路径长度、物流周转量与服务人口规模来量化基础设施系统的运行效能。分析结果显示，关键基础设施系统之间的相互联系对于其在承受冲击及后续复原过程中的表现及韧性具有显著作用：首先，系统间的相互依存关系加剧了故障的蔓延效应，并引发了超出预期的性能损耗。其次，当修复策略考虑到这些相互依赖性，优化了修复顺序后，基础设施系统的功能得以更快恢复，系统的整体韧性得到增强。这样一个"情景驱动式"的定量评估方法，不仅可以更加精细地获知城市系统在某一灾害情景下的反应过程，还可以通过改变模型输入的方式模拟不同的灾害情景，实现城市对特定灾害情景的韧性评估，为城市管理者提供更加丰富的决策依据。

本小节研究采用了三种仿真情景，旨在全面评估不同关联性假设下基础设施的韧性表现：一是假设各系统完全独立无关联；二是虽承认系统间存在关联，但在修复优先级上未予体现；三是不仅确认关联性，并在修复策略中予以充分考虑。仿真结果如图6-34所示。

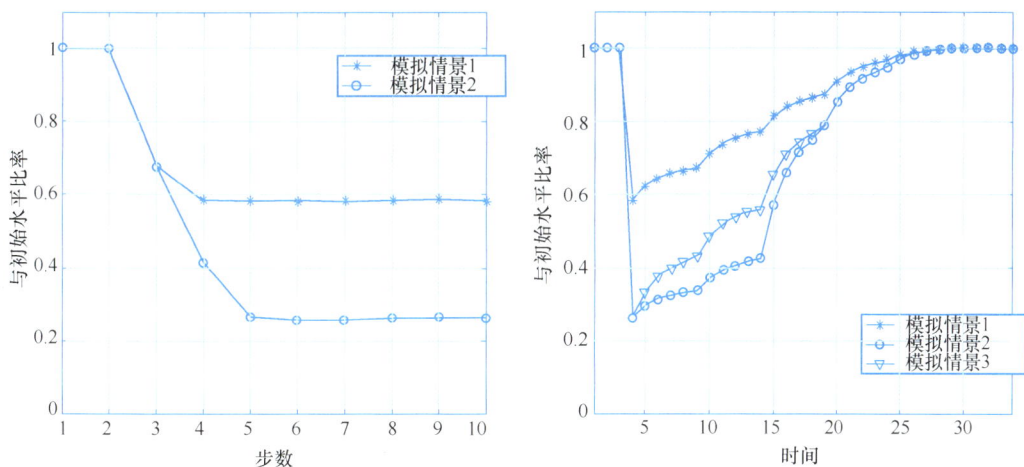

图 6-34　不同情景下抵抗和恢复阶段的基础设施系统性能变化

仿真结果表明不同关键基础设施系统间的关联性对其在抵抗和恢复阶段的系统性能以及韧性有重要影响：对比情景1和2，关联性的存在加剧了基础设施系统间的失效传播并导致额外系统性能损失。案例中关联性的存在导致了额外34.5%系统性能损失，韧性降低40.3%。对比情景2和3，当因考虑了关联性而优化基础设施修复顺序后，基础设施系统功能恢复速度增快，韧性提升。在案例中，当因考虑了关联性而优化修复顺序后，基础设施系统性能恢复至50%和70%的时间分别缩短21.8%和13.4%，韧性提升10.7%。

（2）基础设施系统韧性评价

通过基础设施系统仿真和情景推演，可以对不同基础设施系统的韧性开展评价，研究团队以17级超强台风桑美为例，对清华园的建筑、交通、电力、供水系统开展仿真和情景推演，并展开韧性评估。其中供水、供电系统的仿真和情景推演结果如图6-35所示，供电系统包括 37 个节点（变电 11 个，用电节点 26 个），供水系统 22 个节点（3 个泵站，19 个用水节点）。最终的仿真结果显示：供电系 4 个节点直接被破坏，9 个用电节点级联失效破坏；供水系统 14 个节点发生了直接破坏，无级联破坏。

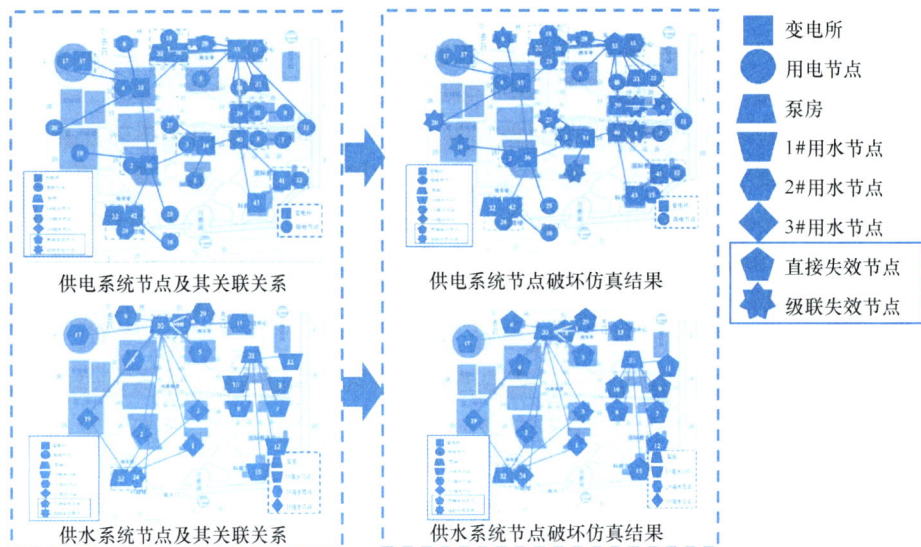

图 6-35　清华园供水、供电系统仿真设定以及情景推演结果示意图

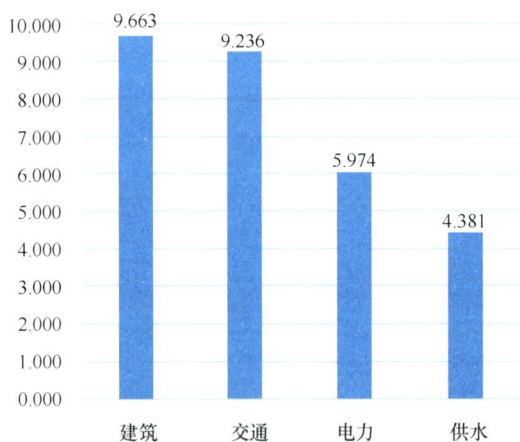

图 6-36　基础设施系统韧性评价结果

基于上述仿真和情景推演结果，得到了四个基础设施系统的评分，如图 6-36 所示。以满足社区居民的需求为 10 分为标准，17 级台风及暴雨灾害情景下韧性为 7.121，示范社区整体韧性水平较低，满足社区居民需求的程度仅为 71.21％。基础设施系统方面：建筑系统韧性总体最高，建筑系统灾后实际功能下降到 80％左右，恢复时间为 1～3 天；而社区居民对其预期性能同样为 80％，恢复时间为 1～3 天，因此建筑系统韧性最接近 10.000；交通系统韧性总体较高。由于社区道路连通性较好，交通系统基本不受断路等影响，台风暴雨下交通系统功能仅下降 10％左右；电力系统韧性水平不足。暴雨导致电力系统功能下降，破坏类型主要分为直接破坏和间接破坏两种，导致电力系统功能下降了超过 40％；供水系统韧性总体较低。3 个泵站中，2 个水泵房由于与变电所直接相连而丧失功能，19 个用水节点中 11 个与泵房相连破坏。

3. 交通运输系统破坏引起的经济影响评估

基于 6.3.2 节动态交通仿真标定模型的建模仿真结果，本节构建了供给侧和需求侧的投入产出模型，结合前端的破坏模拟和道路运输基础设施网络建模的分析结果，对地震场景下的基础设施服务中断造成的人群通勤水平扰动进行分析，进而计算其间接经济影响。

（1）投入产出模型构建

投入产出模型主要包括供给侧和需求侧两部分。供给侧投入产出模型能够模拟产品生产过程中，人力等资源成本变化造成的影响；需求侧投入产出模型能够考虑最终消费需求方面，居民消费支出等造成的影响。通过结合供给侧和需求侧的投入产出模型，综合考虑灾害情景下交通运输基础设施服务中断导致的经济损失。投入与产出的模型示意图如图6-37所示。

（2）综合评估框架搭建

基于上述模型，本小节提出了跨领域的综合评估框架，如图6-38所示。该框架首先基于开放街道地图生成精准的道路交通系统网络模型；基于对灾害的仿真模拟得到关键基础设施构件的受损情况及恢复时间。通过对比灾害

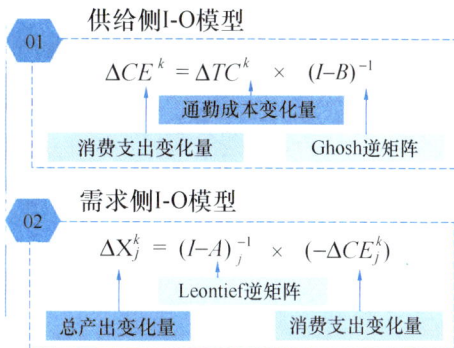

供给侧I-O模型

01

$$\Delta CE^k = \Delta TC^k \times (I-B)^{-1}$$

通勤成本变化量

消费支出变化量　　Ghosh逆矩阵

需求侧I-O模型

02

$$\Delta X_j^k = (I-A)_j^{-1} \times (-\Delta CE_j^k)$$

Leontief逆矩阵

总产出变化量　　　消费支出变化量

图 6-37　供给侧和需求侧投入产出模型（I-O）示意图

注：ΔCE（Consumption Expenditure）—消费支出变化量；ΔTC（Transportation Cost）—通勤成本变化量；I—单位矩阵；B—Ghosh 矩阵，通常用于描述经济系统中的反馈效应；ΔX—总产出变化量；A—Leontief 矩阵，通常用于描述经济系统中各部门之间的相互依赖关系；j 与 k—不同的经济部门和特定类型的活动

发生前后区域通勤路线的变化，计算出不同部门、地区间通勤活动时间及距离变化量，得到直接经济损失，并先后运用供给侧和需求侧 I-O 模型计算通勤扰动造成的总损失值。

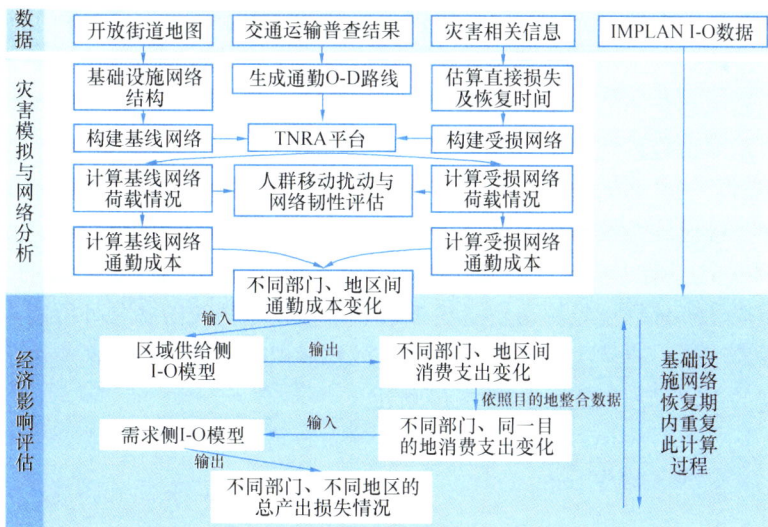

图 6-38　模型评估框架

基于上述框架，以美国 California 州大洛杉矶地区五个郡县为例，研究地震造成的通勤扰动对社会经济的影响，如图 6-39 所示。结果表明，灾害间接经济损失的分布存在差异性，五个郡县受到不同程度的间接经济影响。间接经济损失约占总经济损失的42.36％，其中，包括金融、房地产业，科技服务业等相关行业的损失占总体损失比例最高，且伴随着地区和产业间的经济交流活动，损失的比例有所扩大。

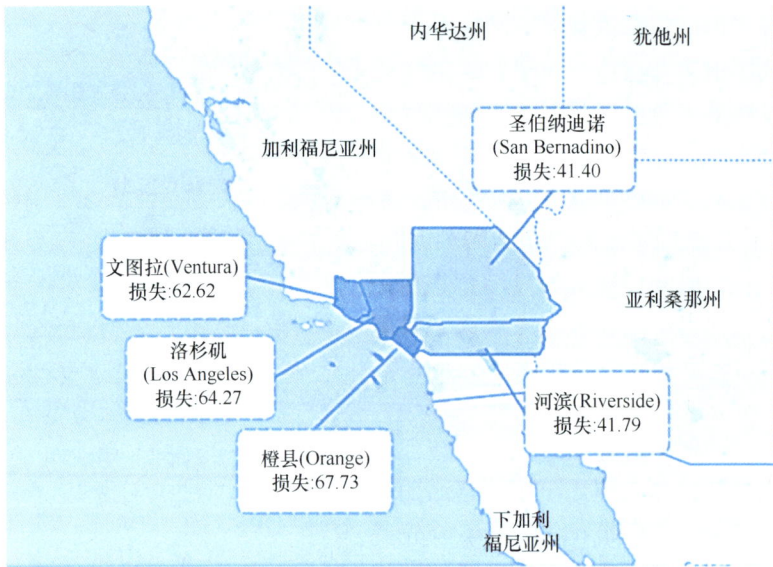

图 6-39   案例评估结果-各郡县总产出损失分布

4. 基于分布式仿真技术的关联基础设施系统建模

本节介绍了一个基于分布式仿真技术的关联基础设施系统的建模框架，对城市中多个相互依赖的基础设施系统进行综合模拟和评估。这种方法克服了单一系统仿真在处理跨领域交互和复杂系统动态性方面的局限，提供了更接近现实的解决方案。相关项目通过该框架模拟了基础设施系统的功能并刻画关联基础设施系统层面的异质性。此外，该框架可以模拟关联基础设施系统间的复杂关系以及与外部环境的动态交互和相互依赖性。

（1）关联基础设施系统模拟架构

本小节提出了一种面向关联基础设施系统的分布式仿真框架，联合体系结构由三种模块组成的，即基础设施系统模块，外部环境模块和用户模块，三种模块通过无线层析成像（RTI）中间件进行通信。基础设施系统模块由负责模拟特定基础设施系统行为的所有模型和模拟器组成。外部环境模块由负责模拟影响基础设施系统的各种外部因素（例如社会经济变量，政府政策，自然灾害等）的所有模型和模拟器组成。用户模块由实现模型与用户交互所必需的用户界面组成，如图 6-40 所示。

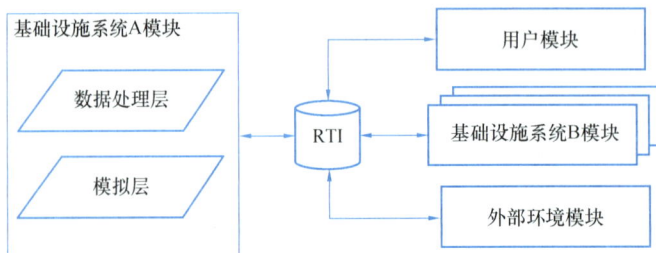

图 6-40   关联基础设施系统模拟的联合体系结构

每个基础设施模块由三层组成：应用程序层由负责模拟基础设施系统行为以及管理和控制功能的各种领域模型和模拟器组成。组织层由管理模拟器的输入和输出数据的数据处理单元（DPU）组成。通信层由控制模拟器和与 RTI 通信所必需的应用程序编程接口（API）功能库和 RTI 功能库组成。

（2）两个关联的供电和供水系统的案例研究

为了证明所提出框架的有效性，开展了两个案例研究。结果表明：系统组件在功能、数据输出以及彼此之间的交互方面有很大的不同。这是因为不同的系统组件遵循了特定于其领域的非常不同的数学和逻辑定律。与其他的关联基础设施系统模型相比，该研究开发的模型在模拟系统行为的细节级别上显示出了显著的改进。

模型捕获了一些系统异质性，并揭示了系统异质性对系统行为的影响。这些系统异质性可以严重影响关联基础设施系统的行为，因为它们会影响系统响应其可能遭受的事件的方式和速度。由于两个系统模型的关联性，一个系统的行为受到另一系统变化的合理影响。此外，此案例研究的场景揭示了关联基础设施系统之间的反馈回路，这表明了所提出的框架在模拟级联失效时的适用性。

面向城市广域建筑与基础设施安全运维的"天-空-地"一体化监测预警

6.4 韧性的监测预警

6.4.1 天基监测技术

天基监测是一种利用卫星或其他空间平台收集数据和影像信息，实现监测和预警的技术，通过分析处理卫星传感器获取的光学遥感影像、高光谱数据、雷达数据、热红外数据及其他相关数据，解译植被、水体、土壤、城市建筑和基础设施等信息，从而实现环境监测、气象监测、农业监测、资源管理、城市规划、基础设施监测、自然灾害预警等功能。

"天-空-地"一体化监测预警案例分析

天基监测技术具有覆盖范围广、高频监测、长期监测和数据多样化的特点，在城市的监测与预警中具有重要意义。卫星遥感数据为城市监测预警提供重要的数据支撑，实现对城市环境、城市建筑和基础设施的全方位监控与预警，有效提升城市管理水平和应急响应能力。在环境监测方面，基于多源卫星遥感数据，可实现城市的空气质量、水体污染和噪声污染等环境指标的长期高频监测，如借助多光谱和高光谱数据获取地物的光谱特性，快速识别污染源，追踪污染物扩散路径，为城市环境治理提供科学依据；在灾害预警方面，光学影像和雷达数据可以实时准确监测洪水、地震、火灾和台风等自然灾害动态，结合历史数据和预测模型，实现灾情预警从而指导城市防灾减灾工作；在交通管理方面，结合高分辨率卫星影像和雷达数据，实时监测道路交通流量、交通拥堵和事故情况，主动遥感和被动遥感手段的结合，为交通管理部门提供全面的交通信息，优化交通信号控制，提升交通运行效率；在土地利用与城市规划方面，城市规划部门基于遥感影像和数据，动态监测城市扩展、土地利用变化和绿地覆盖情况，结合 GIS 技术，科学评估城市土地资源，优化配置，合理规划城市布局；在城市建筑和基础设施监测方面，天基监测技术可用于监测城市建筑物、桥梁、道路等基础设施的健康状况，通过合成孔径雷达（Synthetic Aperture Radar，SAR）定期获取城市地表形变数据，监测建筑物的倾斜和沉降，

及时发现并预警潜在的结构安全问题，确保城市运行的安全与稳定。

光学遥感影像质量易受云、雾、霾等因素的影响，以粤港澳大湾区城市群为例，多云多雨的气候环境特点阻碍被动遥感手段获取有效地表信息，因此主动式雷达遥感技术在城市安全监测预警中起到重要作用。通过合成孔径雷达卫星对城市区域定期拍摄影像，并通过干涉测量（SAR Interferometry，InSAR）处理，能够获取城市地表及建筑与基础设施随时间变化产生的缓慢形变，有助于建立城市建筑与基础设施长期健康档案。在深圳市的探索实践中，基于星载 InSAR 技术，已经建立了城市尺度全覆盖（2000km²、1200 余万个点）、长周期（9 年）、高空间分辨率（3m×3m）、高时间频率（最快 4 天/次）的建筑与基础设施沉降数据库，形成房屋建筑、桥梁、道路、水库大坝、地铁沿线、铁路、燃气管线沿线、边坡、文化遗产地共 9 大城市工程的城市风险 InSAR 沉降监测预警技术体系及标准，累计向各级政府部门、企业等发送预警函 20 余份。

在典型区域监测中，深圳西部填海区面临填海沉降的典型地质问题（图 6-41），长期监测发现，沉降速率受填海时间和建设扰动影响，填海时间缩短，建设扰动增大，沉降速率提升。以 2004 年填海建设线为界，东西两侧沉降差异十分显著，妈湾片区和保税区沉降速率较大 PS 点稀疏，稳定 PS 点密集分布。相反，片区以外则表现为 PS 点稀疏，且形变速率较大，表征该区域有快速变化的地表形变模式，片区内外有明显的点分布差异的边界。

沉降较大的PS点：　　　　基本稳定的PS点：
沉降速率-6mm/yr以上　　沉降速率-1～1mm/yr　　　　2004年10月卫星照片

图 6-41　西部填海区 InSAR 监测结果

在结构单体精细化监测中，针对遥感监测结果难以解释的问题，挖掘结构性态-遥感数据映射机理，提出多层框架结构房屋不均匀沉降倒塌早期预警方法。深圳市罗湖区 2019 年 8 月 28 日发生倾斜沉降的房屋的 InSAR 监测结果中监测点的空间分布和时间演变均无异常信号，因此基于差异沉降指数拟合的房屋顶部测点平面法向量与垂向夹角的时间序列变化，捕捉房屋发生倾斜沉降前的风险前兆信息，基于多栋房屋试算，并结合人工巡查获取的鉴定评级对比，设定符合星载 InSAR 监测特性的房屋倾斜沉降风险筛查阈值，以识别房屋的危险情况，如图 6-42 所示。

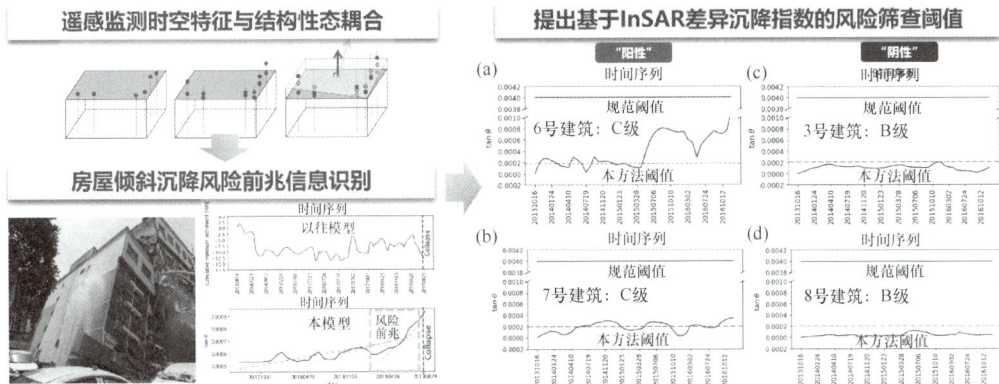

图 6-42 既有多层建筑结构性态-遥感数据映射机理研究案例示意图

6.4.2 空基监测技术

空基监测技术基于多源机载传感器和无人机平台，获取城市建筑及基础设施光学影像、高光谱数据、激光雷达数据等数据信息，通过人工智能和大数据技术提取城市基础设施工程结构安全参数，帮助决策者制定风险管理策略和预防措施。应对城市区域级大范围巡检监测任务，基于无人机搭载高分辨率摄像设备和传感器获取的实时影像数据，能够对城市基础设施进行全面的视觉检查和结构监测，及时发现隐患和损坏。针对单体建筑与基础设施的监测任务，无人机灵活的飞行能力，使近景采集建筑基础设施外立面数据成为可能，从而及时观测建筑表观损伤和察觉安全隐患。

为提升无人机在城市建筑基础设施安全监测与管理的数字化智能化应用，开发集成"设备-平台-算法"于一体的城市安全无人机巡检与应用平台，实现了无人机数据共建、共联、共治，构建城市安全大数据库；实现了全域无人机统一管控与调度，形成了"感知-识别-评估-预警"全链条的城市安全风险因素快速采集与智能分析的整体解决方案，支撑城市安全风险筛查与辨识，如图 6-43 所示。

图 6-43 城市安全无人机巡检与应用平台

对于大范围区域安全监测任务，通过无人机搭载任务载荷定航巡检，能够在短时间内覆盖大范围的区域并采集数据，利用图像处理技术和人工智能方法挖掘城市安全关键信息，可有效识别林草地中的烟火隐患、施工工地人员不安全行为、光伏面板缺陷、彩钢瓦房等安全隐患，如图 6-44 所示。

(a)　　　　　　　　　　　　　　　　(b)

(c)　　　　　　　　　　　　　　　　(d)

图 6-44　无人机区域安全隐患识别
(a) 林草地火灾隐患识别；(b) 安全帽佩戴识别；
(c) 光伏面板热斑识别；(d) 彩钢瓦房识别

针对单体建筑基础设施，利用无人机航线规划技术，实现近景数据采集，结合点云处理技术与图像处理技术，能够高效且智能地识别出边坡形变位移、面积、体积以及建筑表观损伤情况，如图 6-45 所示。

此外，采用无人机倾斜摄影技术，能够构建建筑基础设施的三维模型，结合建筑损伤识别技术，能够对损伤进行量化与定位，并构建城市建筑基础设施数字化信息模型和力学分析模型，支撑城市建筑基础设施安全运维管理，借助数值仿真技术，进一步分析建筑基础设施的力学性能，以此量化评估其安全性能，如图 6-46 所示。

6.4.3　地基监测技术

"地基"结构监测预警技术最初目的主要是监测结构的荷载，随着现代建筑与基础设施复杂化、大型化、多样化发展，以及结构整体监测需求，使得结构健康监测技术涵盖了更广泛的功能，如结构损伤诊断、结构安全预警、结构健康状态评估、结构剩余寿命预测和结构损伤自修复等。

传统城市建筑与基础设施"地基"感知体系，一般是通过应力、位移、倾斜等传感器

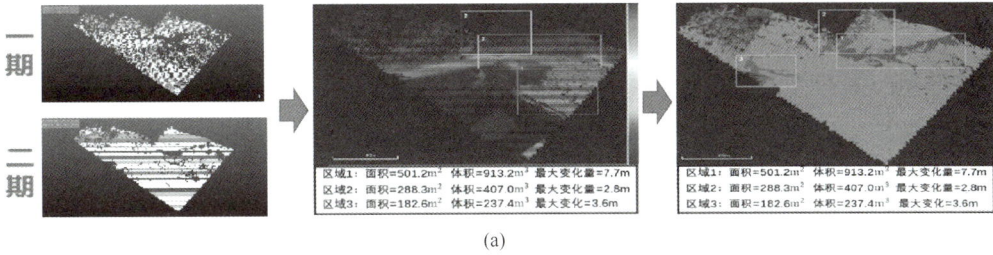

(a)

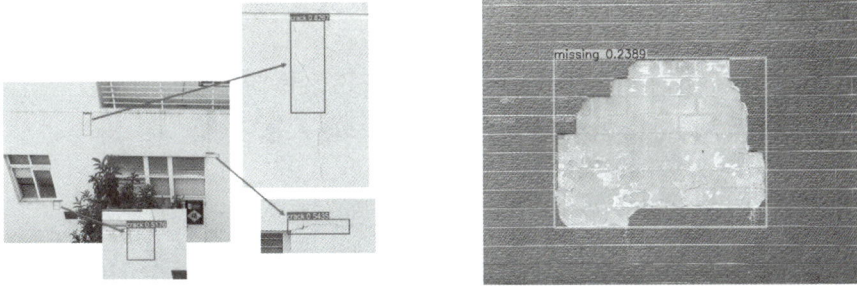

(b)

图 6-45　单体建筑安全隐患识别与监测

（a）无人机边坡形变监测；（b）建筑基础设施表观损伤识别

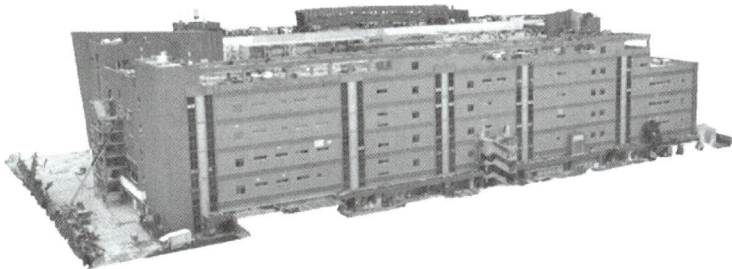

图 6-46　倾斜摄影三维模型

设备，实现建筑与基础设施的健康监测。改革开放四十多年来，我国城市化进程不断加快，城镇化率由 1978 年的 17.9% 提高到 2022 年末的 65.22%，诸多城市建设规模巨大，成为人口密集、经济集中、建筑密集的地区经济中心。我国拥有既有建筑超 700 亿 m²，使用超过 30 年的约 296 亿 m²；粤港澳大湾区核心城市深圳市，既有房屋建筑面积达 461 亿 m²。然而，受经济发展阶段、技术发展水平、管理水平等多方面条件制约，同时受不当使用和复杂服役环境等因素的耦合影响，既有建筑安全性低、使用功能不完备等问题日益凸显，特别是针对老旧建筑的传统监测设备覆盖率低，已成为严重制约城市安全运行与发展的瓶颈。

近30年来，随着我国城镇化的快速推进，为提供城市综合服务和安全水平，各级政府部门投入了大量资源布设城市感知设备，如遍布大街小巷的监控摄像头所形成的离散分布的结构健康监测系统。据不完全统计，截至 2019 年，我国现有各类监控摄像头 2.3 亿个，深圳市智慧城市、公安管理、应急管理分别有 23.59 万、6.62 万和 1.93

万路视频数据。大量的城市既有感知设备过去往往单一地为城市安防、交通等服务，然而其采集到的数据不仅仅包括人、车、物的行为信息，还包括城市道路、桥梁、隧道和房屋等表观和内在的大量安全相关特征数据信息，这些数据信息当其不能合理利用时往往被称为"冗余信息"。结合信息化、智能化数据处理技术，实现城市既有感知设备传统"冗余信息"的再利用，全方位赋能城市既有感知设备，对提升城市安全管控水平具有重要的意义。

在城市广泛布设的视频监测方面，通过设置高清相机等已标定的高解析度的非接触式视觉传感器，目前学界已实现了实验室和部分实际工程场景下的位移测量，成功应用于桥梁结构模态识别、模型修正与损伤监测等，而该技术应用于建筑物安全监测的相关研究仍处于初级阶段，目前结合形态学处理方法以及亚像素振动追踪方法等数学图像处理技术，研究监测结构的转角、沉降以及位移等多物理量监测以及精确提取，是实现摄像头监测技术向"一感多识"拓展进化的重要研究方向，如图 6-47、图 6-48 所示。

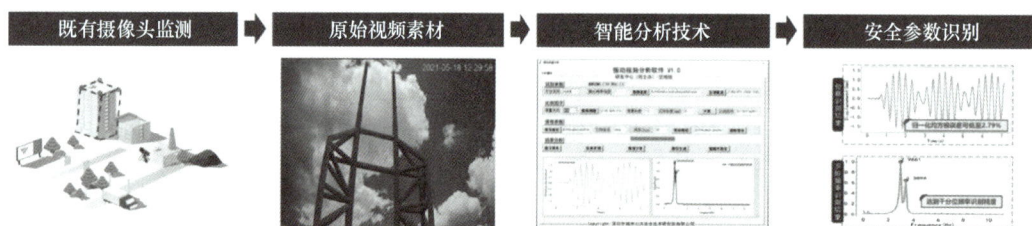

图 6-47　基于城市既有摄像头的建筑与基础设施安全监测技术

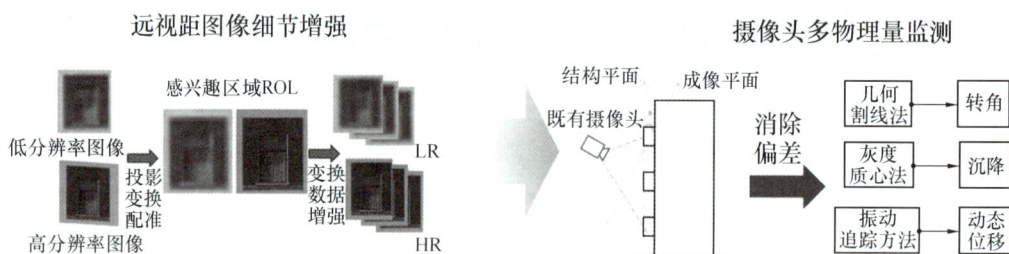

图 6-48　城市既有摄像头安全监测"一感多识"技术研究

6.4.4　"天-空-地"监测预警实战体系

2014 年 4 月，中央国家安全委员会第一次会议中首次提出"坚持总体国家安全观，走中国特色国家安全道路"。党的二十大报告中更加完整地阐述了新发展理念，强调必须坚定不移贯彻总体国家安全观，把维护国家安全贯穿党和国家工作各方面全过程，确保国家安全和社会稳定；在健全国家安全体系方面，提出要"完善国家安全法治体系、战略体系、政策体系、风险监测预警体系、国家应急管理体系，完善重点领域安全保障体系和重要专项协调指挥体系"，强调要"构建全域联动、立体高效的国家安全防护体系"。

城市安全代表国家安全，没有城市安全就没有国家安全。改革开放以来，我国经历了世界历史上规模最大、速度最快的城镇化进程，城市建筑与基础设施存量居世界首位。受经济发展阶段、技术发展水平、管理水平等条件的制约，受不当使用和复杂服役环境等的耦合影响，大量既有建筑与基础设施安全性不足、使用功能不完备等问题日益凸显，建立城市建筑与基础设施天-空-地一体化监测预警体系是保障城市安全的根本，对实现经济社会可持续发展具有重要意义。在当下城市发展与运行的过程中，城市安全需求日益全时、广域、多维化，亟需与之相适应的高效精准监测预警技术。

从 20 世纪 80 年代末至 21 世纪初，我国构建了结构诊断技术和标准体系，但工程实践以现场测试、取样检测和模型计算为主要技术手段，难以有效保障量大面广的既有建筑与基础设施安全服役和高效运维。目前，5G、物联网、大数据和人工智能等信息智能技术，以及卫星遥感和无人机巡检等空天技术快速发展，探究工程结构智能化诊断新理论、新方法成为必然，传统方法与先进分析手段深度交叉融合形成的结构智能化诊治逐渐成为了新的发展方向。城市安全需求日益全时、广域、多维化，亟需与之相适应的高效精准监测预警技术。深圳率先开展了天、空、地城市安全风险监测预警研究与应用实践，取得了一定成效，但在工作实践中，我国现有的理论与技术还存在着明显的不足。天基方面，卫星遥感数据分析难，精度与效率低，有测难识；空基方面，无人机受环境干扰大，结构性态识别能力不足，有机少识；地基方面，传统监测装置数量少，不能做到有效覆盖，少感无识。

上述应用问题，本质上反映了天-空-地监测预警技术还存在着关键科学问题与技术瓶颈，具体表现在：天基方面，广域可感增强的性态特征深度挖掘方法不足，导致城市工程结构性态难解译；空基方面，自适应、自进化、自决策的智能巡检方法缺少，使得城市复杂工程环境难适应；地基方面，"一感多识"的多息映射机制缺乏，造成城市广域工程结构难覆盖；天-空-地一体化方面，跨尺度多模态协同与融合机理不清，天-空-地监测技术难融合。

针对上述存在的关键科学技术问题，天-空-地一体化监测预警技术体系建设的目标是突破关键理论与技术瓶颈，建立城市域建筑与基础设施安全风险监测预警技术体系，并进行产业化推广应用。在天基方面，针对解译瓶颈，重点研究三维空间可感点增强、海量时空数据高效处理技术，建立数据-性态映射机制，实现高密度、高精度、高时效、可分析的形变监测；在空基方面，针对难适应瓶颈，重点研究无人机在复杂环境下自适应、自进化、自决策的结构性态诊断技术和算法，实现城市复杂工程环境下的无人机智能巡检；在地基方面，针对难覆盖瓶颈，利用城市已广泛安装的既有摄像头和通信暗光纤，重点研究既有感知适配与组网、摄像头监测增强和暗光纤分布式识别技术，赋能既有感知设备，实现一感多识的广域覆盖监测；在一体化协同方面，针对难融合瓶颈，重点研究跨尺度多模态数据融合、数物驱动的性态推演技术，建立天-空-地一体化监测预警技术体系，实现感知互补、信息融合、效能跃迁的监测预警，如图 6-49 所示。

城市安全监测预警技术是国际科技难题之一，通过天-空-地一体化监测预警技术体系构建，建立城市全域联动、立体高效的天-空-地一体化监测预警技术体系，实现立体覆盖、感知互补，达到监测效能几何级数跃升。目前，深圳市城安院牵头研发的基于构网优化的层析反演方法，建立了基于 InSAR 技术的形变风险区域自动识别方法及天地协同分

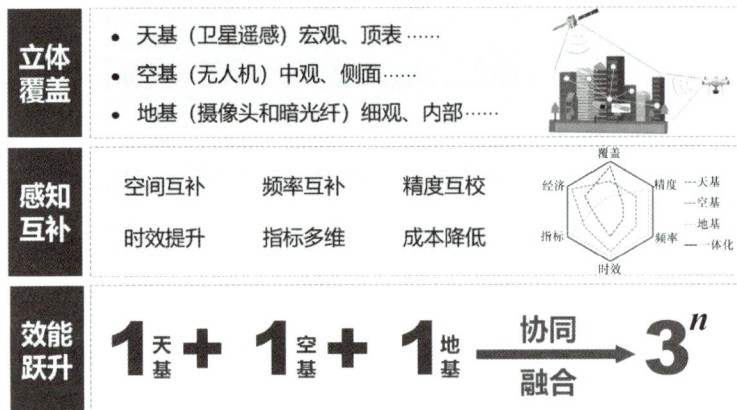

图 6-49　天-空-地一体化监测预警技术体系

析技术，实现了多目标区域建筑与基础设施关键安全参数的高时空分辨率智能监测预警。基于航空平台和多机载感知设备的三维实景建模技术，提出了裂缝、滑坡等安全隐患的深度学习智能识别方法，有效提升房屋安全隐患识别精度和效率。研发了工程（群）天-空-地一体化可视监测技术，突破多源数据融合壁垒，在地铁、隧道、暗渠等工程施工多源风险扰动下，实现既有建筑结构等 9 大类工程的安全风险评估方法和监测预警技术，解决了城市建设中工程施工和既有建筑与基础设施及其关联安全风险广域监控难题，如图 6-50 所示。

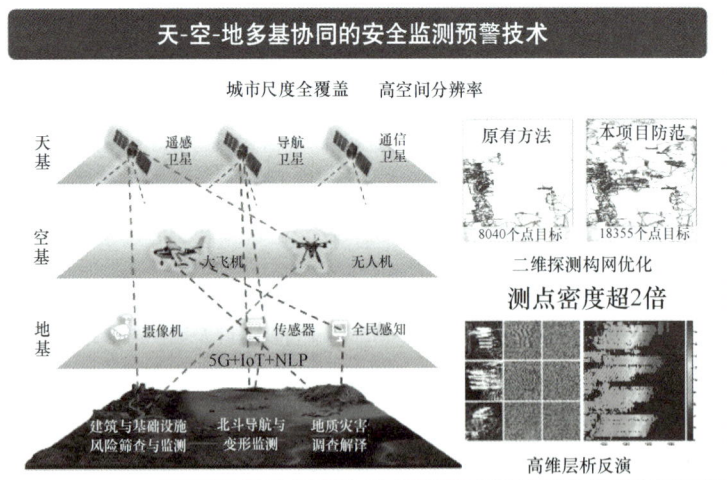

图 6-50　天-空-地一体化监测预警技术体系建设成果

6.5　韧性的提升

城市基础设施韧性的提升是一个综合性的系统工程，涉及了制度、组织、文化、经济、环境等多个方面。因此，如何系统地、可持续地提升城市对冲击事件的抵御和化解能力，需要从战略规划和顶层设计着手，分析和评估城市基础设施实况，对薄弱环节加强建设，对老旧设施进行更新与改造，同时培养全社会协同治理体系，全面提升基础设施系统的韧性。

6.5.1　战略规划与顶层设计

有效的战略规划和顶层设计可以从根源上提升城市基础设施系统的抗干扰能力，同时降低设施功能的失效概率，增强城市系统性恢复的效率，最终实现提升城市基础设施韧性的目标。基于系统工程与可持续发展的思维，进行城市基础设施韧性规划设计时，要遵从整体性、冗余性、灵活性、可持续性等基本原则。

1. 整体性

城市是一个由多类基础设施构成的整体，各类基础设施间相互依赖，对多个韧性单元进行综合考虑是韧性策略和顶层设计的首要原则。例如，针对交通设施，要考虑道路、桥梁、轨道交通等；针对管线设施，要考虑供水、排水、燃气管道等；电力设施包括变电站和输电线路等；网络和通信设施包括了光纤网络、移动通信基站等。此外，城市基础设施的空间布局是整体性规划的重要组成部分。例如，高架桥的设计应考虑到下方道路和管线的空间需求，确保在提供交通便利的同时，不影响其他基础设施的正常运行；地下空间的开发应与地上建筑的规划相协调，确保城市在立体空间上的高效利用和安全性。

2. 冗余性

冗余设计在城市基础设施中至关重要，它旨在通过在关键系统和组件中设置备用和替代方案，确保即使部分系统失效，整体系统仍能维持基本功能，从而提高基础设施系统的可靠性和抗干扰能力。例如，为了保证城市供水系统的连续性可设计多条输水管道。这些管道在正常情况下共同工作，提供足够的水压和水量，主要供水管道通常配备支管网和备用水源，而在某一管道出现故障或维修时，其余管道能够立即承担起输水任务，确保居民和工业区的正常用水。又比如，通过引入备用电源和多条输电线路，可大大提高电力系统的可靠性。在关键设施中，通常配备不间断电源系统和备用发电机，以确保在主电源故障时，仍能提供持续的电力供应。

3. 灵活性

城市基础设施韧性要求能根据外部环境的变化进行调整和适应，保证在不同条件下的有效性和稳定性。这要求在规划设计时既要考虑适应性设计，还要考虑多功能的组合设计。例如，建筑物的设计可采用模块化建设，能够灵活调整和扩展，如北京小汤山临时医院、火神山临时医院等；公园和绿地可以设计成在平时提供休闲娱乐功能，而在洪水等突发事件中作为临时蓄水区域，提高了基础设施的灵活性和利用效率。

4. 可持续性

可持续性是指在提升基础设施韧性的同时，尽量减少对环境的负面影响，实现资源的高效利用和环境的保护。例如，可进一步推广绿色基础设施建设，使用可再生能源和环保材料，建设绿色建筑、绿色交通系统、雨水花园等，减少对生态环境的影响，提升基础设施的可持续性。此外，要注重废物的回收处理，改善和提升资源循环利用。

在此基础上，还要进一步加强顶层设计，从全局和长期发展的视角出发，在宏观层面将韧性思维和风险意识贯穿于城市基础设施规划中。这包括了多方面的工作与协调，包括：政府部门需建立跨部门的综合协调机制，整合各类资源和力量，共同推进城市基础设施的韧性建设；要科学地制定涵盖不同周期的城市基础设施韧性提升规划，明确各阶段的目标和任务，通过年度计划等方案逐步实施；通过立法和制定政策进一步明确各类基础设施韧性建设或维护的标准和要求，提供法律保障和政策支持；鼓励和支持在城市基础设施建设中应用新技术、新材料和新工艺，提高基础设施的安全性和韧性；通过宣传教育提高公众对城市基础设施韧性的认识，鼓励公众参与基础设施的规划和管理；积极参与国际交流与合作，学习和借鉴其他城市或国家在提升基础设施韧性方面的先进经验和做法，并结合本地实际情况加以应用和创新。

6.5.2　韧性优化与提升决策

从实施的视角出发，提升城市基础设施系统的韧性水平，固然是韧性提升工作的核心目标，但却不是唯一目标。城市的财力、物力、人力等各类资源并不是无限的，在进行韧性提升工作时，一方面要保证韧性水平的提升，另一方面也要兼顾降低资源消耗与操作难度等其他目标。因此，基于韧性提升工作中存在的多目标性、目标间不可公度性，城市基础设施系统韧性提升方案的优化与提升决策可以视作于多目标决策问题中的多属性决策问题。具体而言，在实施优化与提升方案的过程，包括初始决策矩阵构造、决策矩阵标准化、属性值赋权、方案比选与决策等多个步骤。

1. 初始决策矩阵构造

对于一个多属性决策问题，假设有一个备选决策方案，记为方案集合 $X = \{x_1, x_2, \cdots, x_n\}$，为一个具体备选决策方案。设每个方案有个属性，对于方案 x_i 属性值向量 $Y_i = (y_{i1}, y_{i2}, \cdots, y_{im})$。其中，属性值越大越好的叫作效益型属性；属性值越小越好的叫作成本型属性；除以上两种以外的叫作既非效益型又非成本型属性。以决策方案为行，属性值为列，可构成 $n \times m$ 的决策矩阵。

2. 决策矩阵标准化

由于决策矩阵中各个属性值的取值范围、量纲可能不同，为使决策矩阵中不同属性值间可比，需要对决策矩阵进行标准化处理。属性值可进行矩阵标准化，使其成为无量纲、介于 $[0, 1]$ 的数值。

3. 属性值赋权

对于决策者来说，方案的每个属性在其心中的重要性可能有所不同。为使决策结果更加符合决策者的偏好，需要对方案的各个属性赋予权重。确定权重的方法包括主观赋权法如专家调查法、层次分析法等，客观赋权法如主成分分析法、熵值法等。设属性值的权重向量 $W_i = (w_1, \cdots, w_m)$。

4. 方案比选与决策

对于方案比选与决策，可行的方法是对备选方案进行优劣排序，从而从备选方案中选出"最优"的一项。常用的方案比选方法有加权和法、加权积法、逼近理想解排序法（TOPSIS 法）、删除选择法（ELECTRE 法）等。对于日常生活中的大多数多属性决策问题，可以选择方便操作的加权和法；而对于重大决策，则可以考虑采用思路更缜密、计算手段更全面的 TOPSIS 法和 ELECTRE 法。

对于城市基础设施系统韧性提升决策，本教材选择了 TOPSIS 法用于基础设施系统韧性提升方案的比选和决策。TOPSIS 法的思路是定义该决策问题的理想解 $U^* = (U_1^*, \cdots, U_j^*, \cdots, U_m^*)$ 和负理想解 $U_0 = (U_{10}, \cdots, U_{j0}, \cdots, U_{m0})$，然后计算和比较各决策方案的欧氏距离，优度较好的解应离理想解较近而离负理想解较远。其中，U^*为决策矩阵中各个属性取最优结果的解，若属性为效益型，则为取值区间的最大值；若属性为成本型，则为取值区间的最小值。相对地，U_0为决策矩阵中各个属性取最差结果的解，若属性为效益型，则为取值区间的最小值；若属性为成本型，则为取值区间的最大值。

6.5.3 韧性提升方案实施

1. 基础设施韧性提升措施

基础设施韧性提升措施按照类型大致可以分为以下几类：①结构性修复措施，包括结构加固、结构替换等；②非结构性修复措施，包括设施与系统修复、加强监控与预警等；③应急准备与响应能力提升，包括物资储备、预案制定等；④社会韧性与社区参与，包括公众教育、社区韧性建设等；⑤政策支持，包括政策与法规的制定、长期的韧性规划等。

相关研究基于清华园韧性情景推演与评价的结果（详见 6.3.3 节），对清华园的韧性提升方案开展了分析，针对结构性修复措施、非结构性修复措施和应急资源准备措施进行了方案设计。针对每一类措施分，别提出了四类备选方案。这些方案包括加固变电所、加固玻璃窗和提供应急资源等。接下来，通过绝对效果检验和相对效果检验来评估这些方案。绝对效果检验使用净现值（NPV）来衡量各个方案的经济效果，从而判断韧性组合方案的经济可行性。相对效果检验则基于不同的韧性增量和总成本，对方案进行比较和选择。通过这样的流程，可以有效地评估和选择最合适的韧性提升方案，以提高基础设施的韧性水平，上述基础设施提升方案的设计与评估的流程图如图 6-51 所示。

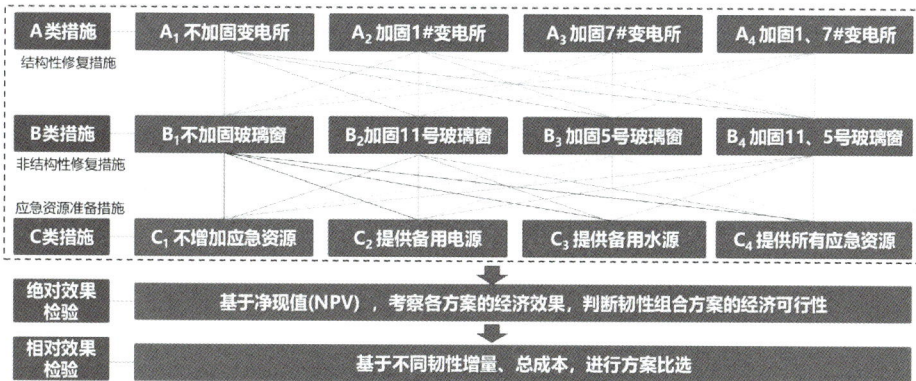

图 6-51　基础设施韧性提升方案组合

2. 考虑预算的最佳韧性提升方案组合

基于已有的 64 个韧性提升方案，考虑三类措施的成本以及经济效益，舍弃经济不可行方案，得到了 36 个考虑预算限制的韧性提升方案组合。最后，在 36 个方案中根据方案的韧性提升效率，得到了各个预算区间的最佳韧性提升方案，如图 6-52 所示。

组合方案	<5万元	5万~10万元	10万~15万元	15万~20万元	20万~25万元	25万~30万元	>30万元
方案1	$A_1B_2C_1$	$A_3B_1C_1$	$A_4B_1C_1$	$A_4B_2C_1$	$A_4B_4C_1$	$A_4B_4C_2$	$A_4B_4C_4$
方案2	$A_1B_1C_1$	$A_3B_1C_3$	$A_3B_2C_1$	$A_4B_2C_3$	$A_4B_2C_2$	$A_4B_4C_3$	
方案3	$A_1B_1C_3$	$A_1B_2C_3$	$A_3B_2C_3$	$A_4B_1C_3$	$A_3B_4C_2$	$A_4B_4C_4$	
方案4		$A_1B_1C_2$	$A_3B_1C_2$	$A_4B_1C_3$	$A_4B_1C_4$	$A_3B_4C_4$	
方案5		$A_1B_1C_4$	$A_1B_1C_1$	$A_3B_4C_1$	$A_3B_2C_4$		
方案6			$A_1B_4C_3$	$A_3B_4C_3$			
方案7			$A_1B_2C_2$	$A_3B_2C_2$			
方案8			$A_1B_2C_4$	$A_3B_1C_4$			
方案9				$A_1B_4C_2$			
方案10				$A_1B_4C_4$			

A_1 不加固变电所
A_3 加固7#变电所
A_4 加固1、7#变电所

B_1 不加固玻璃窗
B_2 加固11号玻璃窗
B_4 加固11、5号玻璃窗

C_1 不增加应急资源
C_2 提供备用电源
C_3 提供备用水源
C_4 提供所有应急资源

▉ 最佳方案

图 6-52　各预算区间的最佳韧性提升方案

复习思考题

1. 分析现代城市相较于传统城市在安全与风险特征上的主要变化，列举当前城市基础设施面临的主要安全风险。

2. 设计一个针对城市供水系统的韧性感知网络，说明所需的关键传感器类型、布局原则，以及可以通过哪些技术手段对该韧性感知网络开展优化？

3. 假设某城市地铁系统需进行韧性评估，请提出一套数据融合方案，明确应收集哪些类型的数据？如何利用这些数据建立韧性评估模型？并预测可能的脆弱点。

4. 详细阐述"天-空-地"监测预警体系在一次突发洪水事件中的具体应用流程，包括各个层级（卫星、无人机、地面站、物联网终端）是如何协同工作的？

5. 针对一个假想的沿海城市，制定一套综合性韧性管理策略，包括韧性指标的选择、韧性提升的具体措施（至少三项），并分析这些措施如何增强城市面对台风等极端天气事件的适应能力。

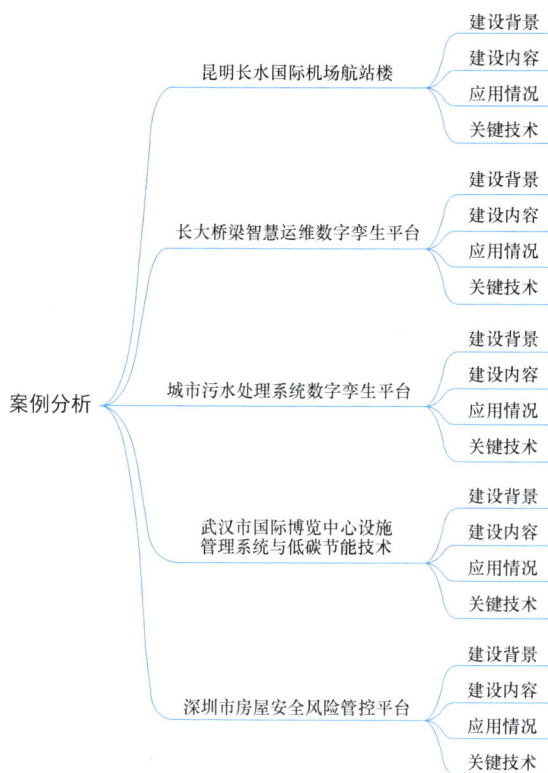

知识图谱

```
                                              ┌─ 建设背景
                      ┌─ 昆明长水国际机场航站楼 ─┤  建设内容
                      │                        │  应用情况
                      │                        └─ 关键技术
                      │
                      │                        ┌─ 建设背景
                      ├─ 长大桥梁智慧运维数字孪生平台 ─┤  建设内容
                      │                        │  应用情况
                      │                        └─ 关键技术
                      │
                      │                        ┌─ 建设背景
案例分析 ─────────────┼─ 城市污水处理系统数字孪生平台 ─┤  建设内容
                      │                        │  应用情况
                      │                        └─ 关键技术
                      │
                      │  武汉市国际博览中心设施      ┌─ 建设背景
                      ├─ 管理系统与低碳节能技术 ───┤  建设内容
                      │                        │  应用情况
                      │                        └─ 关键技术
                      │
                      │                        ┌─ 建设背景
                      └─ 深圳市房屋安全风险管控平台 ─┤  建设内容
                                               │  应用情况
                                               └─ 关键技术
```

本章要点

知识点 1. 昆明长水国际机场航站楼 BIM 系统的建设背景、技术架构以及在施工和运维中的应用效果。

知识点 2. 数字孪生平台的核心架构及其在长大桥梁全寿命期管理中的作用。

知识点 3. 城市污水处理系统数字孪生平台的架构及智能作业机器人在污水管网运维中的应用。

知识点 4. 武汉市国际博览中心设施管理系统中低碳节能技术。

知识点 5. 深圳市房屋安全风险管控平台在房屋安全检测与风险管理中的关键功能。

学习目标

（1）掌握多尺度信息模型如何支持航站楼设施的高效管理与运维。

（2）理解在长大桥梁的运维实践中是如何通过相关技术的应用实现"巡-检-监-评"一体化管理理念。

（3）掌握数字孪生平台如何通过数据集成和智能机器人实现污水系统的高效管理。

（4）掌握基于设施管理中的节能技术优化大型公共设施的能源管理。

（5）理解房屋安全风险管控平台如何利用物联网和大数据等技术提升房屋安全性和风险预测能力。

案例分析

7.1 昆明长水国际机场航站楼

7.1.1 建设背景

昆明长水国际机场是中国面向东南亚、南亚和连接欧亚的国家门户枢纽机场。如图 7-1 所示，航站楼总面积为 54.83 万 m^2，包括 4 层地上建筑（F1、F2、F3 和 F4）和 3 层地下建筑（B1、B2 和 B3）。每层进一步划分为 A～H 共 8 个不同区域。同时，航站楼被划分为出发流程区域和到达流程区域。图 7-1 为终端的三维模型，左下角为鸟瞰图。项目总投资 230 亿元。2008 年 12 月动土开工至 2012 年 6 月交给云南机场集团有限责任公司运营管理，历时 3 年半。

除 F3 层以外，该航站楼在前端每层包含了 2 个翼。B3 和 B2 层为限制区域，包含了大量的密道等多种保密设施设备。B1 为地下停车场。F1 层为国内和国际航班到达区，F2 层为国际出发区，F3 层为国内出发区。在 F3 层和大屋面之间有一个很小的餐饮区，即为 F4 层。由于人流及航站楼规模均巨大，预计会对航站楼日常管理人员造成巨大压力。为减轻管理人员的工作压力，机场方面在机场启用的当年一并建设了一套航站楼日常维修和报修平台，用于航站楼日常维修和报修的统一上报，处置和消单。原始数据因此开始积累，并一直持续至今。

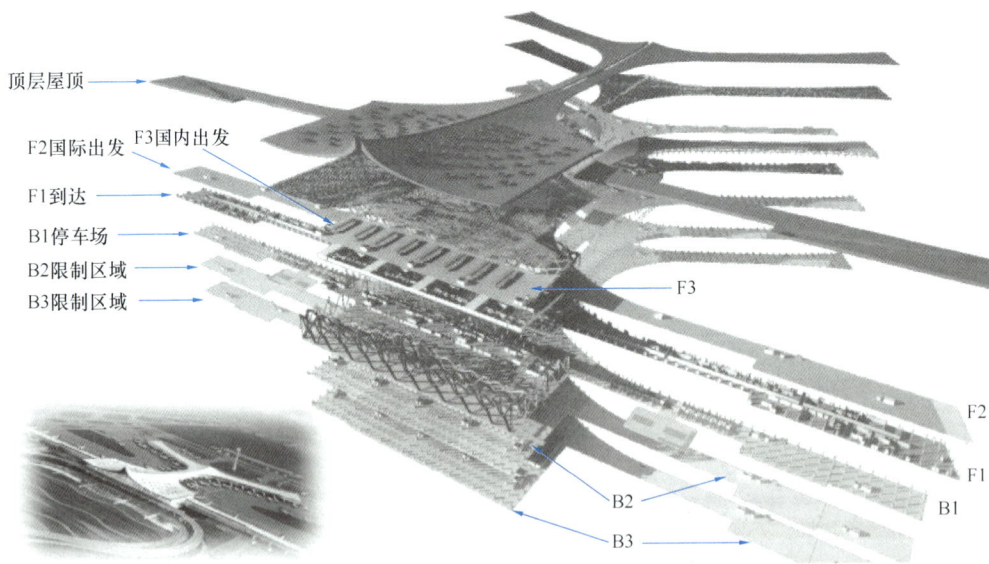

图 7-1 昆明长水国际机场航站楼的三维模型

7.1.2 建设内容

本项目的业主昆明长水机场建设办公室采用 BIM 协助施工和运维，希望通过 BIM 应用平台收集一个组织良好的工程数据模型，辅助投入运营后的日常管理，提高管理效率。

因此，机电设备项目总承包北京城建集团与清华大学土木工程系负责本项目的 BIM 系统研发与应用工作。双方共同组建 BIM 团队，面向施工和运维两个阶段，建立了多尺度信息模型、研发了面向施工和运维的两个 BIM 管理系统，并提供了系统的软件应用培训。目前，通过前后两期的研发，该基于 BIM 的昆明机场运维管理系统仍在持续运行。

1. 多尺度信息模型的建立

为满足该项目施工和运维过程对宏观和微观管理的需求，项目组建立了相应的多尺度信息模型，包括了面向施工过程的 3 个宏观 CM（施工管理）模型、2 个概要 CM 模型、6 个微观 CM 模型，以及面向运维过程的 3 个宏观 FM（运维管理）模型和 5 个微观 FM 模型组成。多尺度信息模型的组成及其信息流如图 7-2 所示，详细描述如下。

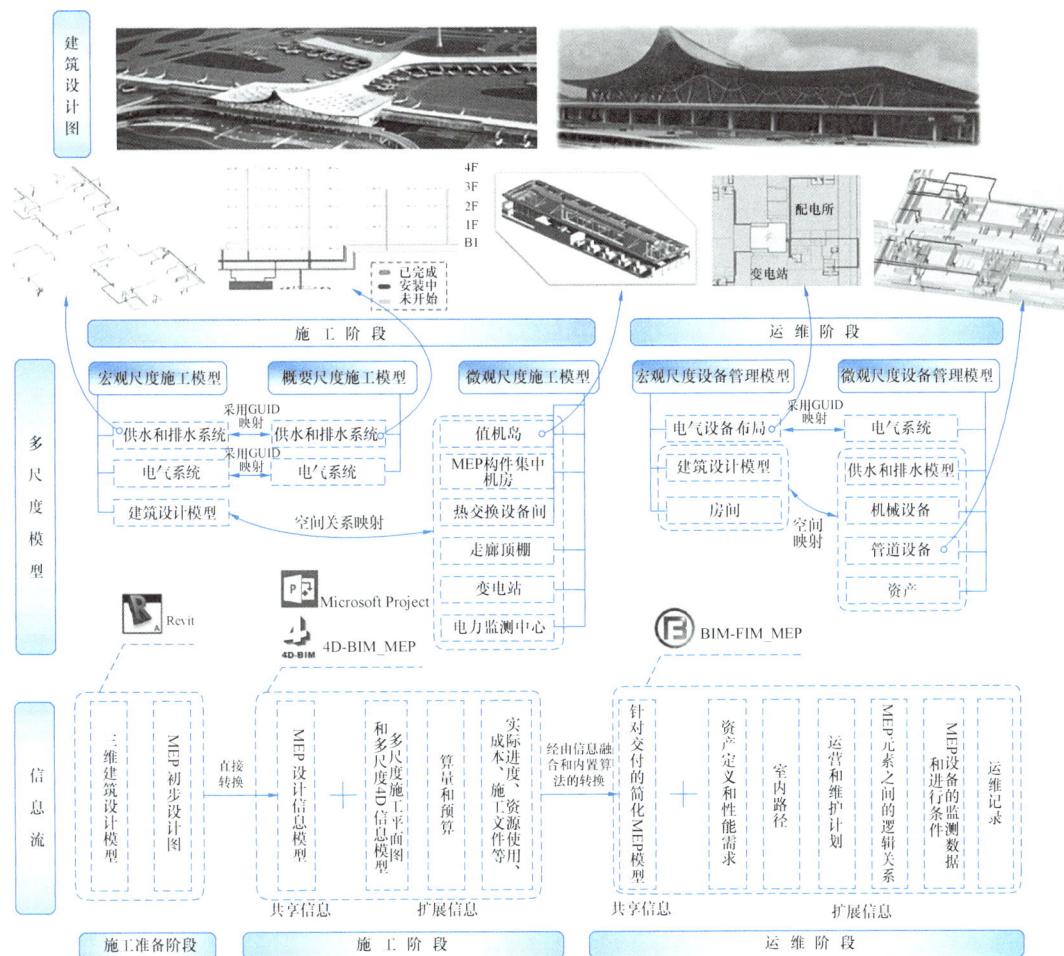

图 7-2　昆明机场航站楼多尺度信息模型的组成及其信息流

（1）根据图纸，总承包商使用 Revit 系列创建了包含所有的梁、柱、墙、板、门窗的建筑模型。

（2）在初步设计期间，BIM 顾问组创建了 2 个宏观模型和 2 个示意性 CM 模型，即给水排水模型和电气模型，总承包商创建了 6 个微观 CM 模型。同时，BIM 顾问组还通过嵌入式空间映射算法建立了元素与空间之间的逻辑链。这些模型被直接交付到施工阶段。

（3）在施工过程中，总承包商与大部分分包商在微软项目中制定了相应的多规模施工计划，然后将这些计划导入基于 4D-BIM 的昆明机场航站楼机电设备管理系统（简称 4D-BIM_MEP），形成多个具有任务和任务之间关系的工作分解结构（WBS）。

（4）其他信息，包括数量和预算，以及实际的施工进度和成本，也在 4D-BIM_MEP中得到了扩展，以建立多尺度的 CM 模型。

（5）BIM 顾问组执行嵌入在服务器中的数据转换或融合算法，将构建信息传递到下一阶段，作为一个面向交付的简化 MEP 信息模型。例如，已经定义了房间和走廊，并生成了路径。

（6）在运行和维护期间，业主和设施经理使用 BIM-FIM_MEP 扩展 FM 信息，包括：资产定义及其性能要求、室内路径、操作和维护计划、各元素之间的逻辑关系、运行状况、操作和维护记录等。

（7）所有 BIM 信息都存储、共享和管理在一个中央统一的 BIM 存储库中（即 SQL服务器）。

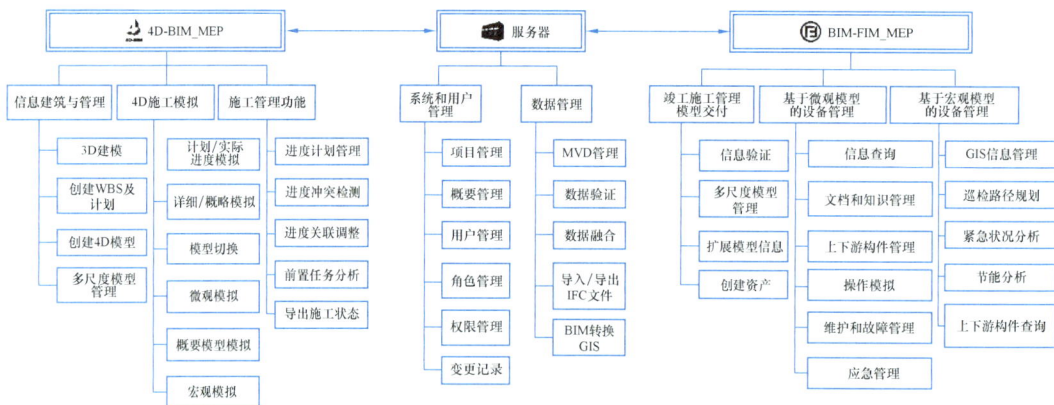

图 7-3　昆明机场航站楼 BIM 管理系统架构图

本项目的 BIM 应用贯穿施工和运维过程。图 7-3 显示了本案例应用中的整体系统架构，包括 4D-BIM_MEP 系统（面向施工管理）、BIM-FIM_MEP 系统（面向运维管理）和统一的服务器，为不同管理角色提供了不同形式的视图，实现了不同层次的功能，满足了各参与方的需求。其中，BIM-FIM_MEP 系统的信息继承于 4D-BIM_MEP 系统，其建模过程和信息的流动与施工阶段的交付密不可分。鉴于本教材的主题，后续内容将主要讨论 BIM-FIM_MEP 系统在本项目的应用情况和效果。

2. 多服务器私有云协同环境的搭建

根据施工过程的实际需要，基于多服务器私有云协同环境的架构，为建设单位、机电总包、弱电分包、行李分包、BIM 咨询团队和运维单位搭建了各自的服务器集群。表 7-1中展示了每个群集的节点数量，每个节点都具有 40GB 项目硬盘空间，2G RAM 和两个CPU 线程的 Linux 虚拟机。

多参与方的数据分布   表 7-1

节点名称	数据节点数	存储的工程信息	数据量 (GB)
建设单位节点	5	所有设计和施工信息	98.3
机电总包节点	5	给水排水、电力照明等系统的设计和施工信息；值机岛、罗盘箱、走廊吊顶的设计和施工信息；开闭站等给水排水、电力系统设备机房的；设计和施工信息	82.1
弱电分包节点	3	值机岛、罗盘箱、走廊吊顶的设计和施工信息；电力监控中心等智能建筑机房设计和施工信息	8.5
行李分包节点	3	值机岛的设计和施工信息	3.5
咨询团队节点	5	所有设计信息；室内排水系统和值机岛、罗盘箱的施工信息模型、F1 层房间和电力照明系统的运营管理信息	53.4
运维单位节点	10	所有设计、施工和运维信息	131.5

项目组研发了一个 BIM 信息集成系统（BIMIIP），以实现多服务器私有云协同环境下的 BIM 信息集成与共享。在 BIMIIP 系统安装和部署完成后，每个服务器上的 IFC 数据库都是通过输入 IFC 架构，各参与方的 MVD（模型视图定义）文件和服务器名称自动创建的。其中，MVD 是 IFC 标准体系架构下的一个部分，本项目根据各方数据要求开发了一个半自动化的 MVD 定义工具辅助进行信息交换。

在数据分发过程中，云控制器为所有共享数据建立索引。数据分发过程完成后，各方在自己的服务器上获取所需的数据。例如业主、机电总包、运维管理部门都拥有一百万以上的共享实体和两百万以上的外部实体。一方的服务器中的数据可以按照所有权归入该方拥有的内部数据和其他人共享的外部数据，而在内部数据中，只有共享部分被索引。

本项目在私有云环境下进行了跨区数据提取。例如，提取包含 B2、B3 楼层的 A 区内部排水系统设计和施工信息的模型，所需数据由 BIM 咨询团队和 MEP 总承包商共同完成。其过程的核心是定义一个包含从 IfcRoot 实体继承的 79 种实体，其中 20 种是类型实体，24 种是关系实体，还有 127 种来自资源层实体的 MVD。

7.1.3 应用情况

1. 基于多尺度信息模型的运维管理

当 MEP 项目完成后，总承包商不仅向机场业主交付了真实的 MEP 组件，而且还交付了竣工的 MEP 信息模型。BIM 顾问组首先简化了竣工 BIM，并将其转换为面向 FM 的多尺度 BIM。具体来说，采用 BIM 到 GIS 的数据转换算法，通过导入所需的信息，生成包括基本地图、房间布局和 MEP 元素在内的宏观 FM BIM，然后生成室内路径。同时，为了增强微尺度 FM BIM，BIM 顾问在大多数子 MEP 系统中的元素之间建立了逻辑链，FM 管理者确定了资产及其性能要求。然后，建立了宏观尺度和微观尺度 FM 模型之间的关系。在 FM 过程中，MEP 设备和资产的检查信息附加到相应的对象。多尺度 FM 模型显著降低了 MEP 元素的建模工作。BIM-FIM_MEP 已经在个人电脑上运行至今。模型主要功能的应用描述如下。

（1）宏观 FM 模型的应用

1）查询和可视化 MEP 系统的布局和结构：当管理人员在 GIS 视图中选择机电设备或房间对象时，BIM-FIM＿MEP 系统将查询其上游和下游设备以及电线或管道路线，并根据嵌入式逻辑链将其有效地显示出来。图 7-4（a）展示了电力系统的开闭站 KB1 及其下游设备的布局和逻辑关系；图 7-4（b）展示了房间 F1C0380 中的照明系统的线路布局。这些布局可有效辅助运维人员制定维护和维修计划，执行维护和维修操作。例如，维修人员在更换 F1C0380 室的灯时，可以根据通过 BIM-FIM＿MEP 系统查询上下游逻辑，确定 TC2F J2-AAL-10X 的开关须事先关闭。从设备人员的反馈来看，这个功能在大型 MEP

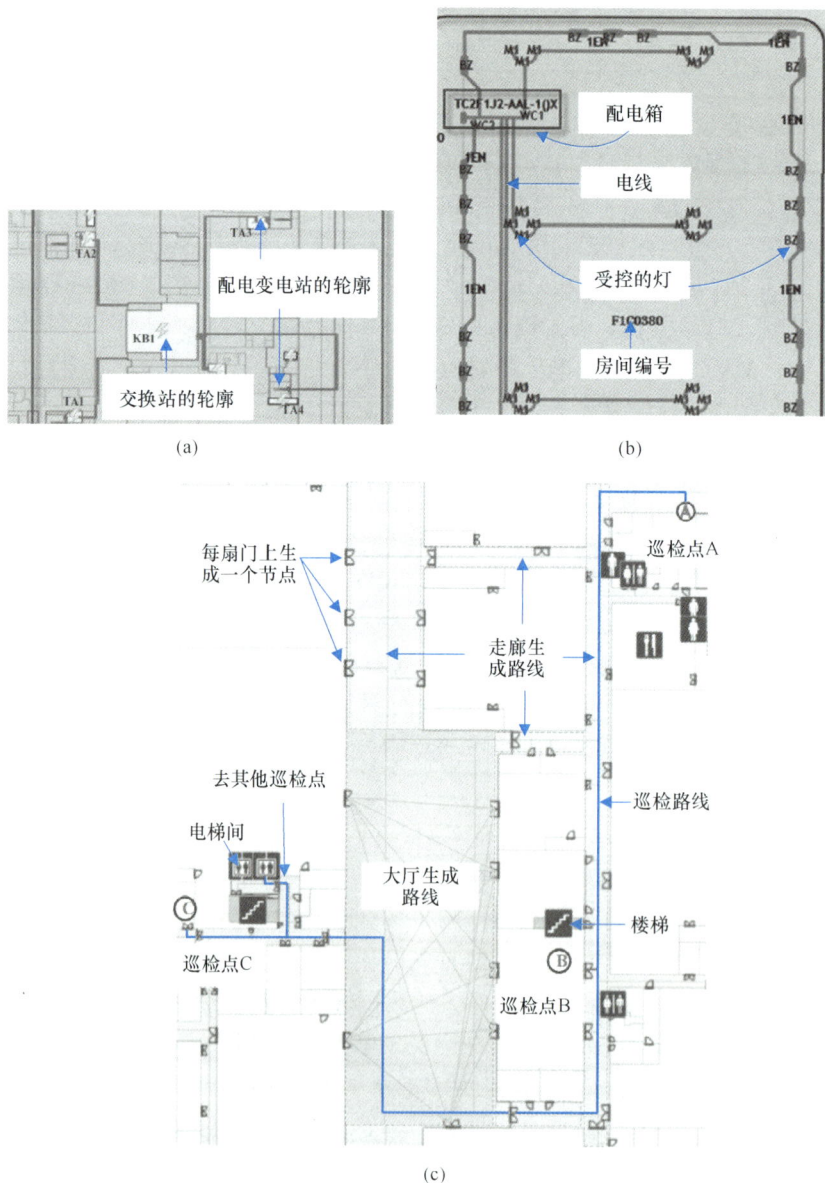

(a)

(b)

(c)

图 7-4　房间、室内路径和机电设备系统的可视化

（a）一处电气系统的布局；（b）房间照明系统布置；（c）GIS 视图中的室内地图和路径

项目中很有价值，可以保障安全并节约操作时间。

2）检查路径规划：在宏观 FM 模型所附加的室内路径信息的基础上，对机电设备系统的布局和逻辑结构进行查询和可视化，可辅助运维人员规划检查路径。室内路径生成方法的原理描述如下。①该算法只处理连接房间的路径，不处理一般房间的室内路径。②房间通过走廊、楼梯、电梯和大厅连接起来。③房间分为主室和小室；主室与大厅或走廊相连，而小室只与另一个房间相连。考虑到终端内的室内路径复杂，访问限制严格，维护人员采用 BIM-FIM _ MEP 识别出最实用、最短的路径，进行日常设备检查。图 7-4（c）为 B3 层的检查路径，通过三个巡检点，通过电梯进入其他楼层。

3）机电系统节能智能控制：通过结合路径、空间物体和 MEP 设备之间的关系，基于室内路径中的人流进行分析，可辅助运维节能控制。例如，当几乎没有行人持续通过某条路径时，路上的照明设备和其他设备都将被关掉以节约能源。如图 7-5 所示，根据航班信息，在上午 1 点到下午 1 点 50 分之间，只有标记的路线被采用。因此，其他未经过的走廊和大厅的灯光、空调和热水供应等机电设备不开启。通过这种方式，利用 BIM-FIM _ MEP 在终端 FM 期间智能控制 MEP 元件，节省了可观的能源和成本。

图 7-5 考虑室内人流路径的 MEP 智能控制

（2）微观 FM 模型的应用

1）维护与维修管理：具有日常维护计划和日志的微观 FM 模型，通过提供与维护有关的统计数据和备份信息等，协助设备人员提高设备管理人员、工作人员和仓库管理员之间的维护效率和互操作性。运维人员发现设备故障后，将通过 BIM-FIM _ MEP 系统报修，管理人员将马上得到消息并安排合适的维修人员前往现场处理。维修人员根据可通过扫描二维码获取微观 FM 模型以及关联的维修手册。维修完成后，将自动生成维修日志并提交到 BIM 服务器，用于后续数据挖掘与分析。

2）运行状况分析：BIM-FIM _ MEP 借助微观 FM 模型，通过比较检验值和性能参数的要求值，动态分析了资产的运行状况。检查和维修数据也被添加到 MEP 信息模型中，这些数据将有助于分析资产的表现和帮助紧急情况下的管理人员。

本研究旨在提出一种利用 BIM 技术促进大型 MEP 项目的 CM 和 FM 的方法。因此，在应用验证中，多尺度 BIM 在施工、运营和维护期间逐步建立。基于此 BIM，总承包商实施了多尺度施工管理，并将多尺度运维管理模型交付给昆明长水国际机场的运维办公室。

2. 应用效果

信息集成、可视化和互操作性是 BIM 为机场运营办公室带来的三个最有价值的特点。

业主对总承包商提供的丰富信息感到满意，包括施工细节、规格、操作手册、供应商，特别是设施和资产的逻辑链。另一个关键点是，BIM 和 GIS 视图为设施人员提供可视化和便捷的管理工具。特别是，GIS 地图根据实际的多尺度 CM 模型自动生成，具有路径和逻辑关系，建立了 BIM 和 GIS 技术之间的密切联系。GIS 环境中的所有元素都连接到 BIM 存储库。因此，在日常运营和维护活动中，设施人员可以轻松搜索相关信息或文件，并查找上游或下游元素，并通过在 GIS 或 BIM 平台中选择资产或扫描附加到资产的二维条形码与其他参与者进行互操作。该系统还为管理人员提供了定量的节能措施，每年减少约 3600kWh 的电力消耗，相当于每年减少 2826kg 的二氧化碳排放。业主称，维护和修理工作的效率比以前提高了大约 30%。

与此同时，建筑运维期间生成和搜集的设施设备数据具有改善设施设备管理的潜在价值。然而，这些数据往往在格式、内容和意义上千差万别，导致难以利用。本研究引入数据立方数据模型，其具有多维度、无限制的特征。该模型可有效组织关系数据库和内存中的全部不同数据，并支持面向分析和需求的数据解析。基于这种数据立方，提出了一种维修数据挖掘方法，其步骤包含有数据准备、数据分簇、数据校核和数据挖掘。本教材提出的数据立方思路和相应的方法在昆明长水国际机场航站楼设施设备管理的实际数据中进行了应用，数据时间始于 2012 年 7 月，跨度超过 5 年，超过 24000 条有效数据。部分原始数据有良好结构，但也有部分采用自然语言记录。根据应用提出的方法，划分了设施设备优先等级，并基于此，制定了不同的巡视检查周期和备品备件存储标准。并通过关联分析，挖掘出了卫生间设备和饮水机之间的关联关系。

7.1.4　关键技术

1. 面向 BIM 运维的数据挖掘技术

数据挖掘技术是人工智能领域的重要组成部分。通过对本项目运维过程产生的 BIM 数据库进行数据挖掘，探索了人工智能技术与 BIM 技术结合在智能运维中的可行性。其中，运用到了三种数据挖掘技术：聚类、离群点检测和频繁模式分析。下面介绍建模和应用步骤，如图 7-6 所示。

（1）项目施工人员根据 AutodeskRevit™ 中的设计模型（三维建筑模型和结构模型）建立了竣工 BIM。

（2）将所有数据传输并导入基于 BIM 的设施管理系统 BIM-FIM_MEP 系统，建立运维模型。BIM-FIM_MEP 系统实现了从施工阶段到运维阶段的机电和管道（MEP）模型的综合交付。此外，它还提供了一个平台，支持运维功能，并确保所有 MEP 系统的安全运行。一些关键的信息，包括运维记录和上游/下游关系，也被整合到运维模型中。

（3）主要考察了三种子模型，即暖通空调模型、供电模型和供水模型。分析数据来自 BIM-FIM_MEP 数据库。核心数据存储库存储在一个典型的关系数据库中。

（4）对 2281 条记录进行转换。然后在一个预定义的流中执行所有三种数据挖掘方法，并输出最终结果。

在数据仓库读入存储层同时进行必要的初始化之后，每条维护维修记录包含 19 个属性，将根据挖掘问题的实际需求，向算法提供必要的属性数据。

聚类分析是数据挖掘技术的一种，旨在将数据集中的对象根据其相似性进行分组。

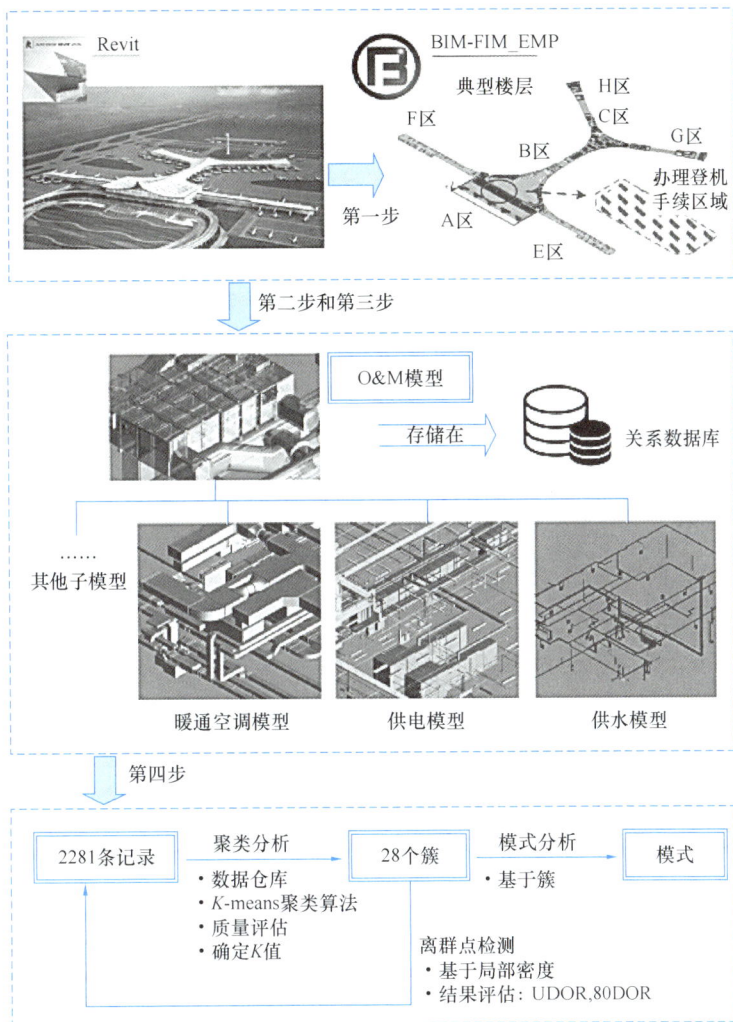

图 7-6　建模和应用步骤

图 7-7展示了两种不同 K 值下的聚类效果。在 $K=3$ 的情况下，数据点被分为三组，每组由不同的颜色表示，并且每组的数据点都集中在各自的中心点附近，显示出清晰的分类。而在 $K=4$ 的情况下，数据点的分组不明显，因为一些数据点似乎跨越了多个簇的中心，

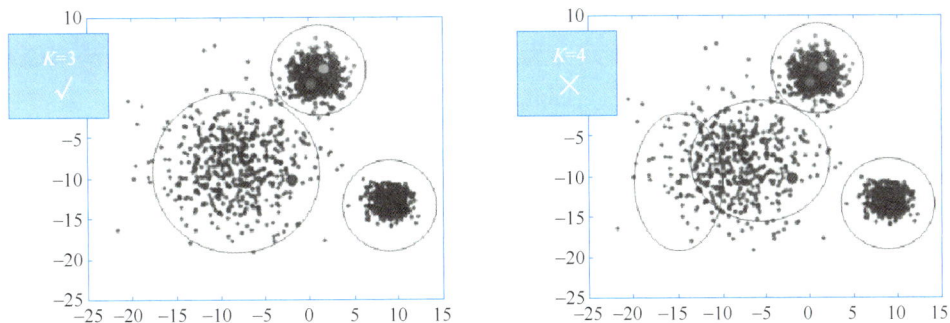

图 7-7　K-means 聚类算法

导致分类不够准确。这种现象在运维管理数据挖掘中经常出现，其中聚类分析用于发现数据集中的相似性和差异性。通过将具有相似特征的数据点归为一组，可以更好地理解数据的结构和模式。然而，K 值的选择对于聚类的准确性至关重要。如果 K 值过小，可能会导致过度拟合，即每个数据点都被单独分类；而 K 值过大，则可能导致分类不足，即一些数据点没有被正确分类。因此，选择合适的 K 值需要根据实际问题和数据的特点来决定。

如图 7-8 所示，在运维管理中，聚类分析可以揭示设备运行记录、维修记录等数据之间的相似性，从而发现潜在的模式和规律。例如，从一个高质量的聚类中可以获取信息：一个月时间内，机场 B 区域中的水泵在晚间进行了很多次的维修。之后，经过管理人员的排查，发现该簇中的水泵小故障率很高。于是上报设备管理专业部门，对 B 区域的水泵在晚间使用情况予以注意，并在 BIM 中进行标记等操作。根据其他高质量簇，还可以进行维修决策、预测和人员材料的部署。

3月15日~ 4月15日	晚间	轻微程度 故障	使用了备 品	水泵	设备管理 专业	标高 16~24m	区域 Zone B	上游构件 有维修	下游构件 有维修
60%	93%	96%	96%	60%	98%	62%	96%	98%	96%

图 7-8　设备运行情况统计

在进行聚类后，BIM 数据库中关联错误的文件由离群点分析进行检测。离群点检测的主要目的是通过识别数据集中那些周围密度明显低于所处区域平均密度的点，来提高数据质量。这些被识别为不正常的点可能代表了数据中的异常情况，可能是由于设备故障、操作失误或其他原因导致的异常现象。通过及时发现和处理这些离群点，可以帮助管理人员及早发现问题并采取相应的措施，以保障设备和系统的正常运行。程序及时检出了 66% 的不匹配情况，其中前 80% 的不匹配情况的检出率超过了 90%，可以认为结果是有效的。在运行检测后，管理人员从离群系数最大的记录开始，从上往下逐个查看原始记录，以确认真实情况，避免误检。

在聚类分析和离群点排除之后，BIM 中的数据被划分为高质量簇。通过这种方式，运维管理人员可以只处理少数簇，而不是成千上万的单个记录。数据记录之间的相似性关系提供了帮助快速管理决策的信息。然而，除了相似性之外，还存在两种模式：一是因果关系，其中一个事件是另一个事件的结果；二是某些事件相互关联。换句话说，一些事件可以增加其他事件关于数据的能力，发现这些频繁事件。自 20 年前首次提出以来，经典的 Apriori 算法已经在发现频繁模式方面得到了广泛应用。经典 Apriori 的基本原理是，所有频繁集的子集自然也是频繁的。因此，核心问题在于找出最大的频繁集。实际上，这一过程涉及复杂的操作。然而，经典的 Apriori 算法包含了一些极其昂贵的计算步骤。例如，生成和测试所有子集是一个指数级计算。基于聚类的频繁模式挖掘算法改进了经典的 Apriori，尤其是在时间复杂度方面。

频繁模式挖掘是数据挖掘技术的一种，旨在发现数据集中频繁出现的关联关系，包括因果关系、抱团关系和相关关系。这些关联关系可以帮助我们更好地理解数据，发现数据中的潜在价值，并为工程管理提供决策支持。例如，在设备故障预测中，我们可以通过分析设备运行数据，发现设备故障的频繁模式，并建立预测模型，从而预测设备故障发生的可能性，并进行预防性维护。在备品库优化中，我们可以通过分析设备维修数据，发现哪些备品的使用频率较高，从而优化备品库的配置，降低库存成本。在维修决策优化中，我们可以通过分析维修数据，发现不同维修方案的频繁模式，从而优化维修决策，提高维修效率。频繁模式的概念所列的条件和结果是两个频繁出现且强正相关的事件。表 7-2 列出一个典型模式。其条件包含三个状态即"时间＝早上""程度＝轻微""备品＝不使用"。结果包含两个状态即"构件类型＝水泵""上游构件＝无历史记录"。在这里，运维管理人员可以获取的信息是，若水泵需要维护维修，则操作经常在早上进行。这个信息可以作预测用，因为水泵的故障经常发生在早上，那么决策者可以适当在早上增加水泵工作人员的劳动力，同时减少其他时段的人员数量，做到人力资源的高效利用。此外该区域的维修较大概率不需要使用备品，则可以允许将供水系统的备品库安排至其他区域，提高空间管理的灵活性。

一个典型的频繁模式   表 7-2

	值	内容
条件	411 条匹配	早上、轻微、不使用备品
结论	478 条匹配	水泵、无上游历史记录
置信度	0.959	
相关系数	0.889	

2. 面向通用数据的数据挖掘技术

（1）维修任务的工作流程

该数据平台的工作流程分为两部分：报修流程和维修流程，如图 7-9 所示。图 7-9（a）为报修流程，图 7-9（b）为维修流程。

报修流程图 7-9（a）仅包括 1 个步骤，即员工上报故障信息，流程即结束。维修流程图 7-9（b）包括以下 7 个步骤：

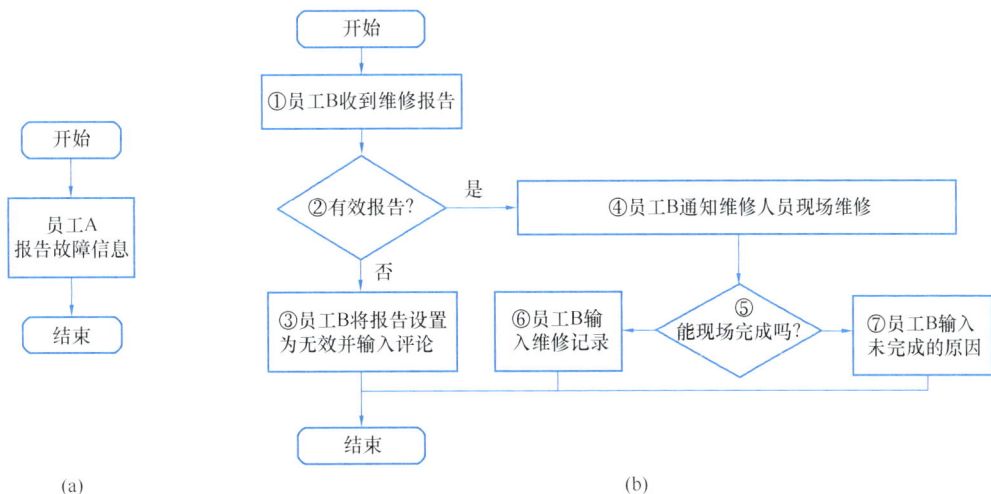

图 7-9 报修流程和维修流程

（a）报修流程；（b）维修流程

第①步，员工B在任何时刻登录平台，点选新的报修。这一步，平台会自动记录员工B的姓名和接报时间。

第②步，员工B人工判断该报修是否是有效报修。无效报修的情况包括重复报修、不属于机场责任范围的报修、已确认暂时无法处理的报修、需转月度或季度统一处理等。

第③步，若为报修无效，员工B往平台中写入相应反馈信息，报修消单，流程结束。这种类型的最终结果数据也无固定格式，以自然语言的形式保存到平台中。

第④步，如果为有效报修，员工B通知维修人员到现场。一般要求员工B立即通知相关维修人员。

第⑤步，维修人员到现场判断是否可以维修。由员工B记录维修人到场时间（精确到秒）。

第⑥步，如可以现场维修，则开始维修过程。由员工B填报维修记录数据。维修记录数据可以有多条，以对应可能存在的多次维修。维修完成后，由员工B填报最终维修完成记录和维修完成时间（精确到秒），即最终维修结果和完成时间只有一个。维修记录数据和维修最终结果数据也无固定格式，由员工B以自然语言记录，并保存到维修记录数据中。

第⑦步，如不可以现场维修，员工B记录不能维修数据，并作为最终结果，维修流程结束。不可维修的情况包括误报的报修（无故障，被报修人认为是有故障），暂时无法处理的报修，需要转月度或季度统一处理等情况。记录方式同第③步一样，同样保存在维修记录数据中。这种类型的最终结果数据也无固定格式，以自然语言的形式保存到平台中。

（2）数据采集

该信息平台十分简单，以保证可以任何运维管理部门和外包单位的任何员工不经任何培训即可使用。因为采用B/S网站的形式，便于访问。该系统仅包含少量页面用于业务数据的输入、查询和修改。经过慎重考虑，该系统不支持任何数据删除功能，以保证运维数据的完整性。该平台后台数据库采用Microsoft SQL Server，于2012年7月5日正式上线运行，截至2017年12月10日，共平稳运行5年5个月的时间，积累了24068条维修记录。图7-10显示了F3层的一些原始数据。

原始数据的形式和内容千差万别，在数据准备过程中清理了1922份无效修复报告后，总共获得了148种不同的设施设备及其报修频数。将这148种不同设施设备根据其自身特点，形成航站楼维修维护设施设备体系，见表7-3，括号内为经过修正过后的报修频数。表7-3是对航站楼5年5个月的时间内所有设施设备损坏的总结。由于时间跨度足够长，故包含了航站楼所有可能发生故障的设施设备，因而可以用来作为设施设备重要性等级划分的依据，以建立定期巡视检查制度。

昆明长水国际机场航站楼的设施故障等级   表7-3

一级	二级	三级/设施设备（报修频数）
房屋建筑	土建	墙(102)、大屋面(393)、结构漏水(264)、顶棚(441)、土建其他(112)
	地面	静电地板(455)、地面盖板(31)、地面压条(18)、盲道(64)、地板砖(86)、地垫(24)、地毯(11)、地胶(59)
	门	通道门把手(125)、通道门(313)、通道门锁(74)、房间门把手(224)、房间门(551)、房间门锁(464)
	玻璃	隔断玻璃(133)、门玻璃(137)、幕墙玻璃(152)、雨篷玻璃(12)、破玻器(14)

续表

一级	二级	三级/设施设备（报修频数）
给水排水	上水	给水漏水(504)、停水(48)
	下水	下水道(62)、隔油器(10)
	消防系统	消防报警器(8)、消防烟感(4)、消防应急灯(3)、防火卷帘门(22)、安全出口标示牌(126)、消防喷头(2)、消防栓柜(20)、消防水带(2)、消防开关(2)、消防系统漏水(16)
暖通	暖通	空调(99)、供排风(80)、冷凝漏水(30)
电气	强电	电(1008)、插座(156)、地插(150)、电源盒(13)
	照明	灯设备外壳(15)、灯(1030)
	弱电	LED屏广告(138)、电子报(6)、电视(83)、公共电话(89)、内通电话(62)
	电梯	自动步道(129)、电梯(194)
公共服务	标示	静态标示标牌(81)
	栏杆	防撞栏杆(542)、隔离栏杆(80)
	饮水机	饮水机(1504)、饮水机纸杯架(81)
设施设备	吸烟室	吸烟室门(20)、吸烟室门把手(6)、吸烟室门锁(9)、点烟器(122)
	其他	旅客座椅(74)、手机充电站(10)、自动售货机(5)、儿童娱乐设施(14)
卫生间	男女残卫	小便器(90)、蹲坑(1088)、挂钩(32)、镜子(24)、纸盒(813)、马桶(592)、烘手器(245)、皂液器(466)、垃圾桶(48)、男女卫大门把手(35)、瓷砖(302)、残卫门(439)、隔板门(1092)、隔板门锁(728)、淋浴间配件(11)
	母婴室	母婴室门(28)、母婴室门把手(8)、母婴室门锁(62)、母婴室沙发(21)
	保洁间	拖把池(123)、保洁间门把手(10)、保洁间门锁(68)、保洁间门(23)、热水器(116)
	共有	洗手台(446)、水龙头(416)、地漏(75)、管井门锁(27)
机场办公业务设施设备	安检值机登机	安防软件(13)、监控摄像头(13)、计算机(89)、网络(45)、传真机(3)、航显(307)、钟(49)、航班查询系统(17)、航班离港系统(8)、身份验证系统(101)、扫描枪(234)、桌椅板凳(222)、显示屏(55)
	安检	安检通道门(84)、安检通道门把手(109)、安检通道门锁(240)、安检开包系统(10)、安检五金(8)、安检摄像头(8)、安检柜子(50)
	值机	开包间门(18)、开包间门把手(9)、开包间门锁(102)、打印机(235)、柜台五金(96)、自助值机(21)、行李托运(205)、称(39)、X光机(97)
	登机	登机口门(504)、登机口门把手(58)、登机口门锁(32)、广播(102)、罗盘箱(22)
	到达	到达口门(310)、到达口门把手(67)、到达口门锁(18)、行李提取(29)
	出发	航站楼大门(160)、航站楼大门把手(27)、航站楼大门锁(10)
	廊桥	廊桥门(500)、廊桥门把手(139)、廊桥门锁(13)、廊桥设备(170)、廊桥侧门(224)、廊桥侧门把手(128)、廊桥侧门锁(12)
	两舱	两舱门(131)、两舱门把手(50)、两舱门锁(16)
其他	其他	防鼠虫工具(5)、房间柜子(11)、投影仪(2)

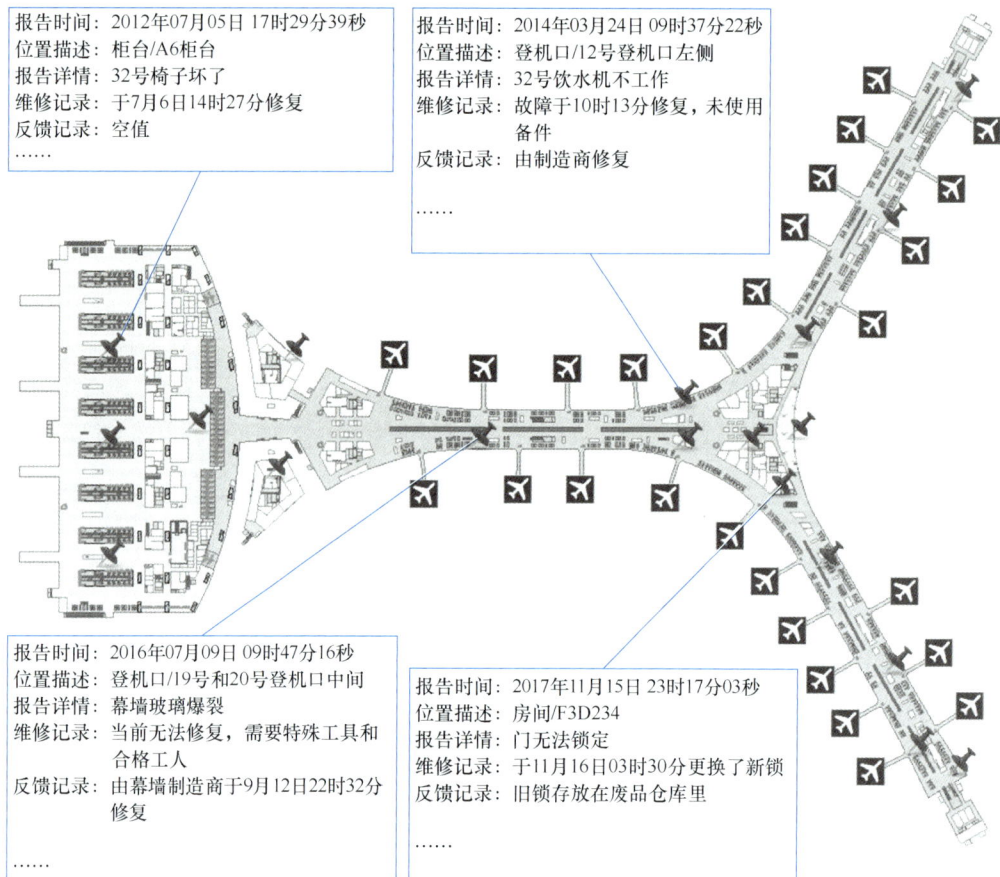

报告时间：2012年07月05日 17时29分39秒
位置描述：柜台/A6柜台
报告详情：32号椅子坏了
维修记录：于7月6日14时27分修复
反馈记录：空值
……

报告时间：2014年03月24日 09时37分22秒
位置描述：登机口/12号登机口左侧
报告详情：32号饮水机不工作
维修记录：故障于10时13分修复，未使用备件
反馈记录：由制造商修复
……

报告时间：2016年07月09日 09时47分16秒
位置描述：登机口/19号和20号登机口中间
报告详情：幕墙玻璃爆裂
维修记录：当前无法修复，需要特殊工具和合格工人
反馈记录：由幕墙制造商于9月12日22时32分修复
……

报告时间：2017年11月15日 23时17分03秒
位置描述：房间/F3D234
报告详情：门无法锁定
维修记录：于11月16日03时30分更换了新锁
反馈记录：旧锁存放在废品仓库里
……

图 7-10   原始数据示例

（3）生成数据立方体

经过数据准备、数据分簇和校核后，原始数据在关系数据库中通过数据立方进行组织。根据不同的数据挖掘目标动态生成不同数据库。图 7-11 是 3 个维度的数据库示例，为简便起见，只列举了 F1 层的数据。

为便于绘制，图 7-11 中只包含了三个维度：时间、楼层和设施。立方体中的每个单元格可利用函数"f：（Facility_ID，Month_ID，Floor_ID）－>Faults"或采用向量格式的多维数组"（Facility_ID，Month_ID，Floor_ID，Faults）"表示。以 4 月份数据为例，立方体右侧的 4 月对应的四个值（空调，4 月，F1，7），（旅客座椅，4 月，F1，1），（航班显示器，4 月，F1，4）和（饮水机，4 月，F1，5）分别对应表格的 4 条记录，如图 7-11 中的蓝色虚线所示。

（4）讨论

生成数据库以后，即可进行数据分析和数据挖掘，以寻找对管理有用的规律或规则。下面介绍此类数据驱动方法对运维管理的启示。

1）设施优先级

一个可行的定期现场检查预计将有有限数量的优先级：为每个设施设定优先级是不现

Facility_ID	Month_ID	Floor_ID	Faults
Fa_4	Mo_1	Fl_1	9
Fa_3	Mo_1	Fl_1	5
Fa_2	Mo_1	Fl_1	2
Fa_1	Mo_1	Fl_1	10
Fa_4	Mo_2	Fl_1	11
Fa_3	Mo_2	Fl_1	3
Fa_2	Mo_2	Fl_1	7
Fa_1	Mo_2	Fl_1	4
Fa_4	Mo_3	Fl_1	6
Fa_3	Mo_3	Fl_1	8
Fa_2	Mo_3	Fl_1	9
Fa_1	Mo_3	Fl_1	3
Fa_4	Mo_4	Fl_1	7
Fa_3	Mo_4	Fl_1	1
Fa_2	Mo_4	Fl_1	4
Fa_1	Mo_4	Fl_1	5

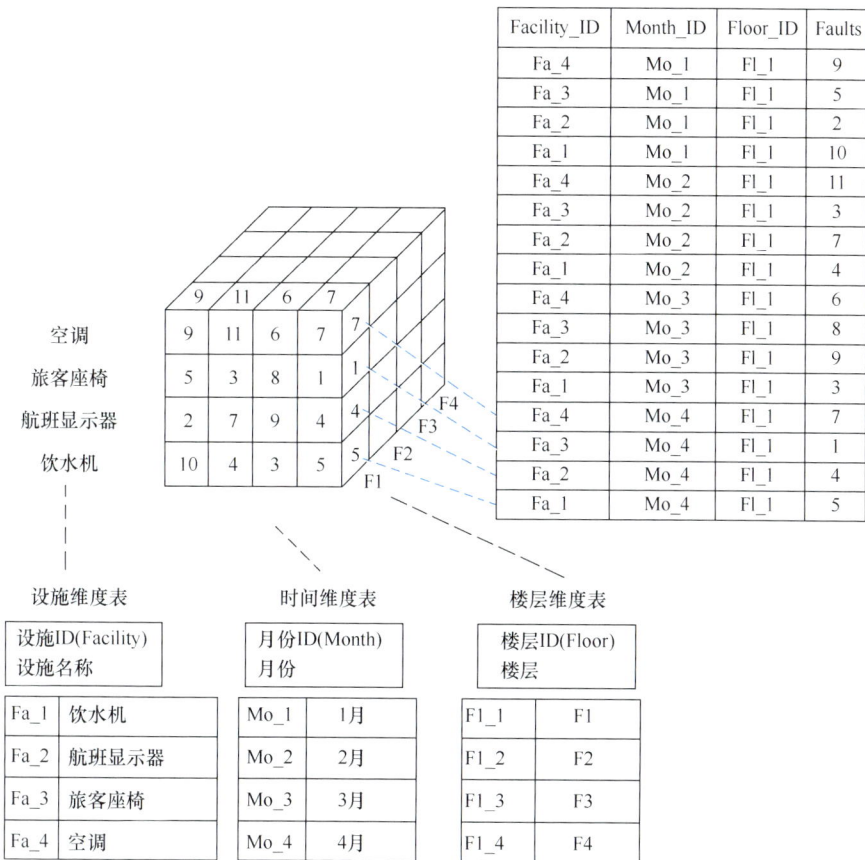

图 7-11　根据不同的设施生成的通用数据库

实的。因此，有必要对这些设施进行排序。表 7-3 中同时包含了各种设施设备报修的频数，根据这些频数，可以获得航站楼内部各种设施设备报修频数的分布图，如图 7-12 所示。纵轴是设施设备种类数量，横轴为报修频数区间。从图 7-12 可以看出，报修频数小于等于 200 次的设施设备为 114 种，占总共 148 种设施设备的 77%，表明航站楼内部大部分设施设备损坏频率并不高，设备完好率很高。将报修频数小于 200 的设施设备的分布放大，进一步详细分析报修频数的分布规律，可以发现报修频数小于 30 的设施设备数量

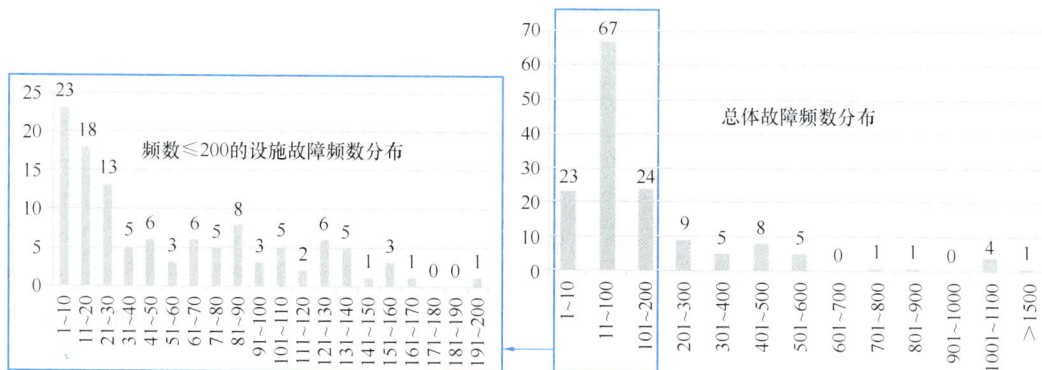

图 7-12　设备故障频数分布

为 54 种，占全部 148 种设施设备的 36%。报修频数介于 30~170 的设施设备数量为 14 种，占全部 148 种设施设备的 9%。

接着，将图 7-12 中离散的报修频数划分为 4 个区间，见表 7-4。从中可以看出，报修频数不大于 30 的设施设备种类有 54 种，占全部设施设备种类总数的 36.5%，但其总报修频数只占全部报修频数的 3.1%。而报修频数大于 600 的设施设备种类有 7 种，占全部设施设备种类总数的 4.7%，但其报修频数却占全部报修频数的 30.8%。上述数据说明，航站楼内部的报修主要来自一小部分经常发生损坏的设施设备，而大部分的设施设备只会发生一些偶发性的损坏。这一结论说明对航站楼所有设施设备采用同一检查频率是不可取的，应根据故障频数等级来确定优先级。

设施与其频数之间的关系   表 7-4

频数间隔	≤ 30	31~170	191~600	≥ 601	合计
设施数量	54	59	28	7	148
比例	36.5%	39.9%	18.9%	4.7%	100%
频数总和	741	5,337	10,232	7,263	23,573
比例	3.1%	22.6%	43.4%	30.8%	100%

除上述依据外，由于部分设施设备对航站楼的正常运行十分重要，如果发生故障，将对机场正常运行造成严重事故。因而，这类设施设备也必须加入到第一等级。航站楼管理部门列出了这些重要设备：行李检查系统、行李托运系统、X 光机、行李提取系统、网络系统、航班查询系统、航班离港系统和身份验证系统。其他 3 项划分保持不变。因此，各级包含的设施数量见表 7-5，其中包括 4 个等级，涉及 4 个故障频数区间。以该设施设备等级为基础，建立定期巡视检查制度。

设施优先级   表 7-5

排名	第一等级	第二等级	第三等级	第四等级
标准	频数≥601 或重要性高	191≤频数≤600	31≤频数≤170	频数≤30
设施数量	15	27	56	50

2）检查周期和备品备件

一般情况下，表 7-5 中每个等级的平均损坏时间间隔作为巡视检查周期是最优情况，可采用处于每个区间中间位置的设施设备的平均损坏时间。但根据实际情况，运维管理部门需要一个更利于展开工作的周期：巡视检查周期必须和工作制度相匹配，既方便完成检查工作，又不会造成安排上的混乱。例如，所有检查必须安排在工作日，而休息日不应安排任何检查。

除此之外，巡视检查制度的另一项重要事项即备品备件的管理。运维管理单位和外包单位均需要储备一定的备品备件，但需要有不同的备品备件储备标准，以保证既有充足的备品备件数量，又不至于造成浪费。故也需要根据表 7-5 中的不同等级来划分的备品备件储备标准。

同时考虑上述两方面的要求，根据数据分析结果，针对运维管理部门和外包单位，提出了巡视检查周期和备品备件储存的相关规则，见表 7-6。经运维管理部门实际验证，这些规则既可操作性强，又合理利用了航站楼的管理资金和仓库空间。

建议的检查和备件规则 表 7-6

排名	周期	检查说明	现场存储备件说明	资金优先级
第一等级	一天	每个工作日的上午 9 点检查	任何时候均有不少于 5 件	优先级
第二等级	一周	每周一完成日常检查后开始	任何时候均有不少于 2 件	正常
第三等级	一个月	每月的第一个工作日完成日常检查后开始	短缺时间不超过 1 周	正常
第四等级	三个月	每季度的第一个工作日进行一次全面检查	短缺时间不超过 2 周	正常

3）改善设施分配的策略

根据机场实际反馈，航站楼在 2012 年 6 月 28 日启用之后，由于各种原因，机场工作人员及大量的设施设备均有一个磨合期，故在最开始之前有大量报修，经过一段时间以后，报修数量趋于稳定。故在进行关联分析时，采取从 2013 年 1 月 1 日作为起始时间，直到 2017 年 12 月 10 日，共计 1799 条记录。将最小支持度设置为 0.1，另一重要参数最小置信度为 0.5，获得的一些关联规则见表 7-7。

卫生间相关设施与饮水机之间的规则 表 7-7

编号	规则	支持度	置信度
规则 1	马桶＋蹲坑＋小便器 ＝＞饮水机	0.237	0.570
规则 2	隔板门＝＞饮水机	0.227	0.606
规则 3	马桶＋蹲坑＋小便器，隔板门＝＞饮水机	0.111	0.642

根据表 7-4，报修频数不小于 190 的设施设备种类共有 35 种，将最小支持度设置为 0.1，最小置信度为 0.5 进行数据挖掘。结果获得 12 条关联规则，这 12 关联规则大部分是：卫生间特有设备＝＞饮水机，以及卫生间特有设备之间的关联规则。卫生间特有设施设备之间的关联规则并无实际意义。在这 12 条关联规则中，具有饮水机结果的第一类规则见表 7-7。其中规则 1 的支持度是所有规则中最高的。支持度不超过 0.1 的其他规则没有出现在结果中。

运维管理部门确认上述 3 条规则有合理原因：航站楼使用的饮水机需要水源，故其安装位置全部在卫生间外面。即所有饮水机旁边均与一个卫生间相邻，但不是每个卫生间外都有饮水机。这 3 条规则表明旅客使用完卫生间以后，似乎会顺便再接点水喝。因而，航站楼运维部门应该在尽可能多的卫生间外面设置饮水机，以满足乘客的需求。

7.2 长大桥梁智慧运维数字孪生平台

7.2.1 建设背景

长大桥梁智慧运维数字孪生平台作为新基建与智能交通的重要组成部分，近年来得到了国家和地方政策的大力支持。通过发布《交通强国建设纲要》《国家综合立体交通网规划纲要》等政策，国家推动桥梁基础设施的智能化和信息化运维，旨在提升桥梁安全性与管理效率。该平台在长大桥梁的全寿命期管理中发挥了关键作用，通过引入 BIM、GIS、物联网、大数据等先进技术，结合桥梁结构健康监测和动态称重等，实现了实时状态感知、风险预警和精准养护。"十四五"规划进一步加速了该领域的发展，推动了长大桥梁智慧化运维向深度和广度渗透，提升了桥梁安全性和管理水平，助力现代交通体系建设。

开展数字化运维平台研究与开发是保障桥梁长期安全运营和提升管理效率的迫切需求。首先，随着城市化进程加快和交通量大幅增加，长大桥梁面临的环境与荷载、疲劳与退化等多重压力，传统的人工巡检和定期养护难以满足复杂结构的精细化管理需求，易出现检测不及时、维护不到位的问题。其次，桥梁结构复杂且跨度巨大，常规手段无法全面掌握其运行状态，容易忽视潜在的结构病害，通过引入 BIM、物联网、大数据、人工智能等技术，可以实现桥梁的实时监测、数据自动化分析和智能预警，提升运维的精准性和效率。此外，随着桥梁数量和规模的增加，管理单位和专业机构的协同尤为重要。数字化平台能够打破信息孤岛，实现跨部门、跨专业的数据共享和协同决策，优化资源配置，降低养护成本。在国家"十四五"规划等政策推动下，桥梁的数字化运维将成为提升交通基础设施安全与管理水平的必然趋势。

目前，随着相关学者和工程师对长大桥梁智慧运维数字孪生平台研究的不断深入，桥梁管理部门与科技企业积极开发桥梁数字化运维系统，长大桥梁运维模式正向数字化、智能化转型，市场前景广阔。数字孪生技术的应用将实现实时监测、预警和数据驱动的科学养护决策，提升桥梁管养效率。

7.2.2 建设内容

长大桥梁智慧运维数字孪生平台以桥梁全寿命期管理为核心，以构件为载体，遵循"巡-检-监-评"一体化管理的理念，结合 BIM 技术、智能监测与无人机巡检等手段，依托大桥时空数字底座，融合多源数据，以数据驱动模型，打造智慧空间，实现桥梁养护全流程管理，推动管理精细化、数字化、智慧化、一体化，长大桥梁智慧运维数字孪生平台架构图如 7-13 所示。

1. BIM 数字孪生模型

基于多源数据融合的 BIM 数字孪生模型是长大桥梁智慧运维数字孪生平台实现数据驱动的工作基础。针对桥梁结构特点，利用 BIM 多层次建模技术，并结合倾斜摄影与激光扫描等技术手段，开展全方位、高精度的数字化采集，重构精确的桥梁在役期间三维模型，形成桥梁精细化模型（图 7-14）。平台进一步完善和细化了构件级的编码体系，实现了构件描述唯一性、编码对应性、信息绑定强关联性。

模型整合桥梁的设计图纸、检测报告、材料信息及历史养护数据，覆盖桥梁各构件的几何信息与健康状态，实时更新桥梁运营期间的实际物理状况，实现了传感监测、养护检测、运行管理等数据与构件模型的精准对应，搭建起全寿命期、全时空尺度、全业务流程的基础数据资源池，为数字化养护管理夯实了数据根基。

2. 系统集成管理模块

如图 7-15 所示，模块集成了道路视频监控、动态称重、健康监测、定检数据、巡检数据和运营数据等多系统数据，构建了一个多系统集成的数据可视化管理模块，从而创造桥梁的"智慧空间"。通过集成的道路监控系统，实现了桥上摄像头的实时定位和查看；结合智能安全帽，实现作业人员的实时定位、轨迹跟踪和远程视频通话，显著提升了桥梁

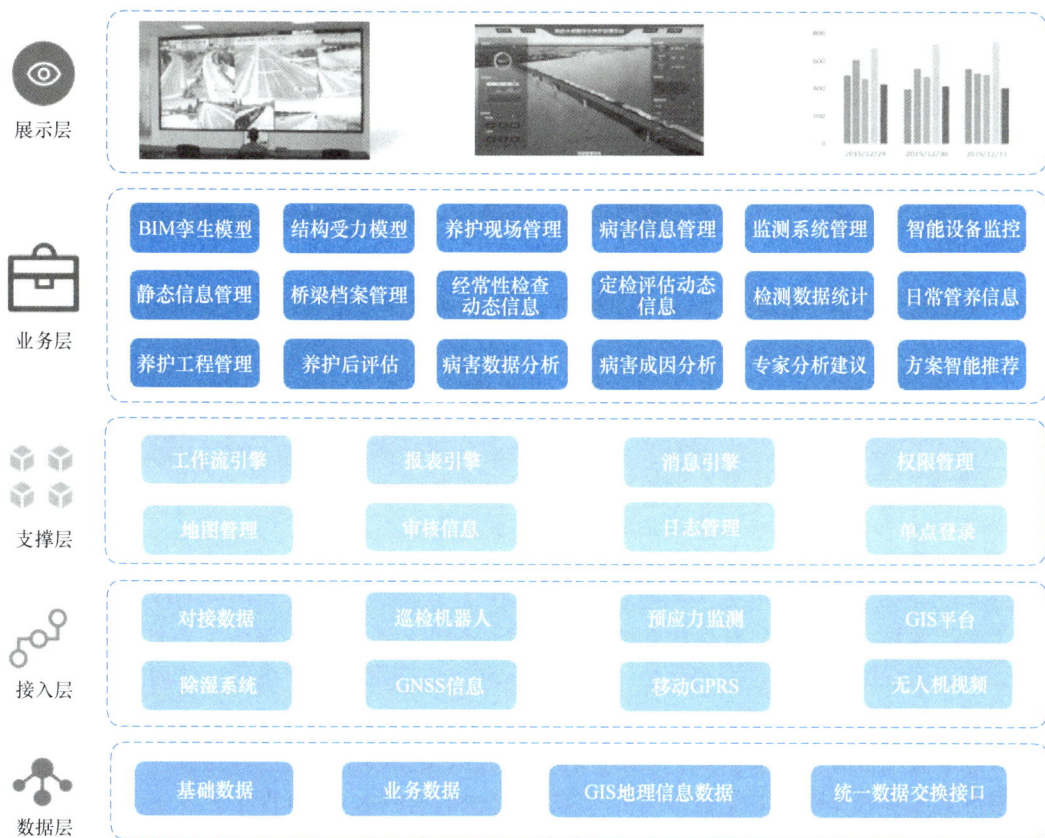

图 7-13　长大桥梁智慧运维数字孪生平台架构图

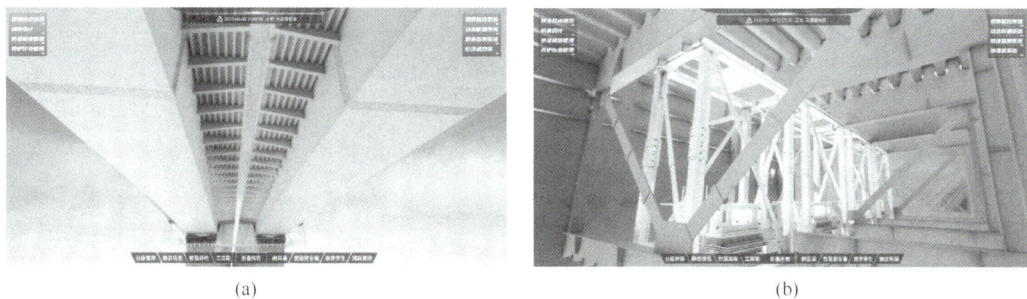

(a)　　　　　　　　　　　　(b)

图 7-11　桥梁精细化模型

(a) 主桥钢箱梁；(b) TMD 阻尼器

检查和养护工程现场的监管能力，创新了安全生产管理模式。同时，智能化监测平台的建立实现了对多源系统的实时监测和预警，增强了桥梁健康管理的时效性和准确性，进一步提升了大桥的精细化养护深度和广度。

3. 无人机智能化巡检

对于长太桥梁，其结构复杂、跨度大、线型长，传统人工检测方法难以全面及时地检查桥梁健康状况。为此研发了复合型无人机智能巡检系统，通过机器视觉、激光雷达、红

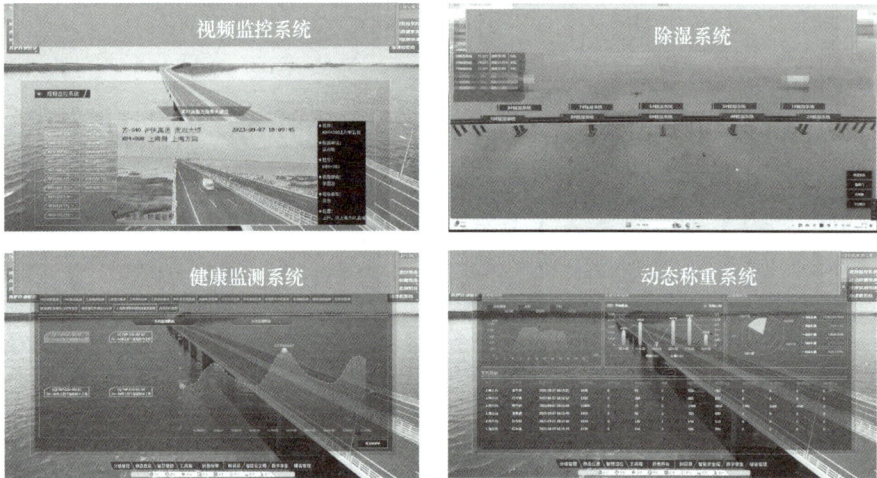

图 7-15　模块攻关集成

外热成像等多源传感器，对桥面铺装、伸缩缝、护栏、墩柱、梁底等关键部位进行多模态寻扫采集。规划设计无人机日常巡查航线，使大桥的重点部位巡检覆盖率达到 100%。无人机巡检数据能够与桥梁各部构件直接关联，自动生成详细的巡查报告，从而实现了大桥"巡检监"的一体化。

在数字底座模型中，无人机拍摄的图像和监测数据能够快速定位和查看，大大提升了数据的可视化和可操作性。平台根据养护重点，如病害类型、严重程度和发生频率，对无人机拍摄的图像数据进行筛选和排序，确保数据的针对性和优先性。如图 7-16 所示，借助无人机智能巡检系统，桥梁的智能化管理和养护得以更精确、更高效地实现，体现了科技与养护的创新融合。

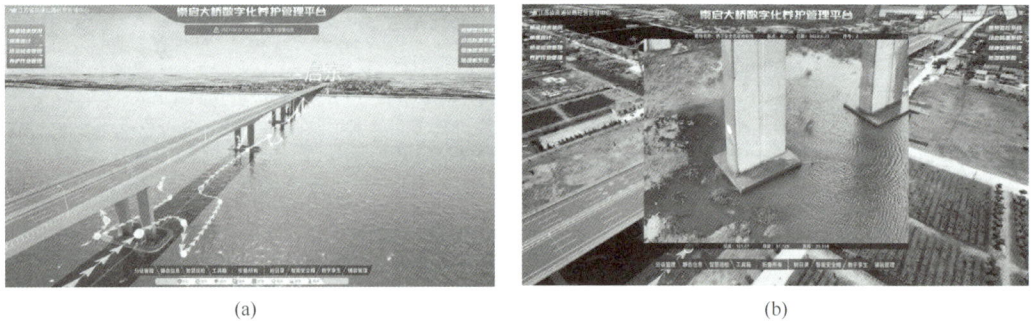

(a)　　　　　　　　　　　　　　　　(b)

图 7-16　无人机智能巡检系统
（a）无人机巡检线路规划；（b）无人机巡检画面

4. 养护科学决策体系

养护决策水平的高低直接决定了桥梁性能提升和使用寿命延长。平台以大桥"巡检监评数据一体化"为支撑，构建了"1-1-2-1"跨江大桥养护管理标准化科学决策体系：动态设计了 1 套中长期养护规划，建立了 1 项科学决策制度，编制了预防性养护实施指南和养护手册，以及制定了养护后评估制度，以提升决策科学性。根据大桥养护科学决策实施细则，针对主桥和引桥常见病害类型定制决策条件和定额，并基于检测报告数据，按照不同决策条件（如构件分级、结构部位、桥梁名称等）生成维修工程量及资金配置。

结合实际业务需求，创新性地提出了"分级分类、闭环管理"的科学决策机制，搭建的数字化养护管理平台可以实现养护决策方案的优化（图 7-17）。通过构件重要性分级实现差异化和精细化管理，并优化养护方案、招标文件和质量验收标准，推动全过程数字化协同，实现了"缺什么补什么、重要的优先修"，最大限度地发挥了有限养护资金的使用效益。同时，平台搭建了涵盖多维度、多指标的综合评价体系，实现了从需求确定、技术状况评定、方案制定到效果评估的全闭环数字化管理，推动了"常态化养护、精细化管理、智能化决策、高质量发展"的新模式。

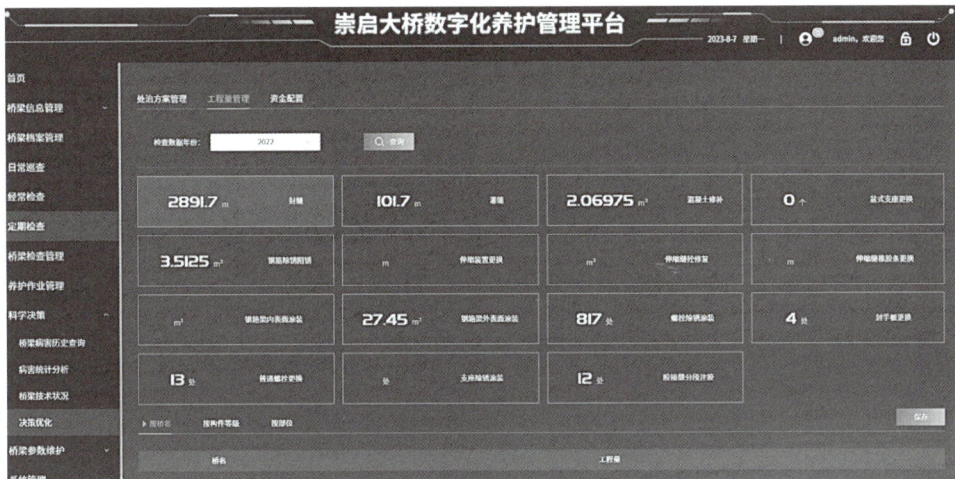

(a)

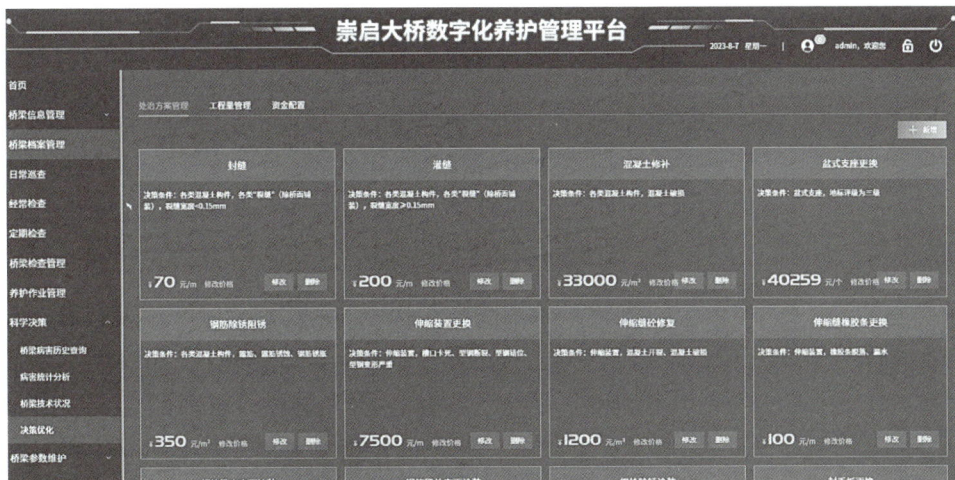

(b)

图 7-17　养护决策方案示意

（a）维修工程；（b）维修资金配置

7.2.3 应用情况

1. 桥梁 BIM 数字孪生模型

模型遵循"特桥特养"理念，深度挖掘长大桥梁结构特点及运营期检监测、工程养护等数据，以数据融合算法模型为基础，"BIM＋"可视化模型为平台，构建了基于标准化管养数据的信息化模型，集成现有检监测及营运相关系统，利用 BIM 多层次建模技术，实现多系统集成的数据可视化管理，打造桥梁"智慧空间"（图 7-18）。

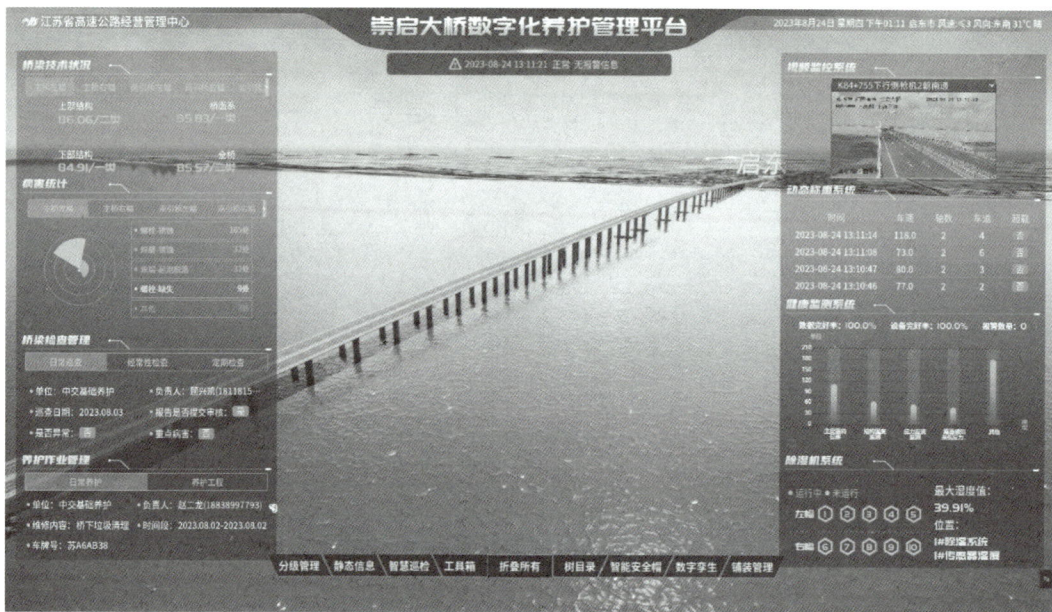

图 7-18 长大桥梁数字化养护数字孪生平台展示大屏

模型遵循"分级管理、分类处治"理念，按重要程度对大桥构件进行分级，对原养护系统的编号规则、构件划分、评定方法进行优化，满足了大桥"构件级"精细化管养的需求。系统涵盖了包括静态数据、检监测、机电设备、养护工程管理、档案管理、科学决策等养护期全功能需求，并实现了大桥智能化监测和数字化管理，指导桥梁智慧、精细化管养。如图 7-19 所示，目前，平台已完成全部功能模块的研发，覆盖桥梁养护"巡、检、

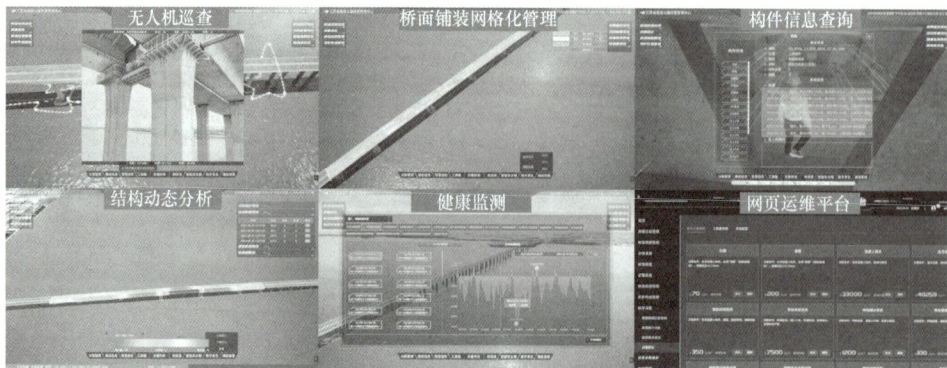

图 7-19 长大桥梁数字化养护数字孪生平台功能模块

监、评"的全过程管理,结合配套开发的手机端巡查 APP,后期将不断迭代升级。

2. 无人机智能全面巡检

根据崇启大桥的结构特点和巡检需求,设计了日常巡查、保护区巡查、结构专项检查和应急巡查等不同的航线,并开展常态化巡查工作。同时,在崇启管理处辖区内,尝试了全线道路、边坡、沿线设施的自动巡查,按照无人机巡查航线路径划分,实现了不同设施的专项巡查,如边坡、路面、声屏障、匝道桥、涉路桥孔、通航孔、龙门架等自动巡查(图 7-20)。

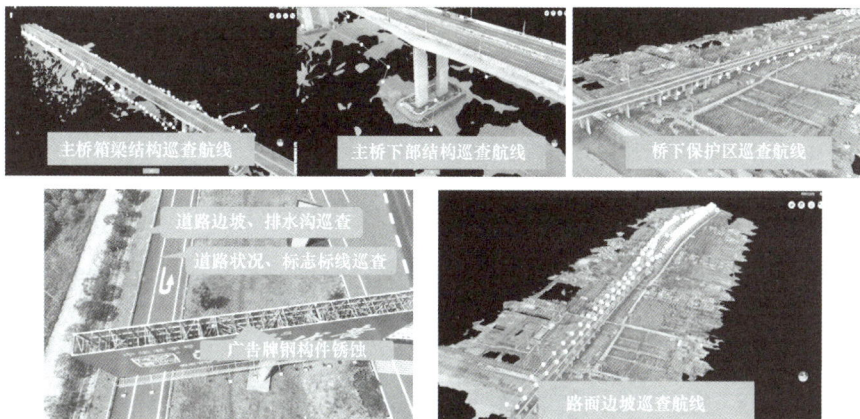

图 7-20 无人机巡检航线与巡查内容

以无人机和机器人为图像采集平台,对桥梁结构进行全覆盖高清图像采集,利用智能算法对图像进行批量处理,自动完成缺陷的定性判断、定量测量、精准定位,裂缝识别精度最高可达 0.1mm,并将处理结果映射至三维实景模型上,实现缺陷的可视化展示,支持多期数据直接对比,自动生成满足定检要求的数据报告。

如图 7-21 所示,同步开发的巡查报告模块可以按照统一的格式和内容,快速地对大量的图像和数据进行批量处理,自动生成规范和专业的桥梁巡检报告,方便桥梁养护管理

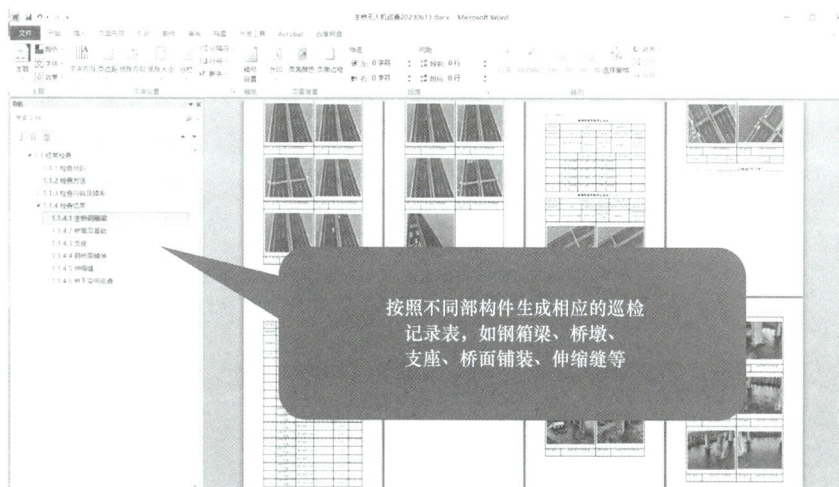

图 7-21 无人机巡检结果的智能分析与报告编制

图 7-22 悬挂双轨式钢箱梁智能巡检机器人实物图

部门进行查阅和决策，另外报告中相同点位、相同距离、相同角度拍摄清晰的照片，对于病害跟踪和复查有重大的意义。

3. 钢箱梁智能巡检机器人

大跨径钢箱梁因其结构复杂、高腹板、盲区多等特点，常规的人工巡检难以全面、高效地完成。为进一步提升大桥钢箱梁检测的及时化、自动化、数字化和智能化水平，减少人工巡检带来的安全风险，研发钢箱梁智能巡检机器人（图 7-22、图 7-23），实现结构定期巡检、裂纹 AI 自动识别、数据分析。该巡检机器人已在崇启长江公路大桥、润扬长江公路大桥等跨江大桥进行了安装部署，并已开始巡查工作。

| 运动底盘 | 拍摄机构 | AI图像识别分析 |
| 轨道 | 驱动控制、安全防护系统 | 滑触线轨道供电系统 |

图 7-23 悬挂双轨式钢箱梁智能巡检机器人系统组成

4. 钢箱梁智能除湿系统

如图 7-24 所示，智能风口是对传统的除湿送风孔进行的改进，能够根据温湿度数据采用相关算法进行风向改变，能够使除湿后的干空气流到大部分死区，提升了箱梁除湿效

图 7-24 智能除湿风口系统

果。此外，根据温湿度传感器调节智能风口的方向，改变干空气出口的分布范围，能防止箱梁管道送风口出现的死区情况，提升箱梁内部空气湿度的均匀性，增强除湿系统对钢箱梁内部防腐的保护效果。

5. 体外预应力智能监测

针对节段预制箱梁体外预应力在运维期间监测困难的问题，将填充型环氧涂层智能感知复合绞线应用于节段预制拼装桥梁体外预应力结构，实现了光纤光栅封装基体与钢绞线的协调变形，且光栅存活率高。此智能感知绞线可以对体外束锚下、弯曲、拐点等隐蔽部位的应力数据进行采集及跟踪，从而实现体外束应力的实时监测，彻底解决体外束应力状态"黑箱"问题，有效促进了体外束寿命的量化评估，为钢束预应力因张拉、摩阻、温度等产生的损失提供了实测数据，可以有效修正计算偏差，指导后续节段预制梁的设计和运维，图 7-25 展示了智能钢绞线的应力监测。

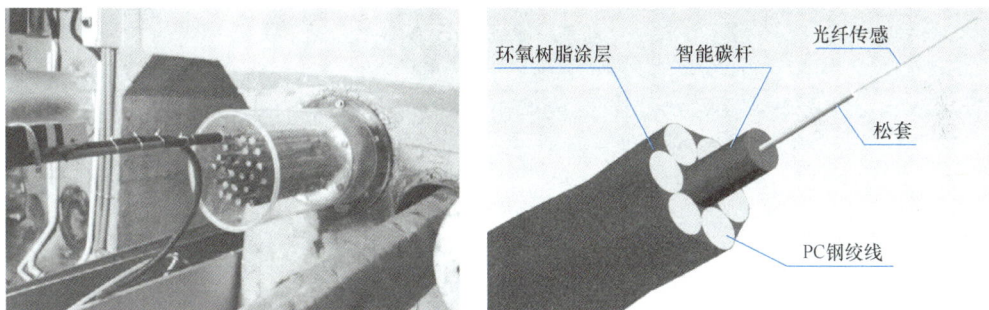

图 7-25　智能钢绞线应力监测

6. 应用效果

BIM 数字孪生平台已在崇启长江公路大桥上得到了良好应用，桥梁管养单位日常的巡检数据及时录入系统，并利用该系统管理日常巡检；第三方定检单位的检测报告也及时录入系统，使得系统能够了解大桥结构总体技术状况；平台接入了健康监测数据、动态称重数据等桥梁实时数据，从而能够实时跟踪分析大桥结构状态，通过数字孪生模型计算大桥受力和变形，实现桥梁结构安全的全面评估。

箱梁智能巡检机器人已在崇启长江公路大桥、润扬长江公路大桥等跨江大桥上进行了安装和应用，智能巡检机器人定期在箱梁内执行巡检任务，查看箱梁内每个隐蔽部位的结构情况，拍照留存图片，通过机器视觉算法识别图片中的裂缝、腐蚀等病害特征，辅助巡检、定检人员对桥梁的结构评估，箱梁智能巡检机器人大幅提升了检查人员和管养单位对桥梁结构状态的认识，有效保障了大桥结构安全和长寿。

箱梁智能除湿系统在保障钢结构桥梁防锈防腐方面发挥重大作用，智能化风口可以有效减少复杂箱梁空间的死角，保障箱梁内所有区域的低湿度状态。崇启长江公路大桥除湿系统改造后，箱梁内各检测、监测区域的湿度始终低于原有水平，且湿度水平较为平均，说明该系统具有良好的除湿效果。

体外预应力智能监测系统首次实现了预应力的可量可测，通过植入智能筋，内含光纤光栅传感器，可以通过测量光信号的变化，判断钢筋的伸长和缩短，从而计算钢束的预应力，且光纤光栅不受电磁、环境等干扰，精度较高。通过该系统，桥梁养护工程师可实时查看预应力状态，了解大桥结构运营动态，有效保障了大桥结构安全。

7.2.4　关键技术

1. 主梁变形数字孪生技术

如图 7-26 所示，苏交科集团自主研发了一种基于动态称重系统的结构响应数字孪生技术，通过实时分析动态称重系统的车辆轴重、车速、车道信息，并结合基于 MySQL 数据层的车载-实时响应精确有限元仿真模型，利用研发的数据处理算法，首次实现了桥梁在车辆作用下的挠度和应力响应的快速分析与预警。通过合理设定阈值，对超载车辆、大件运输和车辆拥堵等特殊事件进行报警和记录，与健康监测系统数据进行融合分析，实现结构变形和应力计算值与实测值的实时对比，从而提升了桥梁实时监测的有效性和准确性，保障了桥梁运营安全，并为桥梁养护的科学决策提供了可靠的数据支持。

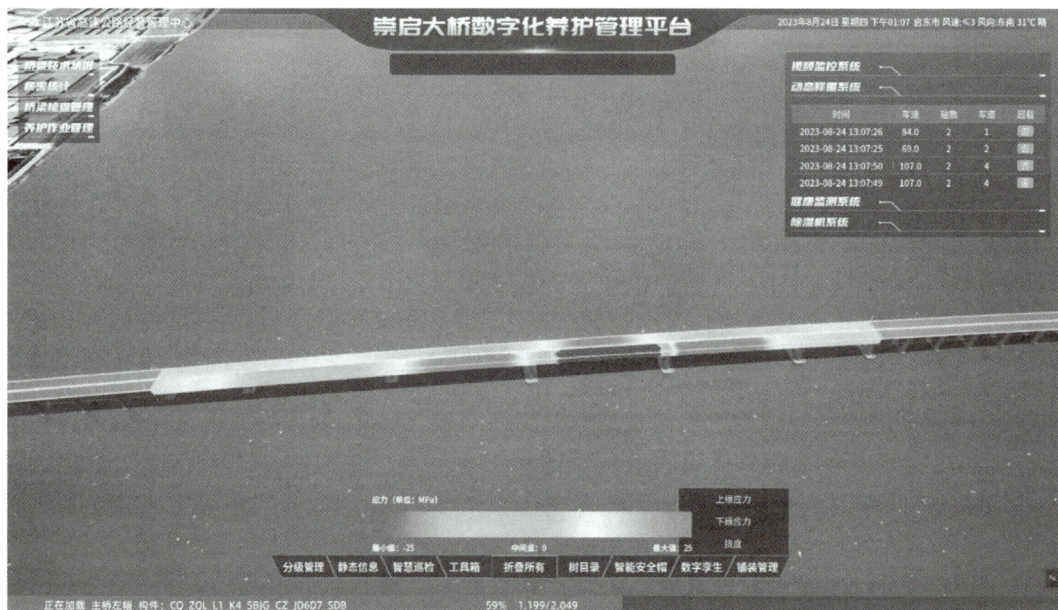

图 7-26　基于动态称重系统的结构响应数字孪生技术

2. 除湿系统智慧运维技术

崇启长江公路大桥采用了业内首创的智慧化、可视化除湿系统运维模块。钢箱梁内除湿机是影响结构耐久性的关键设备之一，平台利用分布式温湿度传感器实时采集钢箱梁内部数据，并与除湿机运行参数关联，通过三维数字孪生系统直观展示设备运行状态，并实现对除湿系统的远程操控，有效提高了设备管理效率。通过优化除湿系统控制逻辑与参数阈值，使除湿机始终工作在最佳能效区间，节约大量能耗。系统还提供箱梁内部温湿度的时空分布与波动分析功能，辅助评估除湿系统的总体运行效果。通过对设备实际工况的大数据分析，识别设备故障规律，建立预测性维护策略，延长设备使用寿命。

3. 阻尼器性能状态评价技术

基于自由振动法信号识别原理的调谐质量阻尼器（Tuned Mass Damper，TMD）性能状态评价技术，实现了 TMD 动力特性测量、外观检测、数据上传等全部预期功能，

APP 与服务器全流程得到了实现与验证。系统硬件要求低，使用方便快捷，检测效率相较于传统的传感器识别方法有较大提升，具有较强的实用价值，图 7-27 展示了开发的 TMD 阻尼器性能状态评价系统。

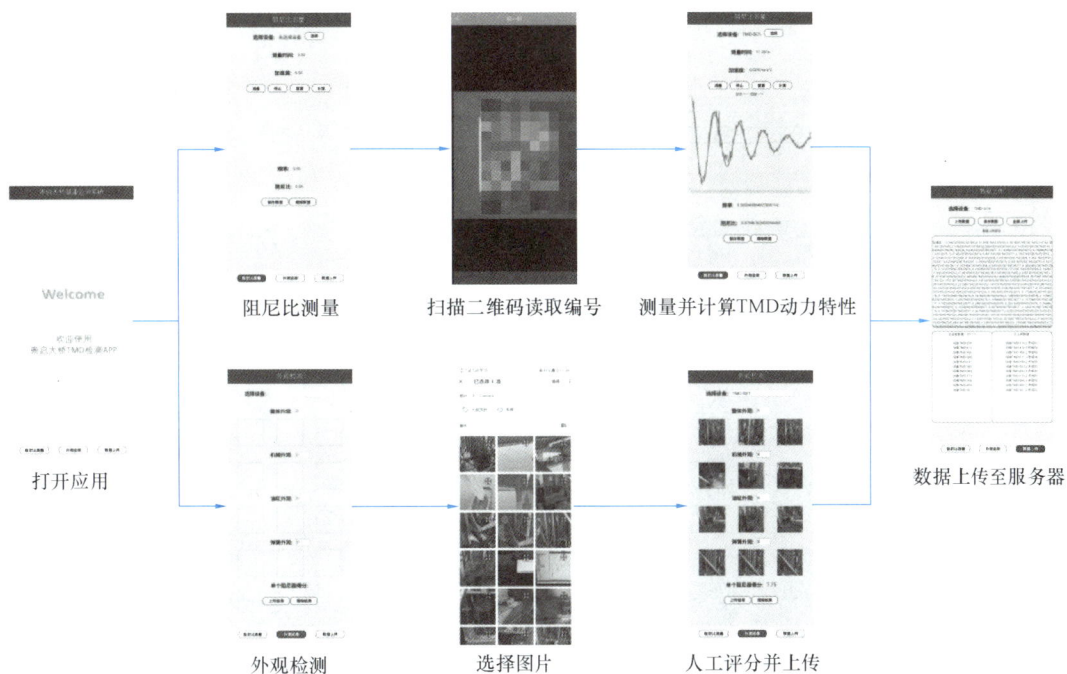

图 7-27　TMD 阻尼器性能状态评价系统

4. 无人机自动巡查技术

针对跨江大桥的结构特点，创新基于智能飞控与航迹管理的无人机桥梁巡查技术（图 7-28），通过定制无人机自动巡检航线，构建了立体化、无盲区的巡查体系。将传统的巡查由外业模式转为内业操作，结合自动生成巡查报告，极大提高了巡查效率，降低安全风险，节省前期检查和后期数据处理的人力成本，结合技术状况、可靠度、耐久性、适用性等多方面对桥梁进行综合评估。

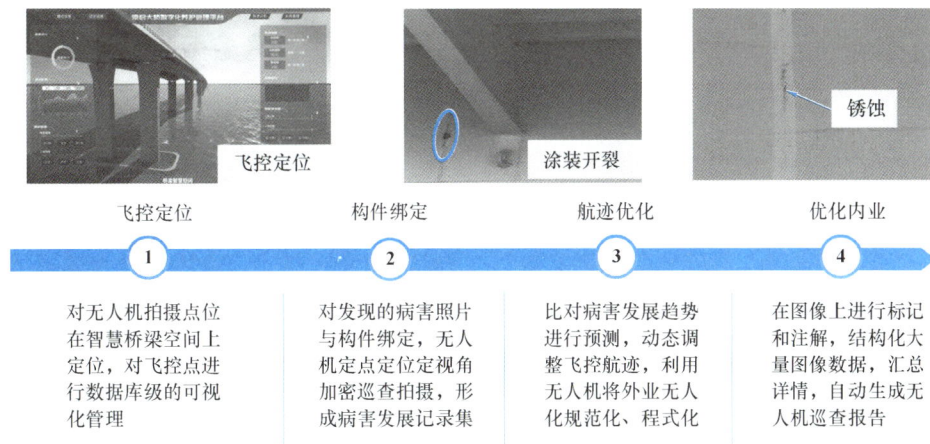

飞控定位	构件绑定	航迹优化	优化内业
①	②	③	④
对无人机拍摄点位在智慧桥梁空间上定位，对飞控点进行数据库级的可视化管理	对发现的病害照片与构件绑定，无人机定点定位定视角加密巡查拍摄，形成病害发展记录集	比对病害发展趋势进行预测，动态调整飞控航迹，利用无人机将外业无人化规范化、程式化	在图像上进行标记和注解，结构化大量图像数据，汇总详情，自动生成无人机巡查报告

图 7-28　无人机桥梁巡查技术

5. 疲劳裂纹识别分析技术

通过大量钢箱梁顶板照片采集，形成了如图 7-29 所示的钢箱梁顶板采集图片库。基于图片库建立多种形态的裂纹数据库，不断搜集、整理、分类形态各异的裂纹，为裂纹形成机理积累原始数据。利用人工智能计算处理平台设计方案，识别算法插件化，建立了识别算法模型（图 7-30），为算法效果对比分析建立裂纹标准测试样本库。利用钢箱梁 U 肋曲面复杂环境下机械臂拍摄轨迹定位及仿真控制技术，可以将拍摄机械臂精准送到拍摄位置近距离拍摄 U 肋面板，对复杂 U 肋表面分区扫描成像；AI 大靶面微小疲劳裂纹的自动识别分析技术能够智能识别微小疲劳裂纹，裂纹识别率超 90％。

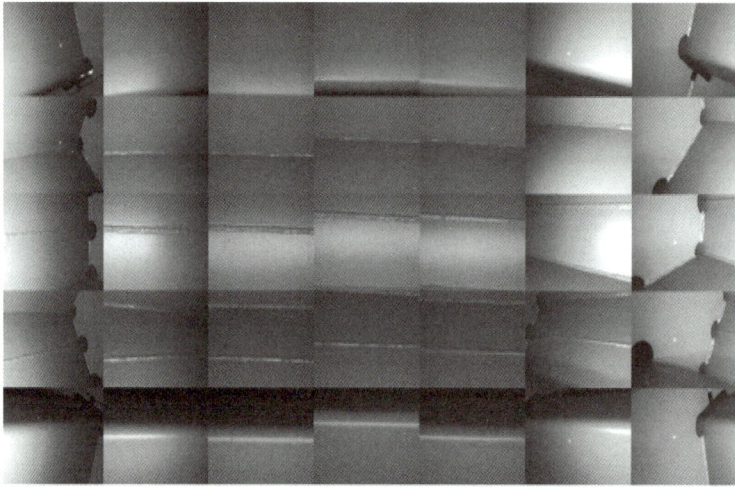

图 7-29　钢箱梁顶板采集图片库

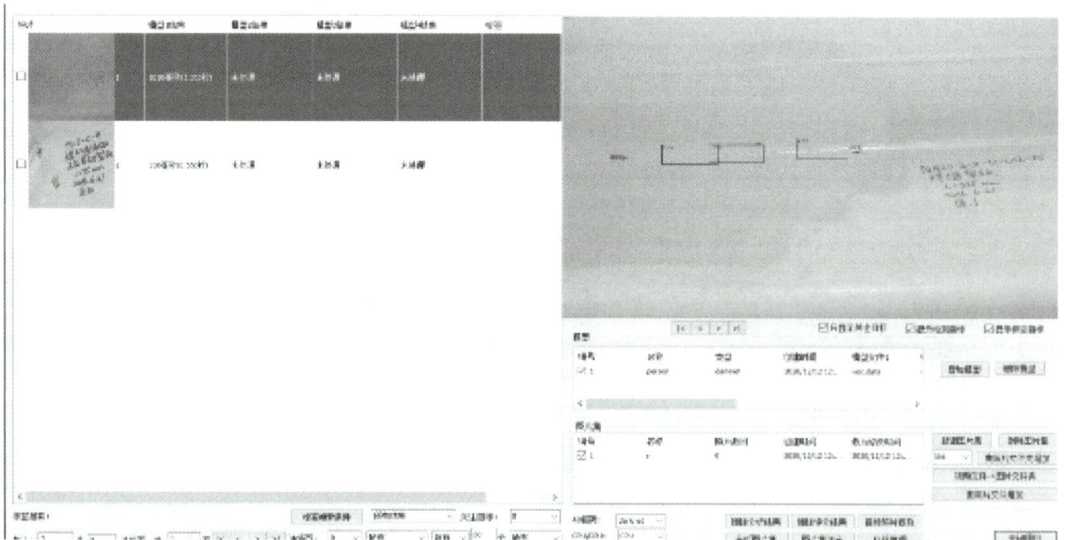

图 7-30　识别算法模型界面

7.3　城市污水处理系统数字孪生平台

7.3.1　建设背景

城市污水处理系统作为关乎公共安全与环境质量的关键基础设施，近年来得到国家和地方政策的大力推动，如发布《排污许可管理条例》《中华人民共和国长江保护法》等，旨在全方位治理黑臭水体，改善水质。该系统在城市水体整治与防涝中扮演关键角色。随着计算机技术进步，GIS、在线监测等信息化技术在污水处理中发挥重要作用。"十三五"规划预计行业工程量 2020 年增长 30％，政策推动行业渗透、提升生活质量，市场规模稳步向好。

然而，2020 年给水排水工程行业分析市场调研指出，排水行业存在标准体系不完善、服务质量难控、产品标准化低、供需不匹配等问题。以排水管网为例，根据住房和城乡建设部相关资料显示，我国城市管网普遍老化、技术落后，与持续扩大的管网规模矛盾加剧。城市排水管道的运行状态受诸多因素影响：污水涵盖工业废水、生活废水、雨水，成分复杂；地下管网管径不一，容纳污水能力不一致等，有许多问题尚待处理与完善，如部分管道破损严重、排水系统管理方式落后、排水系统网城市规划不科学等问题，管道破裂、腐蚀等缺陷导致的城市管道运维事故频发。因此，将管网工作的重点由管网建设转向运维管理是十分必要的。

目前，众多学者对城市污水处理系统各层面进行深入研究，水务集团与互联网企业积极研发智慧水务系统，市场规模逐步扩大。随着政策支持与智慧城市建设加速，城市污水处理系统运营模式将向规范化、数字化、智慧化方向升级。

7.3.2　建设内容

以城市污水处理系统维护业务为主导，以升级传统作业模式、打造智能作业新体系为主要目标，研发城市污水处理系统综合作业机器人及其配套的数字孪生平台，覆盖污水厂、泵站、排水管网、箱涵、河湖流域等组成的"点-线-面"全场景，囊括检测、监测、清淤、修复、建设等闭环全流程辅助作业，构建以机器人为主体的人机协同智能运管新模式，一种典型的污水处理系统数字孪生平台总体架构图如图 7-31 所示。

1. 城市污水处理系统智能机器人体系

针对城市污水处理系统运维管理全流程业务，研发系列作业机器人，包括探测机器人、清淤机器人、修复机器人及相应的配套设备等。通过不断迭代升级，最终实现覆盖多种场景、多种体量、多种工况的高效、少人作业的多业务多服务的系列机器人，实现城市污水处理系统运管少人化的智能作业，研发形成的城市排水管道智能运维机器人体系如图 7-32所示。

2. 城市污水处理系统数字孪生平台

以污水处理的业务流程为基础，业务需求为导向，聚焦行业痛点，为用户提供高质量的"产品＋服务"，搭建"易感知""能落地""可迭代"的城市污水处理系统数字孪生平台。利用物联网、大数据、人工智能、区块链等新型技术，集成机器人、数采仪

总体标准	服务对象						业务应用层
应用标准	水务局	水务集团	水文局	生态管理局	自然资源局	城乡建设局	社会公众

服务对象

水务局　水务集团　水文局　生态管理局　自然资源局　城乡建设局　社会公众

展示门户

PC端　手机APP　数据大屏　网站　公众号　小程序

城市污水处理系统CIM平台

大屏总览	智慧监测	智慧巡检	智慧作业	智慧调度	智慧运维	智慧预警
管网三维模型 管网属性管理 管网空间量算 泵站污水处理 厂精细化建模	水质检测管理 水量检测管理 液位检测管理 视频检测管理	巡检计划管理 巡检轨迹管理 巡检报表管理 缺陷处理管理	设备管理 作业过程管理 作业报告管理	物资调度管理 人员调度管理 应急预案管理	管网水质管理 管网韧性评估 厂网泵阀一体 化调度	污水处理厂水质 异常预警 管网高水位预警 管网气体预警

区块链分布式存储

关键数据上链存证　加密算法安全可靠　账本查询有效溯源　智能合约业务自动化

城市污水处理系统智能运维机器人体系　共性技术体系　城市污水处理系统检测机器人　城市污水处理系统清淤机器人　城市污水处理系统修复机器人

其他移动作业设备　城市污水处理系统应急排涝设备　城市污水处理系统移动水质实验室　城市污水处理系统移动水质感知设备

其他在线监测设备　城市污水处理系统水质检测设备　城市污水处理系统检测声呐设备　城市污水处理系统智能感知设备

左侧竖排：城市污水处理系统标准体系框架　总体标准　应用标准　应用支撑标准　信息安全标准　网络基础设施标准　信息资源标准　信息管理标准

右侧竖排：业务应用层　应用支撑层　通信存储层　数据采集层

图7-31　城市污水处理系统数字孪生平台总体架构图

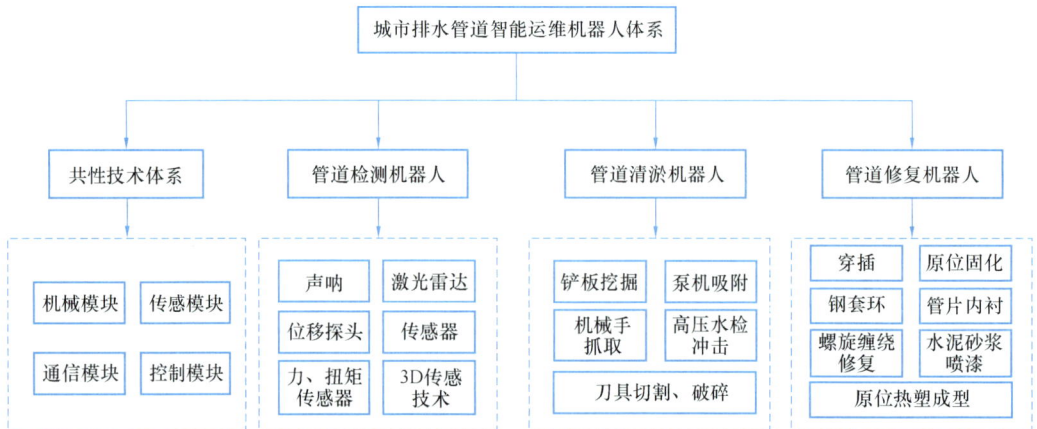

城市排水管道智能运维机器人体系

共性技术体系	管道检测机器人	管道清淤机器人	管道修复机器人
机械模块　传感模块 通信模块　控制模块	声呐　激光雷达 位移探头　传感器 力、扭矩传感器　3D传感技术	铲板挖掘　泵机吸附 机械手抓取　高压水检冲击 刀具切割、破碎	穿插　原位固化 钢套环　管片内衬 螺旋缠绕修复　水泥砂浆喷漆 原位热塑成型

图7-32　城市排水管道智能运维机器人体系

（数据采集传输仪）等智能终端，高效融合海量管网 GIS 模型数据、倾斜摄影图像、声呐探测点云、水下高清影像等多源异构数据，构建城市污水处理系统数字孪生平台，提供"基于 CIM 的三维可视化管理""基于区块链的信息链存证""基于人机协同的智能作业管理""基于人工智能的专业分析决策"等服务，实现产品建造到服务建造的转型升级。

3. 城市污水处理系统智能服务体系

基于技术变革、新业务模式，以及不断变化的市场要求，智能化、服务化转型的要求正在不断更新，通过技术和业务服务的创新使目标成为现实。在服务经济日益重要的今天，城市污水处理系统也应最大程度地利用技术变革的价值，进行关键业务的转型升级。通过利用先进的数字化、网络化、智能化技术，结合实际业务服务需求，更新相应的业务流程以实现传统业务的服务化转型。以"服务化"理念为引领，以技术创新为驱动，以物联网为基础，面向城市污水处理系统高效发展需求，提供智能升级、服务化转型的基础，具体包括以下 8 个方面：①搭建"数字化、网络化、智能化"底座；②打破信息孤岛；③实现人机协作；④提高数据质量；⑤保障网络安全；⑥建立污水处理系统运管知识体系；⑦实现智能分析决策；⑧构建城市污水处理系统业务服务新模式。

4. 城市污水处理系统标准体系

业务主导，技术领航，技术的变革影响着传统业务模式。为了有序推进城市污水处理系统信息化、智能化转型升级，需有系列标准规范保障体系作为指导。因此亟需编制城市污水处理系统系列标准，包括总体标准、基础设施、支撑技术与平台、管理与服务、运营模式、管理组织、应急处置等标准规范。项目提出的城市智慧水务标准体系如图 7-33 所示，通过不断完善丰富标准体系内容，为城市污水处理系统新型服务模式的实施提供依据。

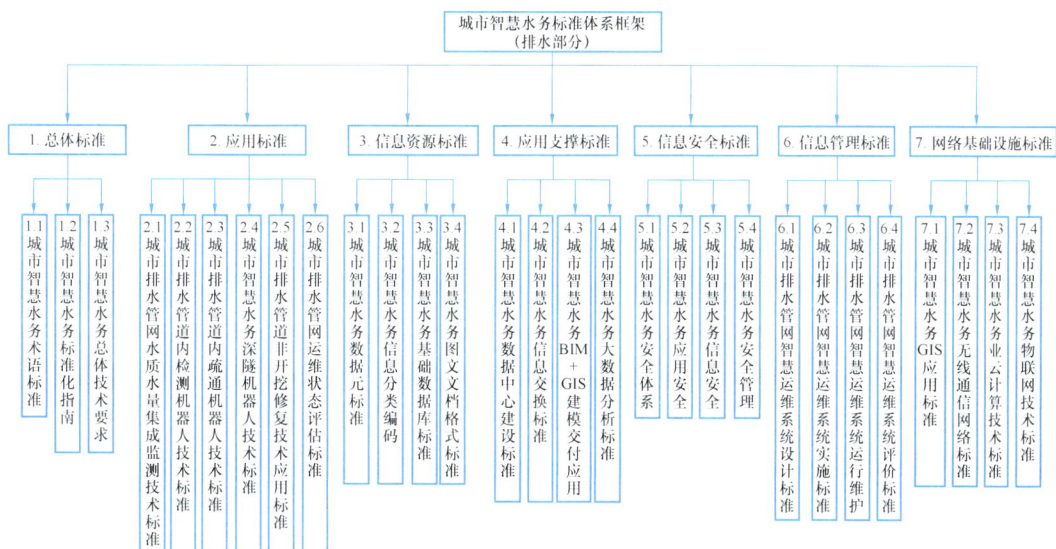

图 7-33　城市智慧水务标准体系

7.3.3 应用情况

1. 管道智能维护移动机器人 SMART-P1 (针对深隧、箱涵等场景)

如图 7-34 所示，研发的 SMART-P1 机器人可实现深层城市排水管网"不下人、不停水、不伤管"的智能清淤疏浚作业，并可推广应用于污水厂、箱涵、明渠等场景，具有行走稳定、探测精准、清淤高效等特点。目前，已完成该机器人的研发工作，已在落步嘴污水厂氧化沟进行清淤作业，后期预计将其应用于箱涵、明渠等场景。

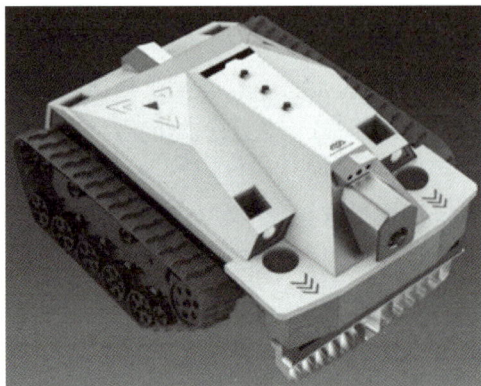

图 7-34　SMART-P1 模型图

2. 管道智能维护移动机器人 SMART-P2 （针对浅层排水管道等场景）

如图 7-35 所示，研发的 SMART-P2 机器人针对城市浅层排水管道人工疏浚工作量巨大、风险高、效率低的问题，突破传统机器人尺寸限制，研发能作业于中小型城市排水管道（800mm 以上），实现浅层城市排水管网"不下人、不截流、不落泥、不伤管"的智慧疏浚作业。

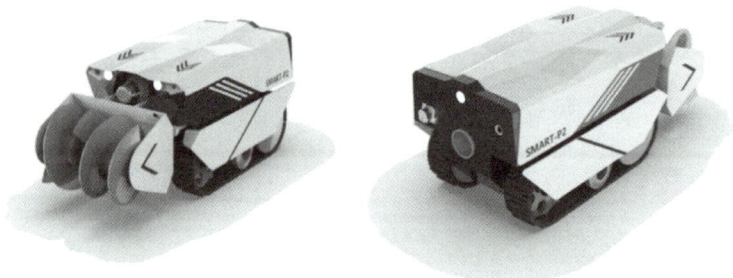

图 7-35　SMART-P2 模型图

创新构建检测清淤一体化作业模式：兼具管道实时三维成像与高效破碎吸淤式作业功能，能快速感知管道内淤积情况同时有效破碎管道中固结淤堵物，并吸附至地面离心固化，实现大-中-小管径城市排水管道淤泥的快速精准处理。目前，正在进行该机器人的升级工作，使其能适应更复杂环境下的清淤作业，并实现多级调速与控制，提高清淤作业效率。

3. 城市地下管网智能运管作业车

针对目前城市排水管网运维和管理中存在的巡查信息流转不畅、管道维护严重依赖人工等问题，提出了城市地下管网智能运管作业车（图 7-36），搭载移动实验室为数据采集终端及传输中枢，辅助多种管道机器人进行智能作业，实现地下管网数字化、网络化、智能化的运维管理新模式。

4. 城市污水处理系统数字孪生平台

以污水处理的业务流程为基础，业务需求为导向，聚焦行业痛点，充分利用物联网、大数据、人工智能、区块链等新型技术，集成机器人、数采仪等智能终端，高效融合海量

(a)

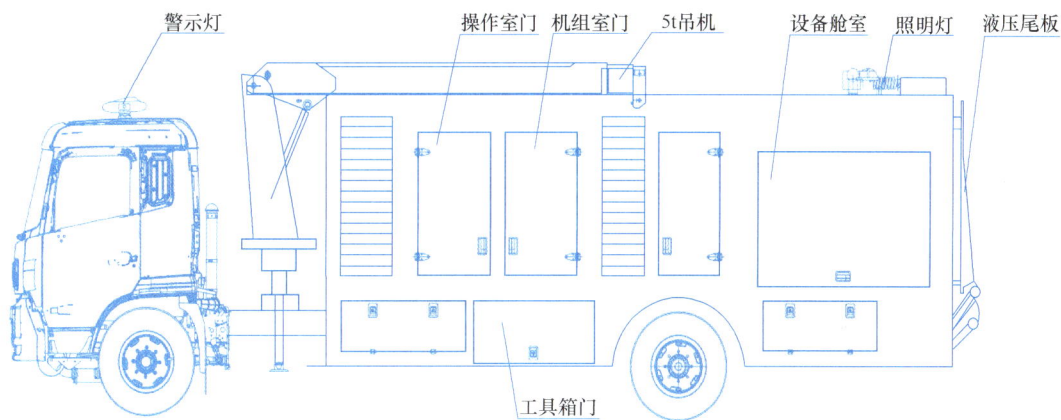

警示灯　　操作室门　机组室门　5t吊机　　设备舱室　照明灯　液压尾板

工具箱门

(b)

图 7-36　智能运管作业车实物图、模型图

(a) 实物图；(b) 模型图

管网 GIS 模型数据、倾斜摄影图像、声呐探测点云、水下高清影像等多源异构数据，构建城市污水处理系统数字孪生平台（图 7-37）。如图 7-38 所示，目前，平台已完成相关功能模块的研发，覆盖四项服务内容，结合配套开发的巡线 APP，后期将不断迭代升级。

图 7-37　城市污水处理系统数字孪生平台

图 7-38   城市污水处理系统数字孪生平台部分功能效果图

5. 应用效果

为验证智能作业机器人的有效性和可靠性，团队先后对城市污水处理系统基础设施运维智能终端的行走系统、清淤系统、控制系统进行了实地测试（图 7-39）：

(a)   (b)

图 7-39   城市排水管道作业机器人测试
(a) 水下测试；(b) 设备调试

SMART-P1 机器人已在实验室完成性能测试，并在污水厂进行了实地测试，目前正在根据污水厂实际情况进行升级；SMART-P2 机器人已在实验室完成性能测试，后期将于实地场景进行测试。

数字孪生平台已在武汉数字建造产业技术研究院、武汉市水务集团进行使用，其配套的 APP 已由相关的管网巡检人员进行试用，为排水管网的运维管理提供支持，提高了管网维护的效率。

城市地下管网作业车已配合机器人进行使用，在后期还可提供管网水质检测、管网应急作业等服务。

7.3.4   关键技术

1. 城市污水处理系统基础设施运维智能终端研发

城市污水处理系统基础设施运维智能终端包含管道智能维护移动机器人 SMART-P1

（针对深隧、箱涵等场景），管道智能维护移动机器人 SMART-P2（针对浅层排水管道等场景），运用人工智能技术赋能机器人体系，实现机器人优化设计、智能检测和作业。在机器人设计方面，使用代理模型的水下机器人结构参数优化设计，实现机器人结构参数设计优化；在机器人检测方面，使用声呐点云去噪及三维重构技术和基于水下 SLAM 的机器人环境感知技术，实现机器人检测智能化；在机器人作业方面，使用基于元启发式算法的管道机器人行走稳定性控制技术，实现机器人作业智能化。

（1）基于代理模型的机器人优化设计

基于代理模型的水下机器人结构参数优化设计：城市地下排水管网系统包含普通排水管道、箱涵、明渠等，不同排水管网系统中的具体环境及管网运维需求都不尽相同，所以对于不同的排水管道，城市管网智能运维机器人的设计需求也大不相同，利用模拟仿真、代理模型构建、优化算法等技术进行不同情况下机器人最优结构参数的设计和验证，可以提高机器人在不同环境条件下的自适应能力，提高维护效率，减小维护成本。实现城市地下排水管网的智能、高效运维。

（2）水下声呐噪声处理及环境三维重构技术

声呐水混声环境点云去噪及管道三维重构技术：排水管道作为城市生命线工程的重要组成部分，如何实现精准检测是保证管道运营质量的前提。针对埋地排水管道淤积情况检测困难，检测手段低效的问题，环扫声呐作为一种高效稳定的检测工具，可以有效提取管道内部特征。然而，声呐扫描结果受到管道内混合水声的影响，如何去除噪声，分析出管道内部特征，对管道运营具有重要意义。如图 7-40 所示，为解决上述问题，在环扫声呐扫描得到的三维点云数据基础上，通过密度聚类优化算法（DBSCAN），去除点云数据中的噪声，然后采用类圆外切线斜率拟合的方式，识别出管道内壁界限和淤泥淤积线，最终得出包含排水管道内壁界限和淤积线特征的模型（图 7-41、图 7-42）。

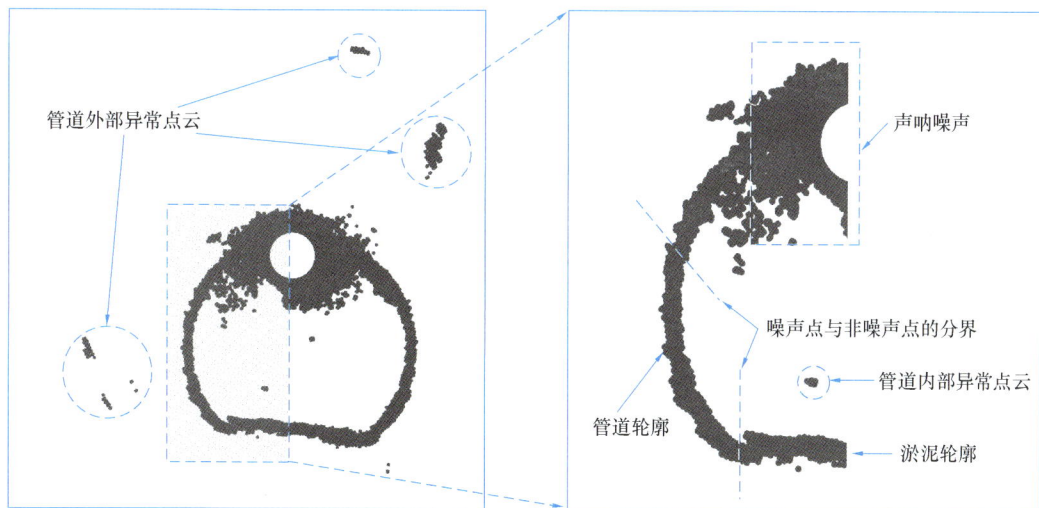

图 7-40　初始点云数据

（3）水下复杂环境机器人定位建图及作业路径规划技术

水下复杂环境机器人同步定位和建图技术及作业路径规划：目前污水处理厂的清淤作业主要依赖人工，人工清淤作业效率低、成本高，还有一定安全隐患，成功研发的作业机

图 7-41　管道拟合过程

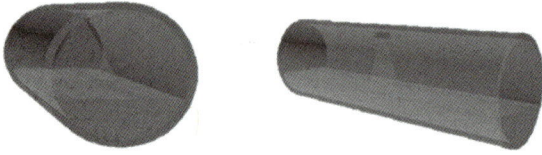

图 7-42　排水管道重构结果

器人 SMART-P1 可用于污水厂检测清淤，实现不停产清淤。同步定位与建图（Simultaneous Localization and Mapping，SLAM）技术是机器人实现自主作业的关键，水下机器人若要实现自主作业，必须要配置相应功能的传感器与定位系统来获取水底环境信息与自身位置信息。受水下诸多因素的影响，很多在地面上可以正常使用的传感器在水下无法正常使用，而声呐利用声波在水下传播的特性，突破了光介质的限定，作业机器人 SMART-P1 搭载了声呐检测装置，具备了"声视觉"系统。通过声呐的扫描，可得到水下目标障碍物的信息，对障碍物进行特征提取，将处理后的数据运用于相关的 SLAM 算法中，实现水下机器人的定位和建图，机器人同步定位和建图流程如图 7-43 所示。

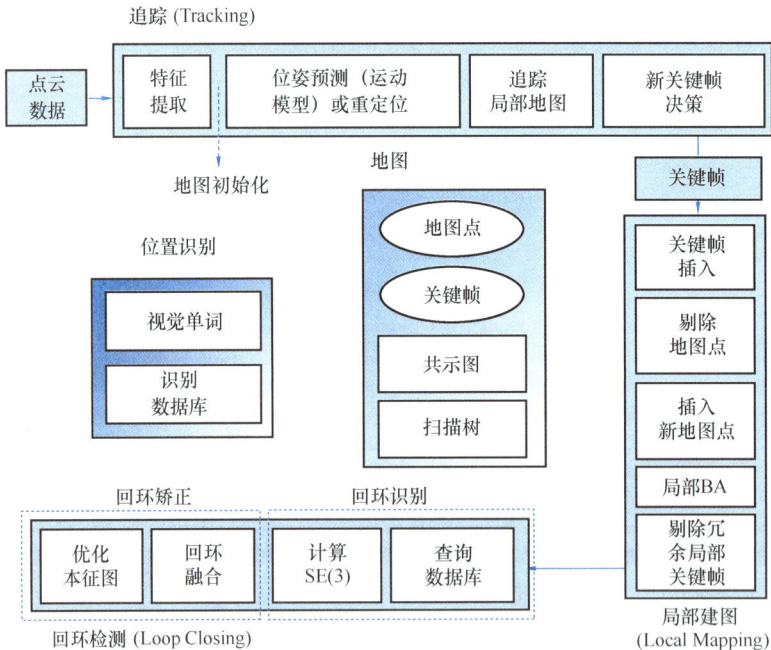

图 7-43　机器人同步定位和建图流程

（4）基于元启发式算法的管道机器人作业控制

如图 7-44 所示，基于元启发式算法的管道机器人行走稳定性控制。管道作为一个特殊的地下基础设施，其运维管理模式具有复杂性。部分排水管道尺寸狭窄、环境昏暗，难以通过人工作业方式进行管道运维。

采用机器人作业也同样有其局限及弊端，管内 GPS 信号差，难以精确定位机器人位置及作业进度；管内能见度低，目视遥控困难，难以手动控制航向；管底存在不同厚度的淤积，地形复杂起伏，机器人难以平稳运行。多种条件导致机器人一旦出现并保持偏航状态，其最终会在管壁作用下倾覆，难以回收并造成严重淤积。研究通过元启发式算法设计机器人行走控制器，使其按照期望路线（管道轴线）行进。一旦出现偏航，控制器根据其偏移及偏航角自动纠正航向，保证机器人的平稳运行。

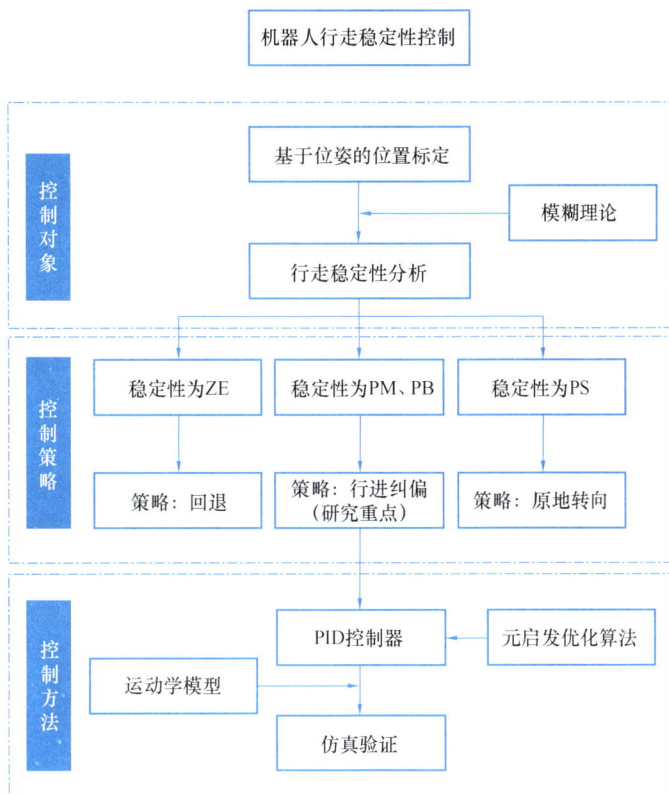

图 7-44　机器人行走稳定性控制

2. 人机协同作业系统

基于云边协同的移动式管网水质调查与人机协同辅助作业车。作业车搭载供电设施、通信及信息处理设施、在线监测设施、机器人及辅助作业设施、水质实验室以及应急排涝设施（图 7-45）。其中，供电设施提供基本的电力支持，通信设施包括支持 5G 技术的车规级模组和车载边缘服务器，完成与在线监测设施、机器人及辅助作业设施以及水质实验室之间的信息交互，为管网日常巡检中管道水质、水位异常和管道功能性及结构性失效，以及管网应急抢险中常见的局部积水和城市内涝问题提供准确、快速的解决方案。

3. 基于 CIM 的城市污水处理系统数字孪生平台

城市污水处理系统数字孪生平台深度融合新一代信息技术与水务技术，挖掘数据价值与逻辑关联，实现水务业务控制智能化、数据资源化、管理精确化、决策智慧化，确保设施安全运行，提升运营效率、管理科学性与服务质量。针对我国城市供排水管网维护不足、渗漏严重、病害普遍导致的效率低下、事故频发等问题，平台研究复杂服役环境下管

图 7-45 作业车搭载硬件设施

网功能衰退与性能退化模型，揭示极端雨洪条件下的管网失效机制，构建全周期性能动态评价与剩余寿命估算体系；开发管道破损（内渗、外漏）识别技术；研发多源数据融合智能诊断算法与排水管网实时大数据预测技术。主要创新点包括：

（1）基于云边端协同的多源异构数据管理与应用

1）云边端架构中基于边缘计算的分布式元数据应用技术

如图 7-46 所示，针对城市排水系统多传感监测终端设计的集成系统平台，采用云边

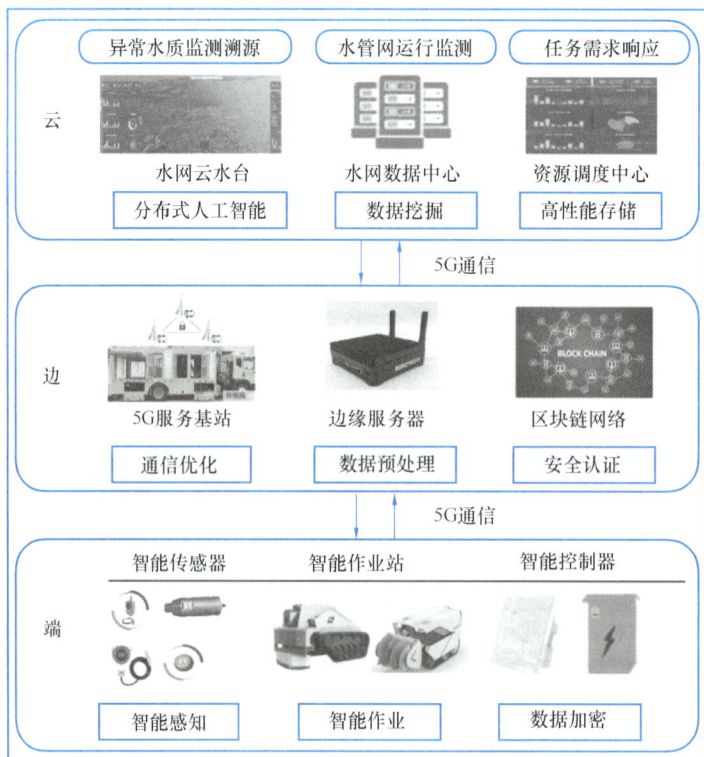

图 7-46 云边端一体化协同架构图

端架构，提高平台鲁棒性和可扩展性。通过边缘计算提高云边端架构中客户端的前端数据处理能力与运行速度，得到的分布式元数据通过云平台的融合处理，形成基于云平台传感物联网对城市水管网的全息感知和智能辨识。

2）面向多主体、多应用场景的区块链数据存证技术

基于区块链的哈希加密、链式存储、多方共识技术，有效解决数据不可靠、难溯源、安全性差等问题。区块链服务部署在边缘计算节点上，各类巡检数据和运维数据就近上传存储在边缘计算节点中，数据摘要就近上链，全网同步，保证数据的真实性与可验证性，后续可查可追溯。

（2）基于关键业务的人工智能关键算法库开发

1）城市水管网在线状态多维度自动监测、实时诊断与智能辨识研究

开发高性能传感、智能传感装置和融合网络系统技术，建立城市水管网运行状态在线自动监测系统实现多维度自动在线检测。研究城市水管网运行状态信息表达与安全知识动态建模方法，建立安全状态判识指标体系，分析不同尺度、不同量纲、不同特性的感知信息与运行安全状态的关联关系；研究信号时频分析、多源信息融合以及人工智能方法，建立地下水管网运行异常状态实时诊断与智能辨识模型与算法（图7-47）。

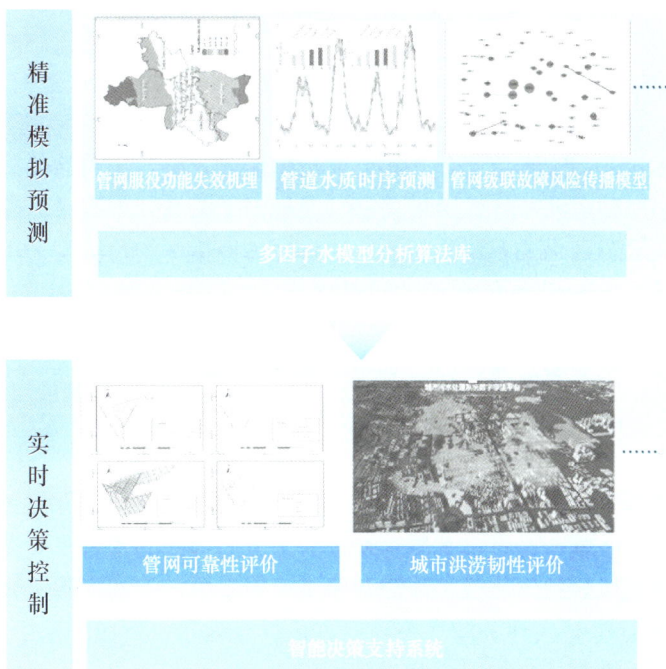

图 7-47　人工智能关键算法研究

2）城市洪涝等级灾害耦合作用模型与智慧应急处置机制研究

为应对城市地下排水管网在多级洪涝耦合影响下的虚拟仿真与推演需求，构建基于多视图同步的分布式"物理-虚拟"集成多灾害（DT）模型。明确"前兆-预警-受灾"阶段响应模式及链式关系图。针对各级洪涝，结合CMIP5中RCP（代表路径浓度）模拟气候变化，结合人口密度、管道老化及经济发展数据，嵌入城市CIM底层信息，预

测未来 80 年内城市片区在洪涝情境下的局部韧性回归模型变化，提出灾害应急处置措施及灾后多属性、多阶段恢复机制。图 7-48 展示了开发的平台中进行的城市局部洪涝三维仿真情况。

图 7-48　城市局部洪涝三维仿真

3）基于多元时间序列非线性因果分析水质预测分析研究

为保障管网、泵站的水质预警机制，研发面向多时序影响因素高精度水质预测模型。由于水质参数指标众多，为避免冗余、无相关指标输入，融合相关性分析及格兰杰时序因果分析，构建时间序列多元非线性因果关系，通过因果关系处理策略，避免与预测指标无关参数输入及解决复杂因果关系预测问题。对目标水质指标的预测将采用双向长短记忆神经网络（BILSTM），BILSTM 能利用时间规律，与 LSTM 相比，BILSTM 能通过挖掘更多的时间序列特征来提高预测精度。该预测模型将适用于河湖、管网、泵站等不同水环境，实现对各水环境的水质前馈控制。

4）基于模拟-优化模式的厂网一体化智能调度管理技术研究

为实现对河道、排水管网、污水处理厂、水闸、泵站等进行统一调度和一体化管理，通过建立各类设施的概化模型，设定管理目标及相关约束条件，采用模拟-优化模式，生成联合管理规则。建立基于水量、水质等特征因子分区检测的水量来源溯源定位方法，基于数值化模型的内涝风险精细化模拟评测和基于机器学习模型的降雨实时预报、局部积水深度快速预报实现模式，实现各涉水要素信息化、自动化，形成的基于模拟-优化模式的厂网一体化智能调度管理技术如图 7-49 所示。

5）基于离散动态系统的排水管网级联失效风险传播模型研究

根据管段的管径、坡度、材质等信息结合管网的拓扑结构构建定向加权的排水管网复杂网络模型。在融合了负荷再分配模型和蒙特卡洛模型的优势，即在多层耦合网络中的时间连续性和建模兼容性后，基于离散时间模型，提出了一种排水管网中的节点由于级联失效或恶意攻击而持续发生失效的故障模式，以同时预测连续失效和评估偶然失效对管网的损害。

（3）构建城市水务智能服务新模式

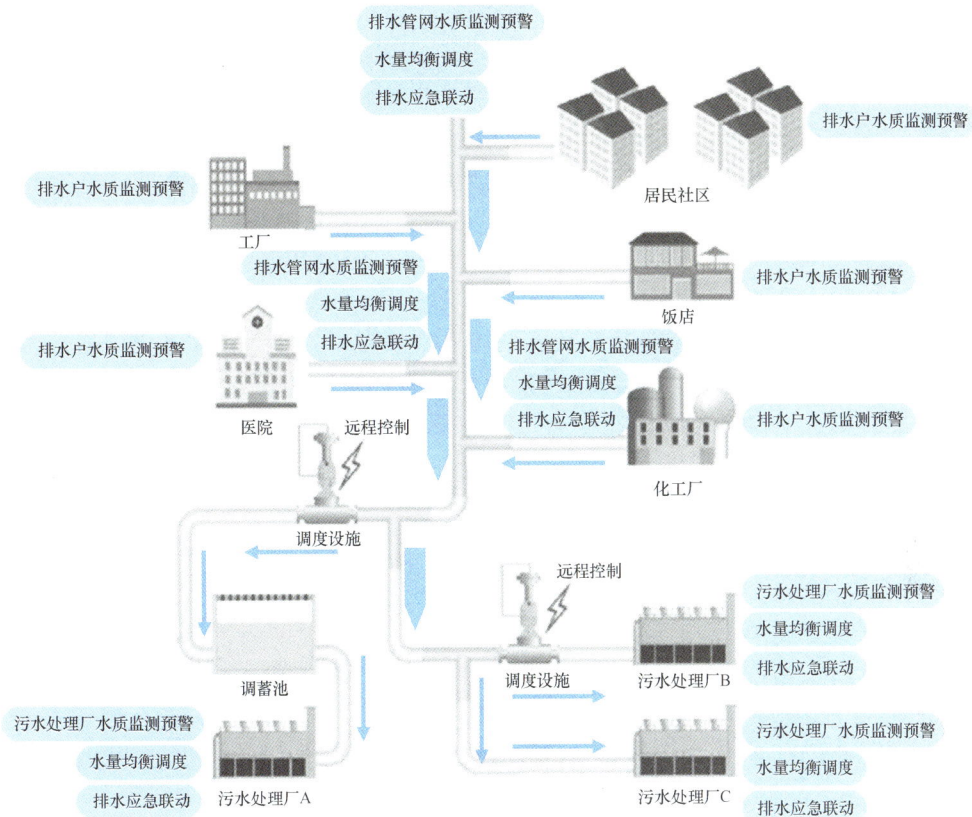

图 7-49　厂网一体化智能调度图示

　　通过深度挖掘水务行业各产业链中的关键指标数据，深化数据价值，解决业务数据无法互联互通、企业领导层无法直接在一个界面上查看到所有业务系统数据等问题，通过提供数据服务将与该业务有关联的子系统数据信息进行追溯，实现跨部门跨系统间的数据接入、流程运转、资源整合与有效关联，达到以业务为核心，所有子系统数据集中展示的效果。结合业务流程再造结果，完成对各业务数据、用户信息、流程运转及其他系统运行产生的数据进行汇集、共建共享与更新维护，通过打通业务隔阂和数据壁垒，以具体的业务为核心进行关联，实现业务流转不同系统之间的无缝链接，不再需要登录到不同的业务系统来进行查看，方便不同业务系统的数据进行接入，消除信息孤岛，提高了系统数据的可复用性、可扩展性和可阅览性。

7.4　武汉市国际博览中心设施管理系统与低碳节能技术

7.4.1　建设背景

　　武汉国际博览中心项目地处武汉市汉阳拦江堤路与滨江大道之间，项目总用地面积949932m²，总建筑面积1416000m²。项目分三期建设，总投资约69亿元。展馆为一期工程，包含了12个展厅，总建筑面积45.7万m²，已于2011年底建成并投入使用。二期工程建设内容主要由一座 5 层的会议中心、一座海洋乐园及一座 20 层的洲际酒店组成，三期工程主要是两座 78 层的高级国际写字楼。

作为全国最大的会议中心以及武汉市重点工程，武汉市政府及建委对该会议中心提出了较高的要求，一方面在设施管理过程中强调努力打造成华中地区甚至全国范围内最大、功能最完善的会议中心。因此，在该项目刚刚启动的时候，项目开发公司就积极引用最先进的 BIM、互联网技术、物联网、工作流技术与数据集成分析等技术，并开发了设施管理系统，以实现该会议中心立体化、规范化、网络化、可视化的设施管理。

另一方面作为国家及商务部重点支持的国际会展项目，武汉国际博览中心全力响应国家在建筑领域的节能减排政策，并充分利用自身的带动示范效应推动节能减排建筑的推广。正因如此，武汉国际博览中心项目在规划阶段就不断制定高标准来严格要求本项目的低碳建设，如按照绿色建筑三星级标准来进行节能减排设计等，真正做到建设低碳示范建筑。

7.4.2　建设内容

1. 设施管理系统

本节的设施管理系统应用于武汉国际博览中心的二期工程中的会议中心，该会议中心总建筑面积为 99000m²，共设置 33 个国际标准会议厅，7 个 VIP 全江景会议厅，850m² 阶梯报告厅以及 6000m² 特大型宴会厅，设施管理的建设内容如图 7-50 所示。

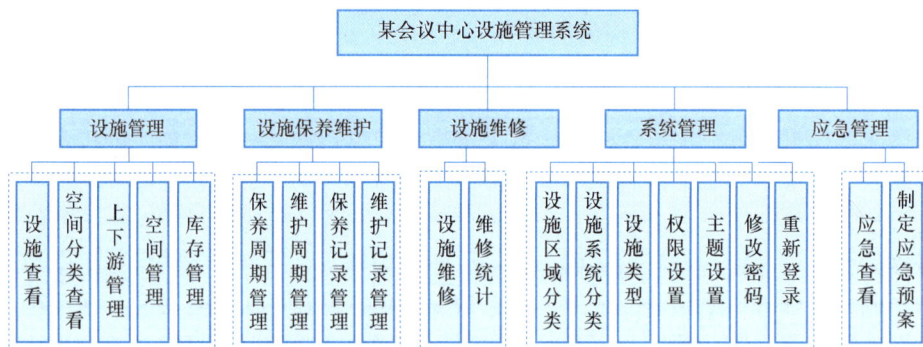

图 7-50　武汉国际博览中心设施管理系统

在设计阶段，设计人员利用 Revit、Navisworks 等三维建模软件完成会议中心建筑、结构、给水排水、消防、暖通等专业 BIM 信息模型的构建，生成的 BIM 数据承载了丰富的信息，从而为设施管理提供了可视化三维数据库，如图 7-51 所示。

会议中心的建筑、结构 BIM 模型为展示设施空间布局提供参考。建筑与结构 BIM 模型包含了墙体、楼地板、门窗口等，以及附加在相应模型上的信息。机电专业系统 BIM模型主要包括通风、空调、给水排水、电气、消防等专业，对于各专业的设施信息主要包括设施类型、外形、尺寸、位置等，对于管线方面的信息主要包括管线类型、尺寸、位置以及各管线之间的关系等信息。为了方便设施管理人员根据各自岗位的专业进行模型查看，从而提供具有针对性的设施三维模型浏览功能，在设施管理系统中设计了递进式模型

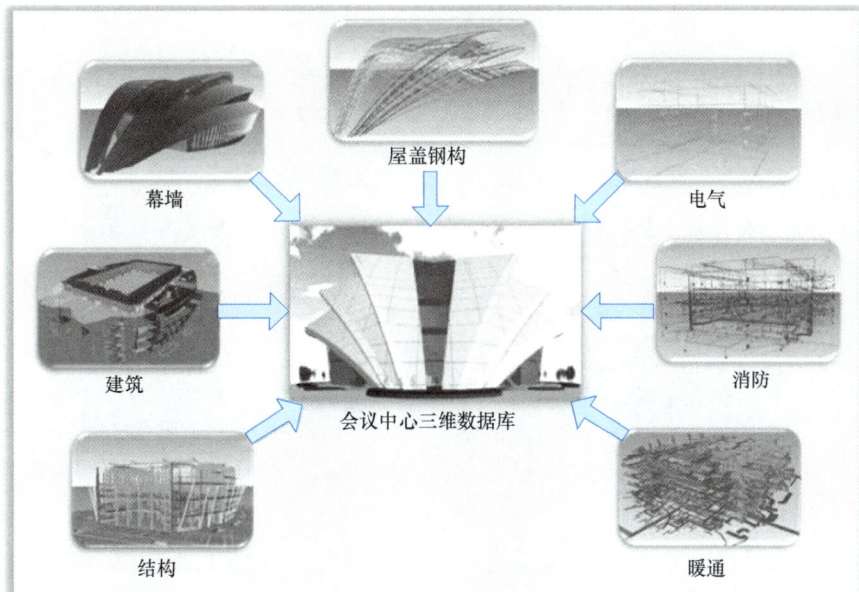

图 7-51　可视化三维数据库

浏览目录树，见表 7-8。

机电专业系统分类表　　　　　　　　　　　　　　　　表 7-8

系统名称	代号	系统分类
空调系统	KT	空调水系统
		空调风系统
消防系统	XF	消火栓系统
		喷淋系统
		消防水炮系统
		防排烟系统
给水排水系统	JP	给水系统
		排水系统
电器桥架	DQ	电器桥架

　　设施管理系统结构设计由上至下分为用户界面层、业务逻辑层、数据访问层、数据库四层，其结构设计模型如图 7-52 所示。设施管理系统通过 IFC 协议结合 BIM 模型数据库与会议中心设施全寿命期知识，形成系统底层——数据库。BIM 模型库提供设施属性、几何空间关系、逻辑关系等信息，并支持浏览三维模型，快速定位查找设施。知识数据库包含运维信息、规程、资料和模拟动画。结合 BIM 数据库和知识数据库，管理人员可及时更新设施信息，并在三维模型中直观显示运行状态。互联网及物联网互动平台提供便利，支持多种终端浏览设施运行情况，并进行输入命令、录入数据、查询、统计等操作。同时，能快速处理设施运行问题。

　　设施管理系统主要包含设施管理、设施保养维护、设施维修、设施应急以及系统管理

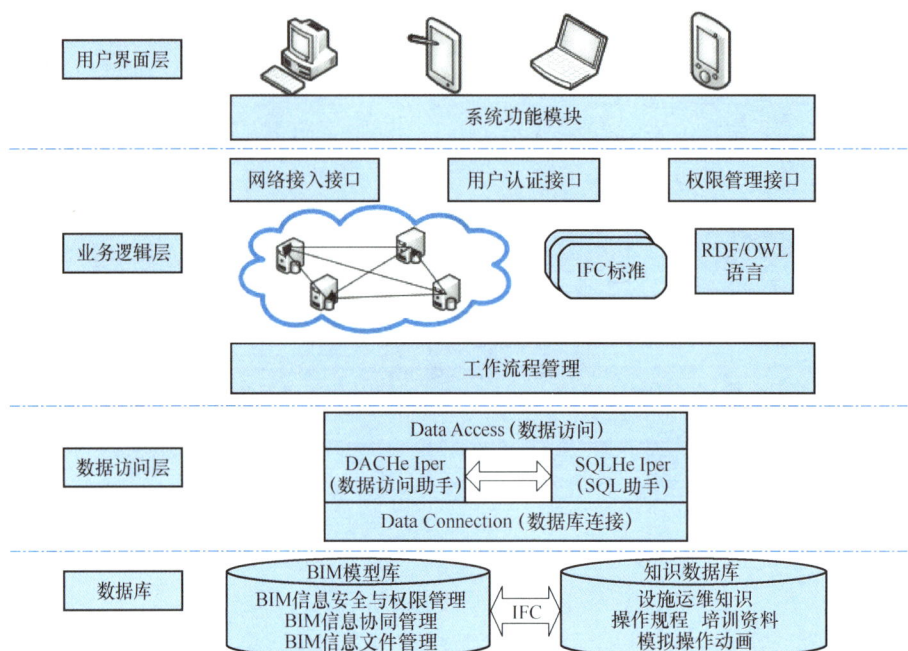

图 7-52　系统结构设计模型

五个主要功能模块，每一主要功能模块下又细分从属子功能模块。

（1）设施管理模块

1）设施查看子功能模块。在设施查看子功能模块中，设施管理人员可以在会议中心三维模型中进行复原、漫游、抓取、缩放、区域、旋转等操作，也可以根据设施类型树节点锁定某一设施，查询该设施所有信息；

2）空间分类查看子功能模块。设施管理人员可查询具体空间信息，系统空间分类树形节点根据会议中心空间布局设置。系统提供漫游导航功能，设施管理人员点击漫游导航图上任意位置，三维模型视图显示该区域设施。

3）上下游管理子功能模块。设施管理人员可以通过上下游管理定义设施上下游关系，形成设施逻辑拓扑关系，当设施出现故障时，选择该设施，系统会自动查询到其上游控制设施，三维区域将显示其所在位置以及影响范围。

4）空间管理子系统模块。设施管理人员利用空间管理模块，轻松分配会议中心各厅室，迅速查询房间信息如名称、面积、高度、设施布局、会议安排、使用人及记录等，并实时调整更新，构建共享平台。

5）库存管理子功能模块。设施管理人员通过库存管理模块可以精确查找到所需设施配件所在的仓库，及该设施配件的相关信息例如库存数量、属性、合同信息等。并且设施相关配件被领用，库存信息也会实时更新，确保数据的真实可靠。

（2）设施保养维护模块

1）保养周期管理子功能模块。设施管理人员可以通过保养周期管理模块设置设施保养类型、保养提醒、保养事项等内容。在保养周期管理设定了保养周期，当达到提前保养天数，系统会在主页面提醒。

2）维护周期管理子功能模块。此模块功能与保养周期管理模块功能相类似，也是通过此模块设置设施维护类型、保养提醒、维护材料等内容。

3）保养记录管理子功能模块。设施管理人员可以通过此模块增加保养信息，同时可以检索设施全寿命期维护信息，并导出 Excel 表。设施保养记录也可以帮助设施管理人员了解设施运行状态以及制订应急预案。

4）维护记录管理子功能模块。此模块功能与保养记录管理模块功能相类似，通过此模块可以提高设施维护信息有效性和效率，生成维护记录，有助于维护人员更好地了解设施运行状态，作出相应决策。

（3）设施维修模块

1）设施维修功能子模块。根据原有设施维修程序，在设施管理系统中设计了维修流程，包括在线报修、审批、指派、反馈、归档，形成闭环。管理人员可通过三维模型查看设施参数和报修记录。

2）维修统计功能子模块。设施管理人员可以通过此模块，查询维修部门某一年某月份维修统计情况，包括部门维修接单对比、部门维修每周统计图、维修接单效率对比图、维修状态数量统计图、维修状态数量饼状图等。

（4）设施应急模块

1）应急查看子功能模块。当设施突发故障，管理人员可用移动智能终端扫描二维码，获取设施信息并定位故障模型。系统提供多层控制关系查询，支持模糊查询，通过索引找到相关设施。

2）制定应急预案子功能模块。设施管理人员可以结合系统中故障设施三维模型及上下游设施的查看，制定设施应急预案，并通知下达设施维护人员执行。

（5）系统管理模块

系统管理模块含七大子模块：设施区域、系统、类型分类，权限设置，主题设置，修改密码，重新登录。前三者用于设施浏览分级查看，便利管理。权限设置模块集中管理系统操作权限。主题设置模块用于界面风格选择。修改密码模块增强系统安全，密码需含字母、数字或下划线。重新登录支持账户切换。

2. 低碳节能管理

根据建筑主体、低碳技术设备以及建筑物外部条件的相互作用关系，依据我国《绿色建筑评价标准》等标准规范对绿色低碳建筑的技术性要求、对低碳技术进行归纳总结，将建筑中可能采用的低碳节能技术分为了 11 项子系统：室内热环境控制系统、室内光环境控制系统、室外热环境控制系统、绿色环保材料与技术、节水技术、节材技术、节能技术应用、节地技术、可再生能源应用、智能化控制系统、供水系统，各个子系统可分别采用不同技术实现不同的功能。武汉国际博览中心项目体量巨大，且外形独特，为了达到预定的节能目标，设计师充分利用自然条件，科学合理地采用了多项节能技术，具体如图 7-53 所示。

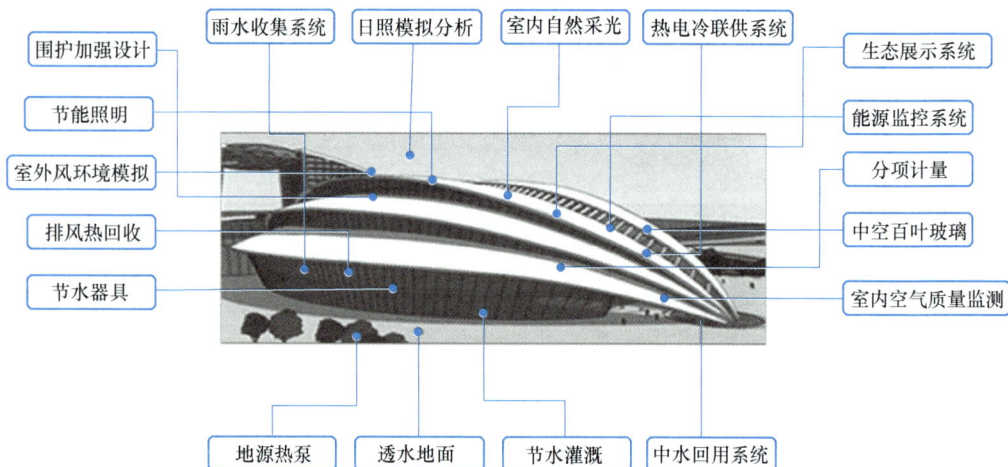

围护加强设计　节能照明　室外风环境模拟　排风热回收　节水器具　雨水收集系统　日照模拟分析　室内自然采光　热电冷联供系统　生态展示系统　能源监控系统　分项计量　中空百叶玻璃　室内空气质量监测　地源热泵　透水地面　节水灌溉　中水回用系统

图 7-53　武汉国际博览中心低碳节能技术

7.4.3　应用情况

1. 设施管理系统

主要从设施分类查看、设施现场管理、设施维护现场管理对系统的实现以及效果进行分析。

在设施分类查看中，由于该会议中心设施类别多、数量大、设施之间关系繁杂，运营公司分别设立了相应的部门对不同专业的设施进行专门管理。因此，在设施 BIM 模型浏览功能方面分为区域分类查看及系统分类查看，来给设施管理人员提供针对性的设施三维模型浏览功能，如图 7-54 所示。

图 7-54　设施分类查看——浏览目录树

（1）依据区域分类的设施 BIM 模型查看

设施管理人员可以根据会议中心区域分类来展示进行设施 BIM 模型查看，在系统设计时，依据楼层来进行模型及信息的集合，增加了该会议中心的建筑与结构模型，可以为设施管理人员提供浏览设施所处的空间位置的功能，以该会议中心第三层为例，如图 7-55 所示。

（2）依据专业系统的设施 BIM 模型查看

设施管理人员可以依据不同的专业系统进行设施浏览，且不包含任何与选择系统无关的其他 BIM 模型，设施管理人员可以清晰地查看管线和设施组件的分布情况，以该会议中心的空调系统为例，如图 7-56 所示。

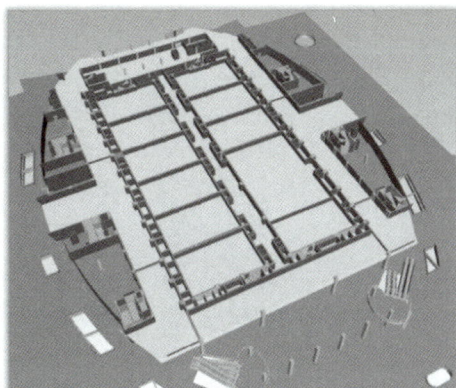

图 7-55　会议中心 3 层建筑结构 BIM 模型图

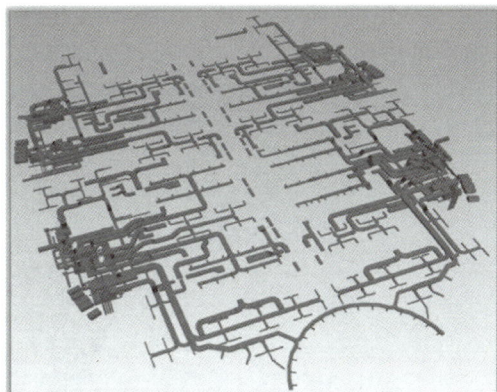

图 7-56　会议中心空调系统 BIM 模型图

如果需要展现专业系统在会议中心的空间布局，系统还可以实现双重选择、高亮显示的功能，会议中心第五层空调系统如图 7-57 所示。

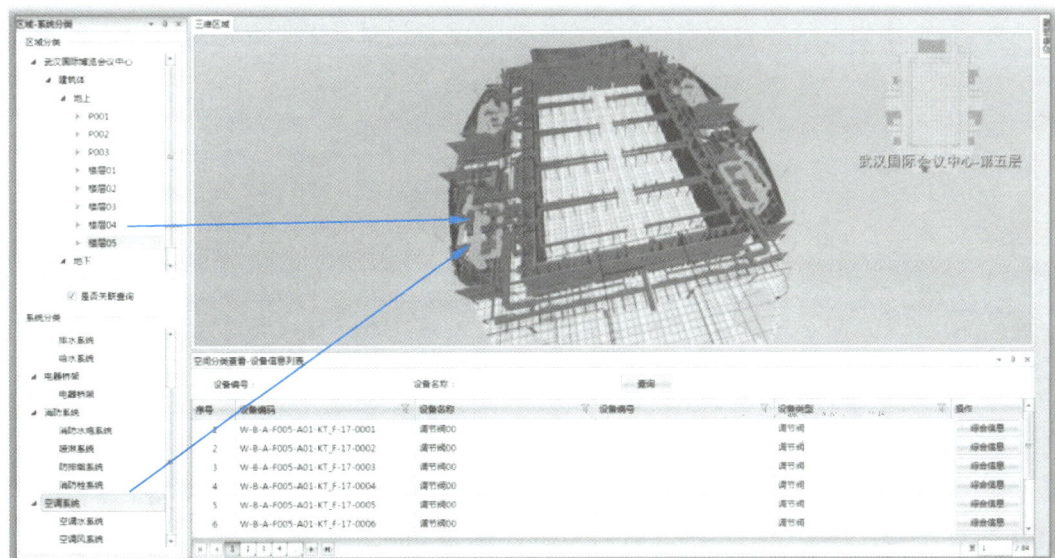

图 7-57　会议中心第五层——空调系统 BIM 模型图

（3）依据具体设施的 BIM 模型浏览

在会议中心的三维模型基础层级，设施管理人员能够查询特定设施，获取其属性、运维记录和知识指导。系统允许通过两种方式浏览设施：一是在三维模型视图中选择设施构件，二是在模型目录树中选择或通过输入名称、编号、区域等条件查询。例如选择编号"W-B-A-F005-A01-XF_S-02-0007"水炮，在三维区域系统会自动定位到会议中心五层消防系统-消防水炮系统水炮 7 的 BIM 模型并高亮显示，同时，在该水炮周围自动跳出半透明的信息框，标明设施的名称、编号所属系统、所属区域等信息，如图 7-58 所示。

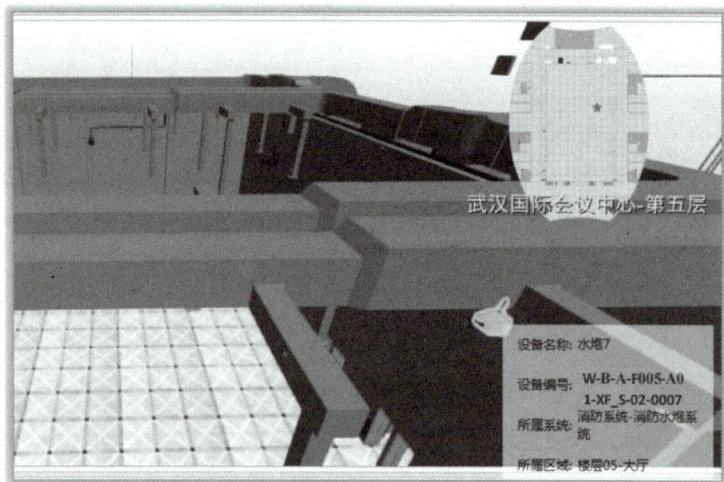

图 7-58　设施定位查看——消防水炮

该项目引入移动办公技术。移动智能终端整合了会议中心图纸信息，并与数据库相连。现场人员可扫描设施二维码获取关键信息，并访问远程数据库获取更多附属信息，如手册和参数。维修人员还能利用知识数据库查询维护记录，以了解设施运行状态，如图 7-59所示。

移动智能终端扫描设施组件　　设施信息列表　　设施维护记录

图 7-59　设施现场管理流程

本系统支持设施的上下游关系管理，允许管理人员建立设施间的逻辑联系。一旦设施发生故障，管理人员能迅速定位问题并识别相关风险，以便及时响应和处理突发事件，制定应急预案，帮助现场人员有效应对紧急情况，如图 7-60 所示。

图 7-60　设施上下游管理

除了设施 BIM 模型浏览查看功能外，系统还将会议中心三维可视化功能与日常设施运维管理业务相整合，提供了设施维护关联管理功能。例如可以在设施三维视图中漫游，快速定位到指定设施，同时也可根据查询条件通过模糊搜索的功能，在系统提供的所有信息列表中，双击目标设施信息定位至三维模型。通过这些方式，可以实现设施的快速定位，进而对设施进行维修、保养管理。系统可以根据设施管理人员填写的设施维修记录自动地生成维修统计结果，包括部门维修接单对比图、部门维修每周统计图、维修接单效率对比图、维修状态数量统计图、维修状态数量饼状图等。

最终，在项目实施中期，对系统满意度进行调查，会议中心设施管理人员整体上对该系统是比较满意的。总的来说，该系统实现了会议中心设施智能化管理，为设施运行过程提供了全过程信息支持及动态的实时信息查询的功能，为现场维护管理也提供了数据采集、信息传递新方法，为设施运行及管理提供了科学的信息化管理手段。系统的使用让管理者的设施管理工作变得轻松而高效，使用者也能更好地了解信息化技术带来的便捷。

2. 低碳节能管理

BIM 除了定义纯数据方面的一些内容外，更加重要的是重新定义了建筑业工作流程、协同工作的数据模型，定义了建筑从业人员在同一数据模型下的协同工作的规则。因此，在建筑运营阶段，运用 BIM 技术对建筑能耗进行统计分析，可以定量地将建筑运行性能变现出来。结合武汉市国际博览中心项目实况，运用了 BIM 技术对其进行节能评估分析，运用专业模拟计算软件进行分析，对武汉国际博览中心进行分项能耗统计。表 7-9 为采用热电联供＋地源热泵的模式与常规模式在全年累计能耗及碳排放量的对比。

全年累计能耗及碳排放量对比   表 7-9

方案	耗气量/万 m³	耗电量/MWh	折标煤/t	CO_2/t	节能率/%	减排率耗气/%	再生能源替代率/%
常规	247	14536	9680	15941			
热电联供＋地源热泵	175	15389	6843	11264	29.31	29.34	27.01

光伏建筑一体化将太阳能转化成可利用电能，是非常洁净的绿色能源，在将太阳能转化成电能的过程中不排放任何有害气体，不破坏周围的生态环境，见表 7-10。

光伏建筑一体化环境效益表   表 7-10

名称	单位	数量
年发电量	万度	948.7
减排碳粉尘	t	2580
减排 CO_2	t	9458
减排 SO_2	t	284
减排 NO_x	t	142

结果表明，武汉国际博览中心的低碳节能技术能够有效减耗，有很好的社会效益、经济效益和环保效益。

7.4.4 关键技术

1. 热电冷联供系统

热电冷联供是能源梯级利用的一种方式。在供热工况下，内燃机热电联供系统节能率高达 14％以上，而制冷工况下，一般不节能。因此，当全年有稳定热负荷时，热电冷联供系统才会是高效的能源利用方式，热电冷联供系统流程原理如图 7-61 所示。

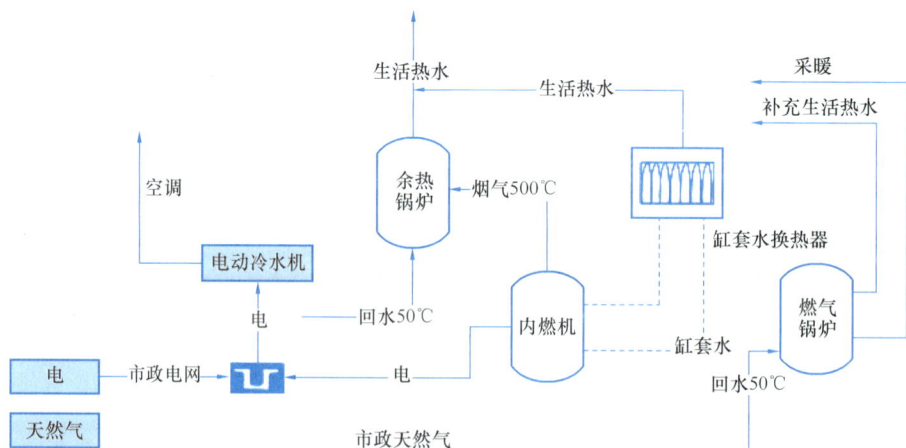

图 7-61 热电冷联供系统流程原理图

武汉国际博览中心项目中，博览中心与二期洲际酒店、三期海洋乐园共同供电，由于酒店生活热水需求及海洋馆大量热水需求，全年具有较稳定热负荷，具备条件尽量采用热电联供模式。项目采用以热定电原则及电力安全性原则，确定热电联供方案下的系统配置：按以热定电原则确定发电机容量，热负荷取生活热水最低负荷的55%。内燃机发电容量1.5MW，发电效率25%，占基础电负荷的13%。缸套水和烟气余热供热容量3.7MW，产热效率60%，占生活热水总负荷的33%，不足部分由燃气锅炉调峰补充，生活热水燃气锅炉供热容量7.4MW，供暖燃气锅炉供热容量28.7MW。冷水机组制冷容量43.6MW。

2. 地源热泵技术

武汉国际博览中心位于汉阳区临近长江地段，为特大型会展中心，占地面积较广，用于地源热泵系统，地下埋管换热器钻井面积十分充裕，而且土壤中含水率有助于排入到地层中的热量迅速扩散，也有助于持续地从土壤中吸取热量。展馆周围的在喷泉的人工景观水体具有很好的排热效果，能够及时散发进入到水体中的热量，适宜采用景观水体作为地源热泵的热源或热汇，这种方法既节能又经济。鉴于地源热泵系统是目前公认的一种天然绿色环保型空调技术，是一种绿色建筑技术，全面符合国际博览中心建筑的设计理念，因此区域供冷供热方案中将部分采用地源热泵系统。该系统较好地利用了环境条件而实现了建筑与自然的共生，同时它又是一种节能技术，属于建筑节能技术发展的对象，既可以利用浅层土壤地热能和人工景观水体，从而实现热量的再循环利用；采用电能，供热时可省去锅炉，无需燃烧燃料，避免了排烟污染大气；供冷时可省去冷却塔，避免了冷却塔噪声和水的飘失；噪声低，不向室外排放热风，不会造成"热岛效应"，循环液在地下系统中密闭流动，不含有害物质，无任何污染；并且可以带来舒适的生活环境。

3. 太阳能光伏发电系统

武汉属北亚热带季风气候区，太阳能资源比较丰富，因此可以积极研发、推广利用太阳能资源。目前在建筑物中使用的太阳能电池主要是晶体硅太阳能电池和非晶硅太阳能电池。依照武汉的气候特点及项目本身的特点，系统采用多晶硅组件，为充分利用屋面面积，增加装机容量，用280W多晶普通电池组件加龙骨等附件，每个矩形屋面装机834.4kW，12个834.4kW，共10.0128MW。多晶硅太阳能光伏组件附加上其他的安装支架其重量为17kg/m^2。铺装时每组光伏组件之间隔为0.6m。则此时的展馆的屋面荷载为10.4kg/m^2。

光伏组件附加到屋面上成为屋面的一部分，光伏组件在吸收太阳能进行发电的同时温度也随之升高，这样将严重影响到室内的舒适度。因此用紧固件将光伏组件与铝镁锰合金屋面固定在一起，人为地产生一个约60cm的空气流通通道，同时通过气密手段，光伏组与铝镁锰合金屋顶中形成空气对流空间，这样对流通道内的空气温度与外界空气温度不一致，这样就产生了一个推动力，使对流通道内的空气与外界空气进行积极的交换，起到了降低温度的作用，同时也产生了保温的效果，这使光伏发电系统彻底地融入展馆建筑中，成为其不可分割的一部分（图7-62）。

展馆项目光伏系统设计总装机量为10000kW。12个展馆总共铺设47088块光伏组件，平均每个展馆铺设的光伏组件为3924块。其中每个标准展馆屋面由A区和B区两个分区构成，在A区共需要铺设72个单元阵列，B区共需要铺设36个单元阵列，及2个单元阵列组成。由于该项目的特殊性，在铺设光伏组件时不考虑按最佳倾角。为了保证美观、保温、隔热等因素光伏组件沿标准展馆屋面顺势铺设（图7-63）。

图 7-62　空气流通循环示意图

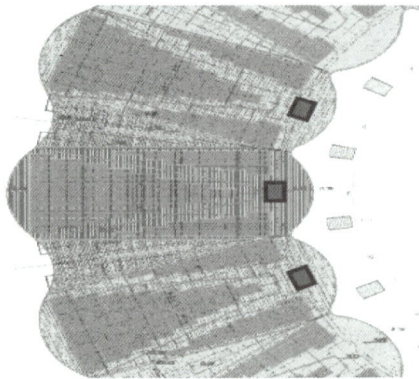

图 7-63　太阳能光电板及
集热器屋面分布图

7.5　深圳市房屋安全风险管控平台

7.5.1　建设背景

当前，我国城市房屋结构安全形势严峻。近年来，接连发生了罗湖区南湖街道 "8.28" 和平新居单身公寓楼沉降倾斜、浙江奉化锦屏街道 "8.24" 砖混结构房屋倒塌、广西壮族自治区百色市 "5·20" 酒吧屋顶坍塌、上海市长宁区 "5·16" 厂房坍塌、福建福州仓山区 "2.26" 叶下工业区村民自建房倒塌，社会影响巨大，教训惨痛。深圳市城市化进程快，城市建成区开发强度大、建筑密度高，特别是 20 世纪 80～90 年代的大量多层砖混结构房屋建筑，使用至今已达 20 年以上，考虑到房屋结构材料老化、装修工程对主体结构破坏、周边地下工程施工影响等原因，大量老旧房屋建筑已经进入了"质量报复期"。为充分吸取罗湖区船步街房屋坍塌事件教训，有必要制定管控措施，提前消除安全隐患，有效防范类似事故发生。深圳作为建设中国特色社会主义先行示范区，有必要通过汇聚多方数据、建立风险评估与监测预警系统，更需要率先建立城区建筑结构（特别是老旧小区）安全隐患普查和监测预警体系，确保民生安全。

本项目建立了深圳市 60 多万栋房屋基础数据库及各种工程类风险源信息数据库，以物联网、大数据、云计算及 GIS 等技术为基础，开发建设了深圳市房屋安全风险管控平台，如图 7-64 所示。实现了"以风险找房屋"和"以房屋查风险"双向风险辨识功能，构建了深基坑、在建地铁隧道等地下工程对其周边房屋结构安全影响性的半定量化评价方法，开发了组合房屋自身结构安全性评价与外部风险源危险性评价的风险评估模型，实现了暗涵暗渠、在建深基坑、在建地铁隧道工程等周边高风险区域危险房屋结构安全的精准管控。利用 GIS 技术精准定位，准确辨别工程影响房屋清单，为设计单位、施工单位、建设单位等提供工程实施方案的有力支撑；从房屋安全管理对象、节点、管理单位等维度，运用大数据技术并结合自动化监测、监控手段，构建了房屋结构安全动态、分级预警机制，建成了从房屋排查、评估、检测鉴定到整治解危的全链条信息化管理体系，实现了城市既有建筑安全状态的预警管理与高效管控，提升了房屋安全管理工作的科学化、信息化和智能化水平。

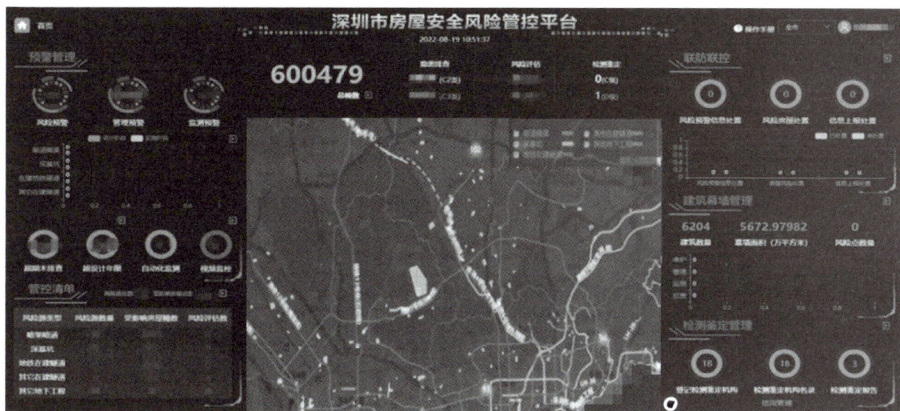

图 7-64　深圳市房屋安全风险管控平台

7.5.2　建设内容

该项目以科学性、系统性、适用性、拓展性为宗旨，制定深圳市高风险区域既有房屋风险评估与管控工作指引，开发建设"深圳市房屋安全风险管控平台"（以下简称"管控平台"），涵盖"房屋统计""风险评估""预警管理""联防联控""建筑幕墙管理"和"检测鉴定管理"六大功能模块，实现对全市既有房屋基础信息管理、高风险区域风险源的全过程动态跟踪与风险房屋的全寿命期风险管控，以及危险房屋解危整治全方位多层次协作管理。为构建房屋安全共建、共享、共治的长效管理机制提供了科技支撑，推动城市房屋安全管理手段及管理模式创新，推进房屋安全管控的科学化、精细化、智能化。平台的总体业务流程、总体架构以及网络架构如图 7-65～图 7-67 所示。

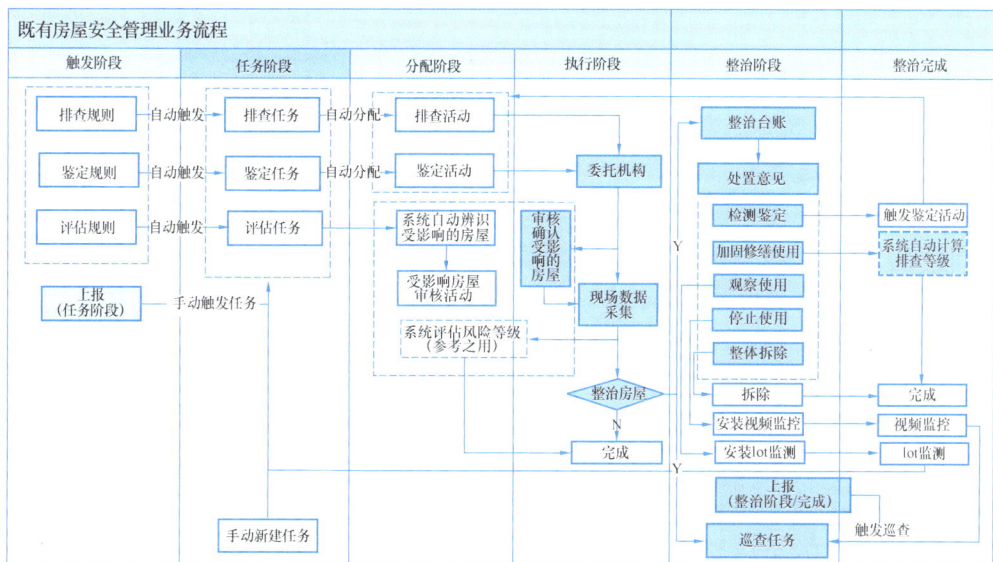

图 7-65　总体业务流程图

图 7-66　管控平台总体架构图

1. 房屋统计

管控平台利用大数据、物联网、GIS 等技术，对接全市既有房屋基础数据，扩展隐患排查、检测鉴定、风险评估等关键信息，实现全市既有房屋安全状况图表统计、台账统计和地图分析。聚焦房屋安全隐患排查、风险评估、检测鉴定、隐患整治，建立房屋安全基础信息数据库、房屋风险信息数据库、房屋地理信息数据库和房屋整治信息数据库，市、区、街道三级主管部门一键快速获取房屋信息。

2. 预警管理

预警管理模块融合了风险预警、管理预警以及监测预警，实时动态跟踪、提示、报告全市新增风险源与风险房屋，以便各级房屋安全主管部门迅速掌握房屋安全风险情况，统筹开展风险隐患处置。

风险预警，即房屋增量风险的预警管理。平台依据《深圳市房屋安全管理办法》规定，以新增风险源（暗涵暗渠、深基坑、地铁在建隧道、其他在建隧道及其他地下工程

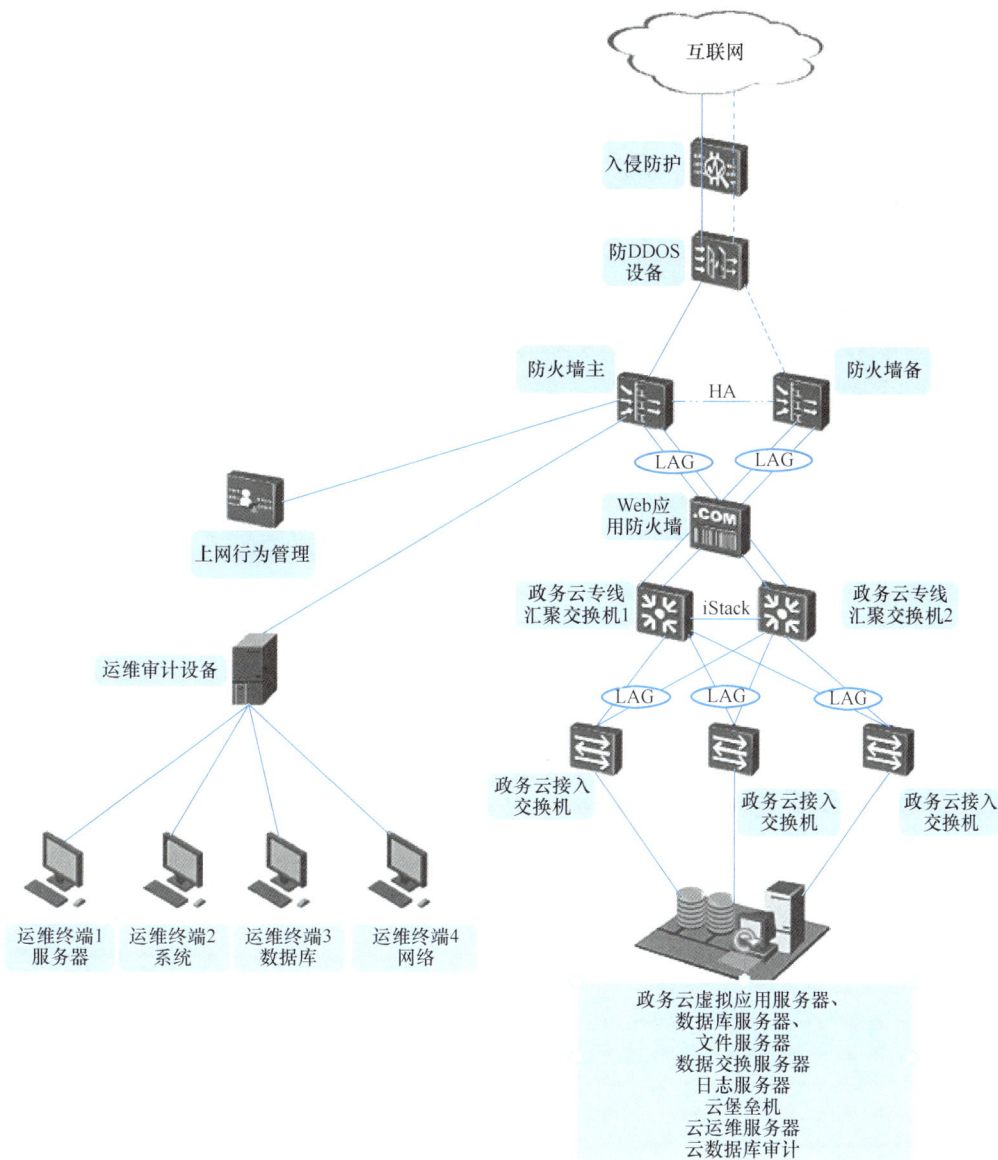

图 7-67 网络架构图

等）为主线管理房屋风险信息，实现对风险源全过程跟踪的房屋增量风险预警管理，图 7-68展示了工程施工中深基坑的风险预警。

管理预警，即房屋存量风险的预警管理。平台根据《深圳市房屋安全管理办法》（深圳市人民政府令第 319 号）、《深圳市既有房屋结构安全隐患排查办法》（深建规〔2020〕5号）、《深圳市房屋安全鉴定管理办法》（深建规〔2020〕6 号）、《深圳市既有建筑幕墙安全维护和管理办法》（深建规〔2020〕7 号）等相关规定，人工或自动汇总需排查、评估与检测鉴定的房屋信息，推送属地管理。

监测预警，即在线分析监测数据，实现实时动态监测预警。如图 7-69 所示，针对已鉴定为 C、D 级危险房屋、隐患排查结果为 C1、C2、C3 级房屋及存在改造加固、受相邻

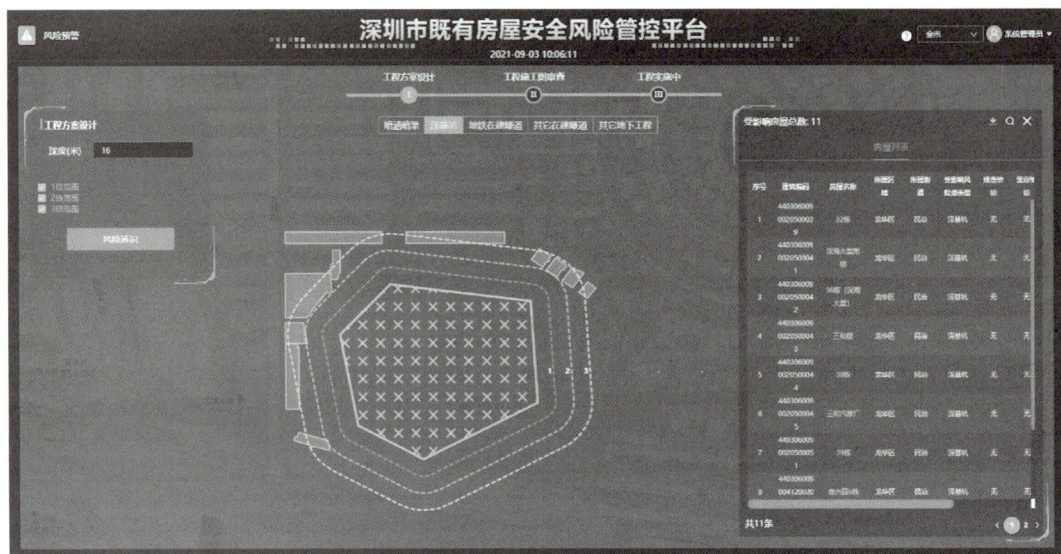

图 7-68　风险预警

地下工程、暗涵暗渠影响、年代久远等存在较大风险的房屋建筑，通过自动化监测等技术手段实现对主体结构安全相关的物理量数据的实时采集与分析，实现对风险的提前感知与预警。

图 7-69　监测预警

3. 风险评估

管控平台实现"以风险查房屋"和"以房屋找风险"双向风险辨识，研发基于多源数据融合技术的半定量化房屋结构安全风险评估算法，嵌入组合房屋自身结构安全性与外部风险源危险性的风险评估模型，实现对暗涵暗渠、深基坑、在建隧道工程等周边区域受影响房屋的自动风险评估，图 7-70～图 7-72 展示了不同风险源对房屋界面的识别结果。

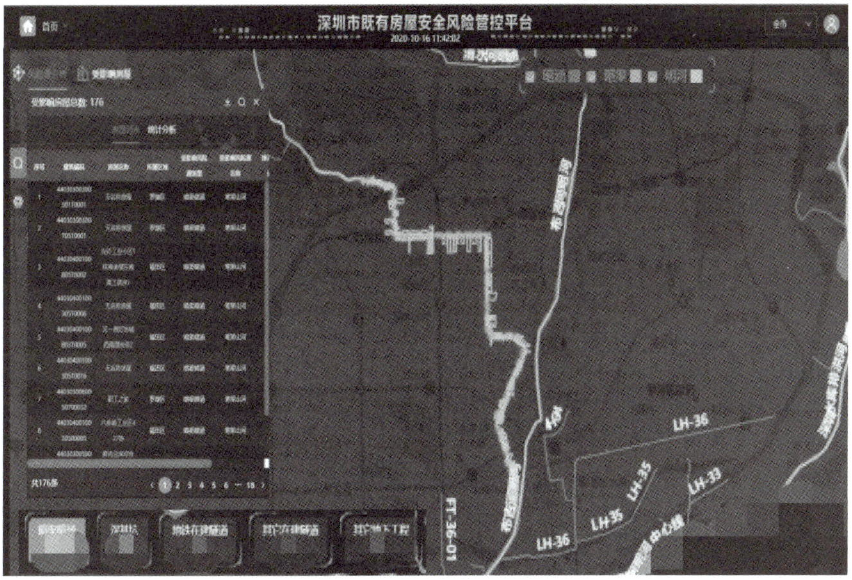

图 7-70　暗涵暗渠辨识受影响房屋界面

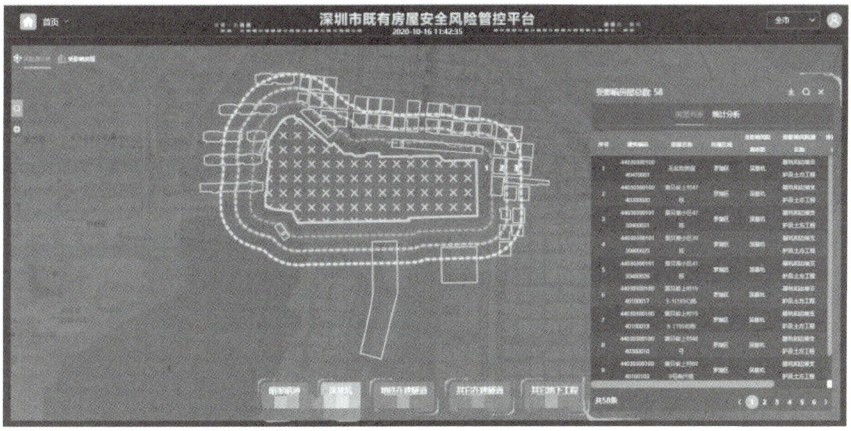

图 7-71　在建深基坑辨识受影响房屋界面

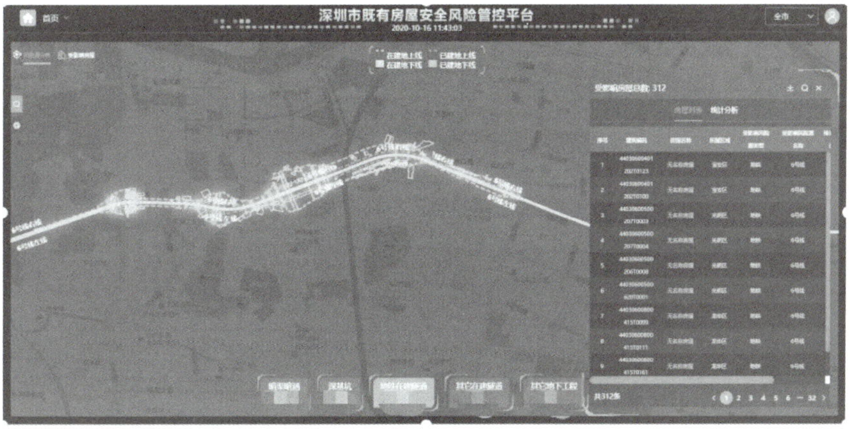

图 7-72　地铁在建隧道辨识受影响房屋界面

4. 检测鉴定管理

检测鉴定管理模块实现对检测鉴定机构、检测鉴定报告、信用体系等方面进行管理，规范鉴定机构和从业人员行为，建立行业诚信体系，促进行业健康有序发展。

检测鉴定机构管理：实现深圳市检测鉴定机构的信息化登记管理，完成企业资质的线上审核监督管理。

检测鉴定报告管理：建立已检测鉴定房屋的档案数据库，实时掌握房屋检测鉴定报告信息、历史鉴定数据及相关信息。

信用体系：通过对鉴定企业履约行为以及报告质量的评价，建立深圳市检测鉴定企业信用评价体系，促进房屋检测鉴定行业规范化和健康有序发展。

5. 联防联控

联防联控模块主要实现对房屋管理任务落实以及房屋整治过程的实时跟踪和管理。建立市、区、街道等相关部门协调工作机制，通过线上线下联动，实现风险房屋"识别－预警－整治解危"的闭合链条管理，从而达到多方参与、协同合作、高效管控的目的。结合各区房屋安全管理实际，可实行定制化开发服务，线下人工巡查与线上小程序收集信息归一，各房屋安全管理部门联防联控，全面有效防控房屋安全风险。

6. 建筑幕墙管理

如图 7-73 所示，平台建筑幕墙管理模块实现建筑幕墙全景三维管理，将物业服务、检测鉴定、维护单位和房屋安全责任人统筹纳入管理，配合无人机自动巡查及 AI 识别方案，确保建筑幕墙风险可视可控。一是健全并完善建筑幕墙全寿命期数据，通过物联网＋5G 实现建筑幕墙日常相关数据被动采集，配合系统指令实现关键数据管理。二是实现建筑幕墙管理智能化，达到"看得见、管得到、查得清"的效果。"看得见"：即利用高清航拍构建城市级别数字孪生系统，叠加各类业务需求，实现所见即所得；"管得到"：即引入全行业资源，对物业、房屋安全责任人、检修单位等多角色通过系统进行针对性管理；"查得清"：即通过对海量数据的清洗和备份，实现清晰溯源、定位有序、有迹可循。

图 7-73　建筑幕墙管理

7.5.3 应用情况

该项目成果已在深圳市深度应用和业务化运行。管控平台于 2021 年 3 月份上线试运行，目前已面向市、区、街道房屋安全主管部门开放使用，主要取得了下列成效：

1. 梳理深圳市既有房屋底数

在深圳市多个主管部门掌握的房屋数据基础上进行了繁杂的数据清理工作：一是整理清除了网格办房屋数据中包含的板房、铁皮房、工棚、集装箱等临时建筑数据，同时增加了保密建筑和新建成建筑数据；二是与无人机航拍图形数据做了梳理分析比对，目前纳入管控平台的房屋数量有 60 多万栋。

2. 摸清了高风险区域影响房屋底数

对全市地下工程进行数据处理及 GIS 落图，具体包括暗涵暗渠、在建深基坑、在建地铁隧道以及其他在建隧道，实现了"以风险查房屋"和"以房屋找风险"双向风险辨识，能够动态掌握高风险区域及其影响房屋情况。

3. 实现了风险分级预警管控

针对 100 栋较大风险房屋，已完成自动化监测设备的安装、部署，平台上实时展示监测数据，实现了分级预警功能，目前暂无重大报警事件，实现了监测房屋对象安全状态的实时预警与高效管控。

平台有效保障了房屋安全主管部门全面、客观、动态掌握既有房屋底数，建立了风险房屋的全过程管理跟踪机制，强化了危险房屋监测预警能力，全面提升既有房屋安全风险管控水平，为超大型城市既有房屋安全管理工作贡献"深圳智慧"，提供"深圳经验"。湖南长沙"4·29"居民自建房倒塌事故发生后，该平台在城市安全领域的基础研究与技术发挥着重要支撑作用。第一时间响应深圳市自建房等房屋建筑结构安全隐患"百日攻坚"专项排查整治行动，依托平台为全面落实"四个一"工作机制提供技术支撑，开发"管控一智慧"一图统管系统，实现数字化的"检查一张表"和"一栋一档案"，动态化的"责任一网格"。

7.5.4 关键技术

深圳市房屋功能结构形式多样、产权属性复杂、建设标准参差不齐，房屋安全管理工作量大、面广、事杂。为探索超大型城市既有房屋安全风险管控的基本特点和规律，本项目坚持立足本地实际，形成了一系列创新性研究成果。平台汇聚深圳市 60 余万栋既有房屋基础数据库及各种工程类风险源信息数据库，以物联网、大数据、云计算及 GIS 等技术为基础，实现"以风险找房屋"和"以房屋查风险"双向风险辨识功能。关键技术如下：

1. 大数据整合与 GIS 技术的应用

深圳市房屋安全风险管控平台利用大数据技术，构建了覆盖全市 60 多万栋房屋的基础信息数据库。该平台不仅收录了每栋建筑的基本属性（如结构类型、建造年代等），还整合了周边工程活动信息（如深基坑开挖、地铁施工等）及历史监测数据。通过物联网技术，平台能够实现对这些信息的实时更新与动态管理。例如，当某一区域开始新的地下工程项目时，系统会自动将相关信息纳入考虑范围，并重新评估受影响房屋的安全状况。此外，基于大数据分析模型，平台可以识别出高风险区域内的潜在问题房屋，为相关部门提供精准的数据支持。这种全面而细致的数据处理能力使得管理者能够从宏观角度把握城市建筑的整体安全态势，同时也为微观层面的风险防控提供了科学依据。

2. GIS 技术驱动的空间可视化

地理信息系统（GIS）在深圳市房屋安全风险管控平台中发挥了核心作用，它不仅用于房屋位置的精确标定，更重要的是实现了空间信息与非空间信息的有效结合。通过对各类数据进行空间化处理，平台能够以地图形式直观展示不同区域内的房屋安全状态以及存在的隐患点。比如，在规划新地铁线路或开展大型基建项目前，可通过 GIS 技术快速生成影响范围内所有建筑物的分布图，并自动计算出它们受到施工扰动的可能性大小。这极大地提高了决策效率和准确性，同时便于一线工作人员现场核实情况。另外，GIS 还支持多维度数据分析功能，允许用户根据不同需求定制视图，比如按建筑年代、结构类型或者风险等级筛选显示结果，进一步增强了系统的灵活性和实用性。

3. 多层次房屋风险预警机制与自动化监测

为了确保能够及时发现并处理房屋安全隐患，平台建立了一套由风险预警、管理预警和监测预警组成的多层次预警体系。其中，风险预警主要针对新增风险源，如新建隧道或深基坑工程，通过设定特定参数阈值来触发警报；管理预警则侧重于现有存量房屋的风险管理，根据定期检查结果自动推送需要重点关注的对象列表；而监测预警则是借助安装于关键部位的传感器设备，持续收集物理量变化数据（包括但不限于沉降量、倾斜角等），一旦超出预设安全范围即刻发出警告。整个过程高度依赖云计算技术提供的强大计算能力和存储资源，保证了海量数据处理的速度与稳定性。此外，平台还引入了 AI 算法辅助异常检测，进一步提升了预警系统的灵敏度和可靠性，从而有效防止因人为疏忽导致的重大事故。

4. 综合治理框架下的协同工作模式

深圳市房屋安全风险管控平台设计之初就强调多方参与的重要性，旨在打造一个开放共享的信息交流平台。为此，开发团队特别设置了联防联控模块，促进市、区、街道三级政府机构之间的协作。一方面，通过统一标准接口实现跨部门数据交换，确保各层级管理部门都能获取到最新的房屋安全信息；另一方面，则是利用移动互联网技术开发了一系列便捷工具，比如小程序等，方便基层工作人员上传巡查记录、反馈现场情况。对于涉及专业鉴定工作的部分，平台还建立了完善的检测鉴定管理体系，涵盖了机构资质审核、报告存档查询等多个环节，保障了服务质量和透明度。这样的综合治理架构有助于形成全社会共同维护房屋安全的良好氛围，同时也为应对突发事件提供了强有力的组织保障。

复习思考题

1. 昆明长水国际机场的 BIM 系统如何通过信息集成与可视化提升设施运维效率？
2. 数字孪生技术在长大桥梁运维中如何实现精准监测和科学决策？
3. 智慧城市污水处理系统如何通过数字孪生技术和智能机器人优化运维流程？
4. 武汉市国际博览中心如何通过设施管理系统实现低碳节能目标？
5. 深圳市房屋安全风险管控平台在房屋安全管理中实现了哪些技术创新？

参 考 文 献

［1］ Ferrer C L A，Thomé T M A，Scavarda J A. Sustainable urban infrastructure：A review［J］. Resources，Conservation Recycling，2018，128：360-372.

［2］ 张帆. 基于激光扫描的隧道管片结构变形数据处理及可视化分析方法［J］. 现代隧道技术，2018，55（S2）：1043-1050.

［3］ 黄宏伟，李庆桐. 基于深度学习的盾构隧道渗漏水病害图像识别［J］. 岩石力学与工程学报，2017，36（12）：2861-2871.

［4］ Liu Y，Nie X，Fan J，et al. Image-based crack assessment of bridge piers using unmanned aerial vehicles and three-dimensional scene reconstruction［J］. Computer-Aided Civil and Infrastructure Engineering，2020，35（5）：511-529.

［5］ 许强，朱星，李为乐，等. "天-空-地"协同滑坡监测技术进展［J］. 测绘学报，2022，51（7）：1416-1436.

［6］ Liu Y F，Liu X G，Fan J S，et al. Refined safety assessment of steel grid structures with crooked tubular members［J］. Automation in Construction，2019，99：249-264.

［7］ Yang Y，Dorn C，Mancini T，et al. Blind identification of full-field vibration modes from video measurements with phase-based video motion magnification［J］. Mechanical Systems and Signal Processing，2017，85：567-590.

［8］ Wan J，Zhang D，Zhao S，et al. Context-aware vehicular cyber-physical systems with cloud support：architecture，challenges，and solutions［J］. IEEE Communications Magazine，2014，52（8）：106-113.

［9］ Wu X，Zhang X，Jiang Y，et al. An intelligent tunnel firefighting system and small-scale demonstration［J］. Tunnelling and Underground Space Technology，2022，120：104301.

［10］ Liu Y F，Liu X G，Fan J S，et al. Refined safety assessment of steel grid structures with crooked tubular members［J］. Automation in Construction，2019，99：249-264.

［11］ 单伽锃，张寒青，宫楠. 基于监测数据的结构地震损伤追踪与量化评估方法［J］. 工程力学，2021，38（1）：164-173.

［12］ 黄侨，任远，许翔，等. 大跨径缆索承重桥梁状态评估的研究现状与发展［J］. 哈尔滨工业大学学报，2017，49（9）：1-9.

［13］ Assaad R，El-Adaway I H. Evaluation and prediction of the hazard potential level of dam infrastructures using computational artificial intelligence algorithms［J］. Journal of Management in Engineering，2020，36（5）：04020051.

［14］ 孙利民，尚志强，夏烨. 大数据背景下的桥梁结构健康监测研究现状与展望［J］. 中国公路学报，2019，32（11）：1-20.

［15］ Riccardo R，Luca R，Gianalberto C，et al. From knowledge-based to big data analytic model：a novel IoT and machine learning based decision support system for predictive maintenance in Industry 4.0［J］. Journal of Intelligent Manufacturing，2022，34（1）：107-121.

［16］ Wang Q，Kim M K，Cheng J C P，et al. Automated quality assessment of precast concrete elements with geometry irregularities using terrestrial laser scanning［J］. Automation in Construction，2016，68：170-182.

［17］ Tang P，Huber D，Akinci B，et al. Automatic reconstruction of as-built building information models from laser-scanned point clouds: A review of related techniques[J]. Automation in Construction, 2010, 19(7): 829-843.

[18] 郑国勤, 邱奎宁. BIM 国内外标准综述[J]. 土木建筑工程信息技术, 2012, 4(1): 32-34, 51.

[19] Deng Y, Cheng J C P, Anumba C. Mapping between BIM and 3D GIS in different levels of detail using schema mediation and instance Comparison[J]. Automation in Construction, 2016, 67: 1-21.

[20] Tao F, Liu W, Liu J, et al. Digital twin and its potential application exploration[J]. Computer Integrated Manufacturing Systems, 2018, 24(1): 1-18.

[21] Cheng J C P, Chen W, Chen K, et al. Data-driven predictive maintenance planning framework for MEP components based on BIM and IoT using machine learning algorithms[J]. Automation in Construction, 2020, 112: 103087.

[22] Cheng J C P, Wang M. Automated detection of sewer pipe defects in closed-circuit television images using deep learning techniques[J]. Automation in Construction, 2018, 95: 155-171.

[23] Lu Y, Wu C, Yao W, et al. Deep reinforcement learning control of fully-constrained cable-driven parallel robots[J]. IEEE Transactions on Industrial Electronics, 2022, 70(7): 7194-7204.

[24] Zhao X, Han S, Tao B, et al. Model-based actor? critic learning of robotic impedance control in complex interactive environment[J]. IEEE Transactions on Industrial Electronics, 2021, 69(12): 13225-13235.

[25] Chen Z, Liu Y, He W, et al. Adaptive-neural-network-based trajectory tracking control for a nonholonomic wheeled mobile robot with velocity constraints[J]. IEEE Transactions on Industrial Electronics, 2020, 68(6): 5057-5067.

[26] Yu L, Qin J, Wang S, et al. A tightly coupled feature-based visual-inertial odometry with stereo cameras[J]. IEEE Transactions on Industrial Electronics, 2022, 70(4): 3944-3954.

[27] Wei S, Chen G, Chi W, et al. Object clustering with Dirichlet process mixture model for data association in monocular SLAM[J]. IEEE Transactions on Industrial Electronics, 2022, 70(1): 594-603.

[28] Lin M, Yang C, Li D. An improved transformed unscented FastSLAM with adaptive genetic resampling[J]. IEEE Transactions on Industrial Electronics, 2018, 66(5): 3583-3594.

[29] Liu F, Liu W, Luo H. Operational stability control of a buried pipeline maintenance robot using an improved PSO-PID controller [J]. Tunnelling and Underground Space Technology, 2023, 138: 105178.

[30] Brady, Michael, ed. Robotics science[M]. Cambrldge: MIT press, 1989.

[31] 朱宏平, 翁顺, 王丹生, 等. 大型复杂结构健康精准体检方法[J]. 建筑结构学报, 2019, 40(2): 215-226.

[32] 林耀光. 武汉国博光伏建筑一体化技术体系研究及应用[D]. 武汉: 华中科技大学, 2012.

[33] 秦勉. 基于机器学习组合模型的短期负荷预测研究[D]. 恩施: 湖北民族大学, 2022.

[34] 陈智, 张耀军, 张军保. 基于数字孪生概念的智慧能源监控和管理系统研究[J]. 中国管理信息化, 2022, 25(14): 205-208.

[35] 杜晟玮. 人工智能在电力系统中的应用与发展[J]. 大众用电, 2021, 36(9): 30-31.

[36] Huang W, Zhang Y, Zeng W. Development and application of digital twin technology for integrated regional energy systems in smart cities[J]. Sustainable Computing: Informatics and Systems, 2022, 36: 100781.

[37] 冉靖宇, 刘吉营, 高波, 等. 未来气候变化下超低能耗建筑多目标优化[J]. 山东建筑大学学报, 2023, 38(2): 63-70.

[38] Civerchia F，Bocchino S，Salvadori C，et al. Industrial Internet of Things monitoring solution for advanced predictive maintenance applications[J]. Journal of Industrial Information Integration，2017，7：4-12.

[39] 刘云鹏，许自强，李刚，等. 人工智能驱动的数据分析技术在电力变压器状态检修中的应用综述[J]. 高电压技术，2019，45(2)：337-348.

[40] 沈沉，贾孟硕，陈颖，等. 能源互联网数字孪生及其应用[J]. 全球能源互联网，2020，3(1)：1-13.

[41] 贺兴，艾芊，朱天怡，等. 数字孪生在电力系统应用中的机遇和挑战[J]. 电网技术，2020，44(6)：2009-2019.

[42] 朱子恒，张策，丁肇豪，等. 数据中心纳入全国碳排放权交易市场机制研究[J]. 中国电机工程学报，2024，44(14)：5562-5574.

[43] Zhou A C，Xiao Y，Gong Y，et al. Privacy regulation aware process mapping in geo-distributed cloud data centers[J]. IEEE Transactions on Parallel and Distributed Systems，2019，30(8)：1872-1888.

[44] Li C，Yu Y，Yao A C C，et al. An authenticated and secure accounting system for international emissions trading[J]. Climate Policy，2022，22(9-10)：1333-1342.

[45] Han O，Ding T，Mu C，et al. Coordinative optimization between multiple data center operators and a system operator based on two-level distributed scheduling algorithm[J]. IEEE Internet of Things Journal，2022，10(9)：7517-7527.

[46] Han O，Ding T，Mu C，et al. Waste heat reutilization and integrated demand response for decentralized optimization of data centers[J]. Energy，2023，264：126101.

[47] 唐文虎，陈星宇，钱瞳，等. 面向智慧能源系统的数字孪生技术及其应用[J]. 中国工程科学，2020，22(4)：74-85.

[48] 杨挺，赵黎媛，王成山. 人工智能在电力系统及综合能源系统中的应用综述[J]. 电力系统自动化，2019，43(1)：2-14.

[49] Gerd Balzer，Christian Schorn. Asset Management for Infrastructure Systems[M]. Cham：Springer，Cham，2022.

[50] 马书红，陈西芳，武亚俊，等. 基于可达性的城市群交通网络公平性分析[J]. 交通运输系统工程与信息，2022，22(6)：51-59.

[51] 林雷，刘黎明. 北京市养老服务设施供需空间配置评价研究[J]. 数理统计与管理，2020，39(6)：1022-1031.

[52] Holling C S. Resilience and stability of ecological systems[J]. Annual Review of Ecology and Systematics，1973，4(1)：1-23.

[53] 方东平，李在上，李楠，等. 城市韧性——基于"三度空间下系统的系统"的思考[J]. 土木工程学报，2017，50(7)：1-7.

[54] NIST. Community resilience planning guide for buildings and infrastructure systems [R]. Washington，D.C.：NIST Special Publication 1190，2015.

[55] 方东平，李在上，李楠. 城市韧性——基于情景推演的跨系统跨维度研究[J]. 土木工程学报，2023，56(8)：1-8.

[56] Wen Q，Zhang J P，Hu Z Z，et al. A data-driven approach to improve the operation and maintenance management of large public buildings[J]. IEEE Access，2019，7：176127-176140.

[57] 郑展鹏，窦强，陈伟伟，等. 数字化运维[M]. 北京：中国建筑工业出版社，2019.

[58] Zhen-Zhong Hu，Pei-Long Tian，Sun-Wei Li，et al. BIM-based integrated delivery technologies for

intelligent MEP management in the operation and maintenance phase[J]. Advances in Engineering Software. 2018，115：1-16.

[59] Yang Peng，Jia-Rui Lin，Jian-Ping Zhang，et al. A hybrid data mining approach on BIM-based building operation and maintenance[J]. Building and Environment，2017，126：483-495.

[60] Zhen-Zhong Hu，Jian-Ping Zhang，Fang-Qiang Yu，et al. Construction and facility management of large MEP projects using a multi-Scale building information model[J]. Advances in Engineering Software，2016，100：215-230.

[61] Xiao Yaqi，Hu Zhenzhong，Wang Wei，et al. A mobile application framework of the BIM-based facility management system under the cross-platform structure[J]. Computer Aided Drafting，Design and Manufacturing，2016，26(1)：58-65.

[62] 胡振中，陈祥祥，王亮，等. 基于 BIM 的机电设备智能管理系统[J]. 土木建筑工程信息技术，2013，5(1)：17-21.

[63] Lu Q，Parlikad K A，Woodall P，et al. Developing a Digital Twin at Building and City Levels：Case Study of West Cambridge Campus[J]. Journal of Management in Engineering，2020，36(3)：05020004.

[64] Lawrence T M，Boudreau M C，Helsen L，et al. Ten questions concerning integrating smart buildings into the smart grid[J]. Building and Environment，2016，108：273-283.

[65] 王红卫，钟波涛，李永奎，等. 大型复杂工程智能建造与运维的管理理论和方法[J]. 管理科学，2022，35(1)：55-59.

[66] Cheng J C P，Chen W，Tan Y，et al. A BIM-based decision support system framework for predictive maintenance management of building facilities[C]. Proceedings of the 16th International Conference on Computing in Civil and Building Engineering (ICCCBE2016)，2016：711-718.

[67] Wang M，Deng Y，Won J，et al. An integrated underground utility management and decision support based on BIM and GIS[J]. Automation in Construction，2019，107：102931.

[68] 马鹏程. 以人工智能技术优化数据中心基础设施节能探索和实践[J]. 智能建筑，2019(12)：38-40.

[69] 杨挺，赵黎媛，王成山. 人工智能在电力系统及综合能源系统中的应用综述[J]. 电力系统自动化，2019，43(1)：2-14.

[70] 马银霞. 城市综合管廊全寿命周期成本管理[D]. 天津：天津工业大学，2019.

[71] 段雪莹. 全寿命周期视角下的公路成本管控研究[J]. 交通世界，2018(14)：144-145.

[72] 张宇峰. 桥梁结构健康监测及安全评价技术研究与应用进展[C]. 中国公路学会养护与管理分会，2015.

[73] 丁彦翔，张大长，张宇峰，等. 实测车辆荷载作用下桥梁位移响应及其相关性分析[J]. 世界桥梁，2018，46(4)：6.

[74] 姚萱，许立言，樊健生. 面向桥梁工程的数字孪生技术研究进展[J]. 市政技术，2023，41(8)：17-25.

[75] 陈安京，岳立强，张宇峰，等. BIM 在城市桥梁管养中的应用研究[J]. 建筑技术开发，2019，46(8)：2.

[76] 胡彦卿，杨扬. ObjectARX. net 技术在桥梁辅助绘图计算程序中的应用研究[J]. 科技创新与应用，2014(33)：2.

[77] 中华人民共和国国家质量监督检验检疫总局，中国国家标准化管理委员. 公共场所卫生检验方法 第 2 部分：化学污染物：GB/T 18204.2—2014[S]. 北京：中国标准出版社，2014.

[78] 中华人民共和国住房和城乡建设部. 绿色建筑评价标准(2024 年版)：GB/T 50378—2019[S]. 北

京：中国建筑工业出版社，2024.

[79] 国家市场监督管理总局，国家标准化管理委员会. 室内空气质量标准：GB/T 18883—2022 [S]. 北京：中国标准出版社，2022.

[80] 中华人民共和国住房和城乡建设部. 建筑照明设计标准：GB/T 50034—2024 [S]. 北京：中国建筑工业出版社，2024.

[81] 中华人民共和国住房和城乡建设部. 民用建筑隔声设计规范：GB 50118—2010 [S]. 北京：中国建筑工业出版社，2011.

[82] 中华人民共和国住房和城乡建设部. 建筑环境通用规范：GB 55016—2021 [S]. 北京：中国建筑工业出版社，2021.